UG NX 7中文版
机械与产品造型设计实例精讲

麓山文化　雷松丽　主编

机械工业出版社

本书通过 36 个精讲实例，85 个扩展实例，由浅入深、系统地介绍了使用 UG NX 7 中文版进行机械和产品造型设计的方法和技巧。

全书共 5 章，内容包括绘制图形时的基本设置、常用工具的使用方法；创建草图时所使用的基本曲线工具、草图的绘制和约束；各类用于创建实体和曲面特征模型工具的使用方法；进行装配设计的约束、创建爆炸视图、创建装配顺序动画操作方法；根据创建的实体模型绘制零件三视图和各种剖视图方法。

本书内容丰富，全面实用，在讲解每个实例前，首先介绍了相关的知识点，将实例制作和基础讲解完美结合，读者可边学边练，以达到最佳的学习效果。

本书配书光盘提供了全书 36 个精讲实例、共 7 个多小时的高清语音视频教学，以及全书 121 个实例源文件，可以大幅提高学习兴趣和效率，物超所值。

本书可作为机械设计和工业设计专业学员的 UG NX 7 的案例教材，也可供机械、模具、工业设计等领域的工程技术人员以及 CAD/CAM 研究与应用人员学习参考。

图书在版编目（CIP）数据

UG NX 7 中文版机械与产品造型设计实例精讲/雷松丽主编. —北京：机械工业出版社，2010.3
ISBN 978 - 7 - 111 - 29952 - 3

Ⅰ. U… Ⅱ. 雷… Ⅲ. 机械设计：计算机辅助设计—应用软件，UG NX 7 Ⅳ. TH122

中国版本图书馆 CIP 数据核字（2010）第 036146 号

机械工业出版社（北京市百万庄大街 22 号 邮政编码 100037）
责任编辑：曲彩云 责任印制：杨 曦
北京蓝海印刷有限公司印刷
2010 年 3 月第 1 版第 1 次印刷
184mm×260mm·24.25 印张·601 千字
0001— 4000 册
标准书号：ISBN 978 - 7 - 111 - 29952 - 3
　　　　　ISBN 978 - 7 - 89451 - 452 - 3（光盘）
定价：48.00 元（含 1DVD）

凡购本书，如有缺页、倒页、脱页，由本社发行部调换
电话服务　　　　　　　　　网络服务
社服务中心：(010)88361066　门户网:http://www.cmpbook.com
销 售 一 部:(010)68326294　教材网:http://www.cmpedu.com
销 售 二 部:(010)88379649　**封面无防伪标均为盗版**
读者服务部:(010)68993821

前 言

Unigraphics（简称 UGS）软件由美国麦道飞机公司开发，于 1991 年 11 月并入世界上最大的软件公司——EDS（电子资讯系统有限公司），该公司通过实施虚拟产品开发（VPD）的理念提供多极化的、集成的、企业级的软件产品与服务的完整解决方案。2007 年 5 月 4 日，西门子公司旗下全球领先的产品生命周期管理（PLM）软件和服务提供商收购了 UGS 公司。UGS 公司从此将更名为"UGS PLM 软件公司"（UGS PLM Software），并作为西门子自动化与驱动集团（Siemens A&D）的一个全球分支机构展开运作。

UG 从第 19 版开始改名为 NX1.0，此后又相继发布了 NX2、NX3、NX4、NX5 和 NX6，当前最新版本为 NX7。这些版本均为多语言版本，在安装时可以选择所使用的语言。并且 UG NX 的每个新版本均是前一版本的更新和升级，功能有所增强。而各个版本在操作上没有大的改变，因而本书可以适用于 UG NX 各个版本的学习。

1. 本书内容介绍

本书共分 5 章，依次介绍了 UG NX 7 基础操作、常用工具、绘制草图、创建和编辑曲线、特征建模、实体与曲面特征操作、曲面造型、创建工程图、装配设计等。具体内容如下。

第 1 章：UG NX 7 绘图基础。本章主要介绍利用 UG NX 7 软件绘制图形时的基础操作和常用工具，以及有关草图绘制、几何建模、装配设计、工程图绘制的基本方法和一般绘制步骤。

第 2 章：绘制草图。本章通过精讲 10 个典型的实例，对 UG NX 中创建草图及线框图的方法、基本曲线工具、草图约束和修剪等内容做详细的讲解。

第 3 章：几何建模。本章通过 13 个经典的实例，由浅入深地介绍了 UG NX 7 建模环境中用于创建实体和曲面特征模型的工具的作用和具体使用方法，以及各类常见零件和产品结构的分析和创建实体模型的一般创建步骤。

第 4 章：装配设计。本章通过 6 个典型的产品设计实例，介绍使用 UG NX 7 进行装配设计的基本方法，包括装配约束、编辑组件、组件阵列、组件镜像等方法和技巧，同时还介绍爆炸视图和装配顺序动画等操作方法。

第 5 章：绘制工程图。本章通过 7 个典型的实例，介绍使用 UG NX 7 进行工程图绘制的基本方法，内容包括添加基本视图、投影视图、半剖视图、全剖视图、局部剖视图、旋转剖视图、放大视图、尺寸标注、形位公差标注、表面粗糙度、文本的标注和编辑等内容。

2. 本书主要特色

❑ 图解式的操作精讲 看图便会操作

本书针对每个实例的每个操作，均用流程图表达其具体的操作技巧。对各个步骤每个小步操作（比如下拉列表框选项选择，按钮的单击，文本的输入等）均标注了顺序号。这样使得本书中的每个实例，作者甚至不用看步骤的文字说明，依次按照图解即可创建出本书的每个实例，大大提高学习效率，在短时间内掌握本书的全部内容。

❑ 多媒体视频教学，提高学习兴趣和效率

本书提供配套 DVD 视频教学光盘，光盘中提供了所有实例配套的模型文件，全部实例操作均为高清语音视频文件。结合本书内容，通过实例操作与视频辅助，可以让读者轻松掌握 UG NX 7 的使用方法。

3．本书适用对象

本书可作为从事各类机械和产品三维造型设计的技术人员进行自学的辅导教材和参考工具书，也可以作为大中专院校机械设计和工业设计专业的辅导教材。

4．本书作者

本书由麓山文化的雷松丽主编，参加编写的还有：黄柯、陈晶、刘雄伟、李红萍、李红艺、李红术、陈志民、陈云香、林小群、何俊、周国章、刘争利、朱海涛、朱晓涛、彭志刚、李羡盛、刘莉子、周鹏、刘佳东、肖伟、何亮、林小群、刘清平、陈文香、蔡智兰、陆迎锋、罗家良、罗迈江、马日秋、潘霏、曹建英、罗治东、廖志刚、姜必广、杨政峰、罗小飞、喻文明、何凯、黄华、何晓瑜、刘有良、陈寅等。

由于作者水平有限，书中错误、疏漏之处在所难免。在感谢您选择本书的同时，也希望您能够把对本书的意见和建议告诉我们。

售后服务邮箱：lushanbook@gmail.com

麓山文化

目　录

第1章 UG NX 7 绘图基础

UG NX 7 软件将 CAD/CAM/CAE 三大系统紧密集成，用户在使用 UG 强大的实体造型、曲面造型、虚拟装配及创建工程图等功能时，可以使用 CAE 模块进行有限元分析、运动分析和仿真模拟，以提高设计的可靠性。根据建立的三维模型，还可由 CAM 模块直接生成数控代码，用于产品加工。UG NX 7 是知识驱动自动化技术领域的领先者，在汽车与交通、航空航天、日用消费品、通用机械、医疗器械、电子工业以及其他高科技应用领域的机械设计和模具加工自动化的市场上得到了广泛的利用。

本章主要介绍利用 UG NX 7 软件绘制图形时的基础操作、有关二维图形和三维图形的绘图基础和一般绘图步骤，为本书后面内容的学习打下坚实的基础。

1.1 绘图基础知识及方法

计算机辅助设计类软件绘制的图形总体可以分为二维图形和三维图形两大类。其中二维图形又可分为创建三维图形所绘制的截面草图，以及用于技术交流和制造加工的工程图。本章将对截面草图、工程图中的尺寸标注、参照、约束等绘制原则，以及有关三维造型的基础知识和构造特点等内容进行简单介绍。

1.1.1 草图绘制基础

草图是三维造型设计的基础，是由直线、圆弧、曲线等基本几何元素组成的几何图形，任何模型都是从草图开始生成的。草图一般为一个或几个封闭的二维平面几何图形，能够表现出零件实体某一部分的形状特征，然后再在截面草图的基础上进行实体的拉伸、回转等操作，从而完成零件的设计。

1. 草图设计意图

AutoCAD 等二维计算机辅助设计软件的用户，习惯为几何元素输入精确的数值。而 UG NX 中的很多草绘工具与二维软件中的草图选项相似，但对于 UG 来说，精确绘制一个截面并不是非常重要，只要绘制与手绘效果差不多的几何图形就可以，再通过尺寸标注和几何约束来精确图形，如图 1-1 所示。绘制截面草图时，以下几个意图是很重要的：

> ➤ 绘制截面单个图元时，重要的是形状，而不是尺寸；
> ➤ 创建截面时，尺寸标注方案要符合设计意图；
> ➤ 创建截面时，几何约束要结合图元形状符合设计意图。
> ➤ 绘制截面草图并标注尺寸和约束，它的尺寸可能不符合设计要求。UG NX 的草绘环境提供多种方式修改参数值，当修改截面尺寸后产生约束冲突，UG NX 均会给予提示。

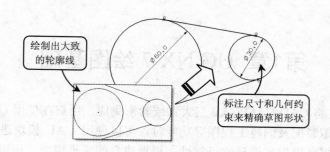

图 1-1   草图设计意图

2. 草图表达工具

在绘制草图之前，首先要了解都有哪些元素决定设计的最终结果，如何才能快速表达出来，如何使用尺寸与约束、参照、关系等。在绘制草图时，通常是先绘制草图大致形状，然后对草图进行标注和约束，最后根据工程设计要求，修改尺寸标注和约束。

➢ 尺寸标注：尺寸标注是捕捉设计意图最主要的工具。在截面中，尺寸标注用于描述图元的尺寸和位置。

➢ 约束：约束用于定义截面图元和其他图元间的关系。例如，约束可能是使两条直线的长度相等或者是相互垂直。

➢ 参照：UG NX 中，绘制的草图均是通过正投影法绘制图形轮廓的。草图截面可以参照某个零件或装配体的特征。参照包括零件表面、基准、边或轴。让一个草绘图元的端点与一个特征的某条边对齐就是一个参照。

➢ 关系：在两个尺寸标注间可以建立关系。大部分代数和三角方程都可以用来建立数学表达式。

3. 草图绘制截面类型

利用截面草图并配合相应的建模工具，可以一次性地创建出形状较为复杂的拉伸体、回转体、扫掠体等类型的实体模型，从而大幅度地减少绘图步骤，提高工作效率。草图可以看作是模型中的一个基本视图。基本视图就是模型向基本投影面投影所得的视图。

❑ 拉伸体截面

拉伸体大致可以分为平面拉伸体和曲面拉伸体两种类型。在绘制这两种拉伸体的截面草图时，都是以拉伸方向的法向方向所在平面为基本投影面进行绘制的，如图 1-2 所示。

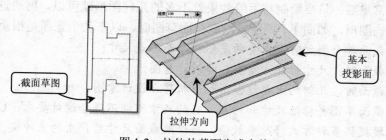

图 1-2   拉伸体截面生成实体

❑　回转体截面

根据结构分析可以看出，回转体类模型都具有中心对称的特点。因此在绘制此类实体草图截面时，可以以中心线所在平面为视图投影面，以中心线为视图界限，绘制出模型一侧的截面草图，如图 1-3 所示。

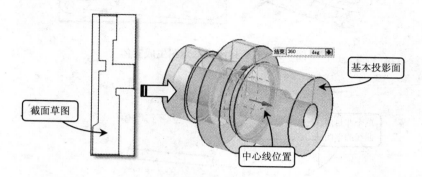

图 1-3　回转体截面生成实体

❑　扫掠体截面

扫掠体可以看作是特殊情况的拉伸体，二者的区别是，拉伸体的拉伸方向都是简单一个矢量方向，而扫掠体的拉伸方向可以由比较复杂的引导曲线定义。此类实体的草图选择一般都是以引导曲线的法向方向为投影平面绘制的，如图 1-4 所示。

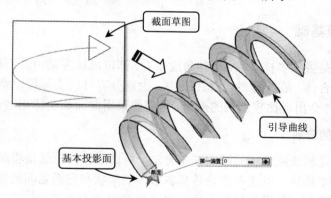

图 1-4　扫掠体截面生成实体

4．草绘的注意事项

绘制草图时应该注意：绘制的草图轮廓不能存在自相交截面曲线，因为此类曲线将导致建模失败；如果所绘制的草图曲线是一个封闭的线框，可生成以该线框为截面形状的实体特征；如果由多个封闭线框组成，将生成由各线框所围成的封闭区域为实体的实体特征，如图 1-5 所示。

如果截面由单个非封闭的曲线组成，将生成以曲线为截面的片体特征，如图 1-6 所示。

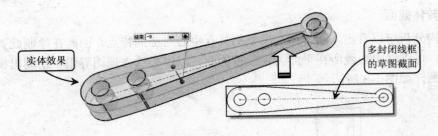

图 1-5　多个封闭线框草图生成实体

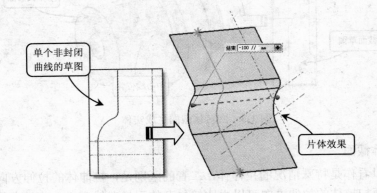

图 1-6　单个非封闭曲线截面生成实体

1.1.2 几何建模基础

物体的形状是多种多样的，从形体角度来看，都可以认为是由若干基本实体所组成的，此类实体即是组合体。在实际的工作生产中，大部分零件的实际模型都是以组合体的形式出现，少部分零件会出现比较复杂的形状，这就要采用曲面和实体相结合的综合分析方法。

1. 组合体的分解

形体分析法是解决组合体问题的基本方法。所谓形体分析就是将组合体按照其组成方式分解为若干基本形体，以便弄清楚各基本形体的形状和它们之间的相对位置关系。工程上的各种零件原型都可以看作是组合体，组合体的组成方式有叠加式、切割式和综合式 3 种，具体如下。

❑　叠加式

有两个或两个以上的基本形体叠加而得到的组合体称为叠加式组合体。如图 1-7 所示，该组合体是由长方体和圆柱体叠加而成的。

❑　切割式

由一个完整的基本实体切去若干个基本形体而得到的组合体称为切割式组合体。如图 1-8 所示，该组合体是由圆柱体切去两个基本形体后得到的。

❑　综合式

若组合体的构成中既有叠加、又有切割，则称为综合式组合体。如图 1-9 所示，该组合体是由一个钻有四个通孔的长方体板与一个开有沉头孔的圆柱体组合而成的综合式组合体。

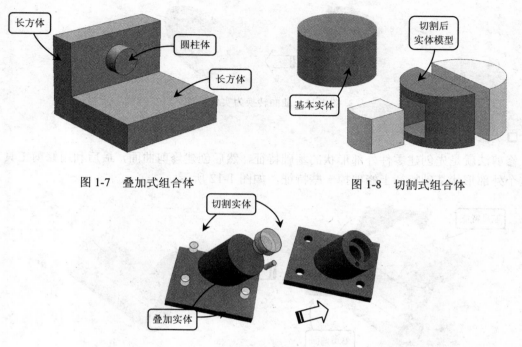

图 1-7　叠加式组合体　　　　　　　　　　图 1-8　切割式组合体

图 1-9　综合式组合体

2．三维实体的创建方法

在创建实体的三维模型时，可以将各类结构较为复杂的实体，按上述的形体分析法分解为若干个基本体，然后利用积木法、曲面转换实体法和修剪法创建出实体的三维模型。

❑　积木法

积木法就是先创建一个反映零件主要形状的基础特征，然后在这个基础特征上添加一些其他特征，如孔、凸台、键槽、割槽、倒角等，如图 1-10 所示。此方法也是大部分机械零件三维模型的创建方法。

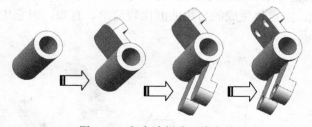

图 1-10　积木法创建三维实体

❑　曲面转换实体法

在创建具有曲面特征的实体模型时，可以先利用相应的曲面工具创建出构成模型轮廓表面的片体结构，然后再通过偏置与缩放工具将其转换为具有实体特征的三维模型，如图 1-11 所示。

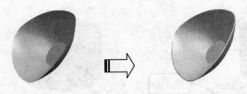

图 1-11　曲面转换为实体

❑　修剪法

修剪法就是先创建零件外部形状的基础特征，然后创建修剪曲面，最后利用修剪工具在这个外部形状基础特征上修剪掉一些特征，如图 1-12 所示。

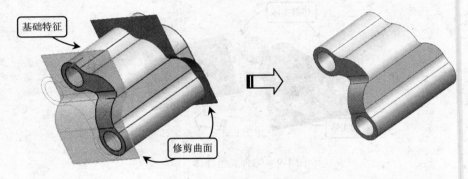

图 1-12　修剪法创建实体

3.　三维曲面的创建方法

三维曲面的构造方法很多，但都必须先定义或者选择构造几何体，如点、曲线、片体或者其他物体，然后生成三维曲面。一般有以下 3 种主要的三维曲面生成方法。

❑　由点集生成曲面

这种方法是通过指定点集文件或者通过点构造器创建点集来创建自由曲面，创建的自由曲面可以通过点集也可以以点集为极点，这种方法在 UG NX 中主要包括"通过点"、"从极点"和"从点云"。由点集生成的自由曲面比较简单、直观，但它生成的曲面是非参数化的，如图 1-13 所示。

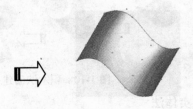

图 1-13　由点集生成曲面

    ❑　由截面曲线生成曲面

这种方法是通过指定截面曲线来创建自由曲面，这种方法在 UG NX 中主要包括"直纹面"、"通过曲线"、"通过曲线网格"和"扫描"，这种方法和由点集生成的曲面相比，最大的不同是它所创建的曲面是全参数曲面，即创建的曲面和曲线是相关联的，当构造曲面的曲线被编辑修改后，曲面会自动更新，如图 1-14 所示。

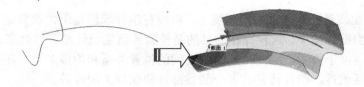

图 1-14　通过扫面生成曲面

    ❑　由已有曲面生成曲面

这种方法是通过对已有的曲面进行桥接、延伸、偏置等来创建新的曲面，这种曲面创建的前提是必须有参考面，另外，这种方法创建的曲面基本都是参数化的，当参考曲面被编辑时，生成曲面会自动更新，如图 1-15 所示。

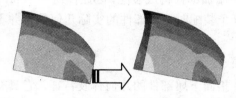

图 1-15　通过延伸生成曲面

4．曲面建模的基本原则

使用 UG NX 中的曲面造型模块，能够使用户设计更高级的自由外形。通常情况下，使用曲面功能构造产品外形，首先要建立用于构造曲面的边界曲线，或者根据实际测量的数据点生成曲线，使用 UG 提供的各种曲面构造方法构造曲面。对于简单的曲面，可以一次完成建模。而对于复杂的曲面，首先应该采用曲线构造方法生成主要或大面积的片体，然后执行曲面的过渡连接、光顺处理、曲面编辑等操作完成整体造型，其建模的基本原则如下所述。

➤　根据不同曲面的特点合理使用各种曲面构造方法。

➤　尽可能采用修剪实体，再用挖空的方法建立薄壳零件。

➤　面之间的圆角过渡尽可能在实体上进行操作。

➤　用于构造曲面的曲线尽可能简单，曲线阶次数＜3。

➤　如有测量的数据点，建议可先生成曲线，再利用曲线构造曲面。

➤　内圆角半径应略大于标准刀具半径。

➤　用于构造曲面的曲线要保证光顺连续，避免产生尖角、交叉和重叠。

➤　曲面的曲率半径尽可能大，否则会造成加工困难。

➢　曲面的阶次＜3，尽可能避免使用高阶次曲面。

➢　避免构造非参数化特性。

1.1.3 装配设计基础

1．UG NX 装配概念

UGNX 装配就是在该软件装配环境下，将现有组件或新建组件设置定位约束，从而将各组件定位在当前环境中。这样操作的目的是检验各新建组件是否符合产品形状和尺寸等设计要求，而且便于查看产品内部各组件之间的位置关系和约束关系。在 UG NX 中的装配基本概念包括组件、组件特性、多个装载部件和保持关联性等。

❑　子装配

子装配是在高一级装配中被用作组件的装配，也拥有自己的组件。子装配是一个相对的概念，任何一个装配部件都可在更高级装配中用作子装配。

❑　装配部件

装配部件是由零件和子装配构成的部件，其中零件和部件不必严格区分。在 UG 中允许向任何一个 Part 文件中添加部件构成装配，因此任何一个 prt 文件都可以作为装配部件。需要注意的是：当存储一个装配时，各部件的实际几何数据并不是存储在相应的部件（即零件文件）中。

❑　组件及组件成员

组件是装配部件文件指向下属部件的几何体及特征，它具有特定的位置和方位。一个组件可以是包含低一级组件的子装配。装配中的每个组件只包括一个指向该组件主模型几何体的指针，当一个组件的主模型几何体被修改时，则在作业中使用该主模型的所有其他组件会自动更新修改。在装配中，一个特定部件可以使用在多处，而每次使用都称之为组件，含有组件的实际几何体的文件就称为组件部件，如图 1-16 所示。

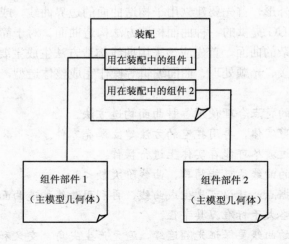

图 1-16　装配部件、组件及组件部件的关系

组件成员是组件部件中的几何对象，并在装配中显示。如果使用引用集，则组件成员可以是组件部件中的所有几何体的某个子集。组件成员也称为组件几何体。

❑　显示部件和工作部件

显示部件是指当前在图形窗口里显示的部件。工作部件是指用户正在创建或编辑的部件，它可以是显示部件或包含在显示的装配部件里的任何组件部件。当显示单个部件时，工作部件也就是显示部件。

❑　多个装载部件

任何时候都可以同时装载多个部件，这些部件可以是显式地被装载（如用装配导航器上的 Open 选项打开）也可以是隐藏式装载（如正在由另外的加载装配部件使用），装载的部件不一定属于同一个装配。

❑　上下文设计

所谓上下文设计就是在装配设计中显示的装配文件，该装配文件包含各个零部件文件。在装配里进行任何操作都是针对工作装配文件的，如果修改工作装配体中的一个零部件，则该零部件将随之更新。在上下文设计中，也可以利用零部件之间的链接几何体，即用一个部件上的有关几何体作为创建另一个部件特征的基础。

❑　保持关联性

在装配内任一级上的几何体的修改都会导致整个装配中所有其他级上相关数据的更新。对个别零部件修改，则使用那个部件的所有装配图都会相应地更新，反之，在装配上下文中对某个组件的修改，也会更新相关的装配图以及组件部件的其他相关对象（如刀具轨迹）。

❑　约束条件

约束条件又称配对条件，即是一个装配中定位组件。通常规定在装配中两个组件间约束关系完成配对。例如，规定在一个组件上的圆柱面与在另一个组件的圆柱面同轴。

可以使用不同的约束组合去完全固定一个组件在装配中的位置。系统认为其中一个组件在装配中的位置是被固定在一个恒定位置中，然后对另一组件计算一个满足规定约束的位置。两个组件之间的关系是相关的，如果移动固定组件的位置，当更新时，与它约束的组件也会移动。例如，如果约束一个螺栓到螺栓孔，若螺栓孔移动，则螺栓也随之移动。

❑　引用集

可以通过使用引用集，过滤用于表示一个给定组件或子装配的数据量，来简化大装配或复杂装配图形显示。引用集的使用可以大大减少（甚至完全消除）部分装配的部分图形显示，而无需修改其实际的装配结构或下属几何体模型。每个组件可以有不同的引用集，因此在一个单个装配中同一个部件允许有不同的表示。

❑　装配顺序

装配顺序可以由用户控制装配或拆装的次序，用户可以建立装配顺序模型并回放装配顺序信息，用户可以用一步装配或拆装一个组件，也可以建立运动步去仿真组件移动的过程。一个装配可以有多个装配顺序。

2. 自底向上装配

自底向上装配的设计方法是比较常用的装配方法，即先逐一设计好装配中所需的部件，再将部件添加到装配体中去，由底向上逐级进行装配。使用这个方法的前提条件是完成所有组件的建模操作。使用这种装配方法执行逐级装配顺序清晰，便于准确定位各个组件在装配体的位置。

在实际的装配过程中，多数情况都是利用已经创建好的零部件通过常用方式调入装配环境中，然后设置约束方式限制组件在装配体中的自由度，从而获得组件定位效果。为方便管理复杂装配体组件，可创建并编辑引用集，以便有效管理组件数据。

3. 自顶向下装配

自顶向下装配的方法是指在上下文设计中进行装配，即在装配过程中参照其他部件对当前工作部件进行设计。例如，在一个组件中定义孔时需要引用其他组件中的几何对象进行定位，当工作部件是未设计完成的组件而显示部件是装配部件时，自顶向下装配方法非常有用。

当装配建模在上下文设计中，可以利用链接关系建立从其他部件到工作部件的几何关联。利用这种关联，可引用其他部件中的几何对象到当前工作部件中，再用这些几何对象生成几何体。这样，一方面提高了设计效率，另一方面保证了部件之间的关联性，便于参数化设计。

❑ 装配方法一

该方法是先建立装配关系，但不建立任何几何模型，然后使其中的组件成为工作部件，并在其中设计几何模型，即在上下文中进行设计，边设计边装配。

❑ 装配方法二

这种装配方法是指在装配件中建立几何模型，然后在建立组件，即建立装配关系，并将几何模型添加到组件中去。与上一种装配方法不同之处在于：该装配方法打开一个不包含任何部件和组件的新文件，并且使用链接器将对象链接到当前装配环境中。

1.1.4 工程图绘制基础

在实际的工作生产中，零件的加工制造一般都需要二维工程图来辅助设计。UG NX 的工程图主要是为了满足二维出图需要。在绘制工程图时，需要先确定所绘制图形要表达的内容，然后根据需要并按照视图的选择原则，绘制工程图的主视图、其他视图以及某些特殊视图，最后标注图形的尺寸、技术说明等信息，即可完成工程图的绘制。

1. 视图选择原则

工程图合理的表达方案要综合运用各种表达方法，清晰完整地表达出零件的结构形状，并便于看图。确定工程图表达方案的一般步骤介绍如下。

❑ 分析零件结构形状

由于零件的结构形状以及加工位置或工作位置的不同，视图的选择也不同。因此，在选择零件的视图之前，应首先对零件进行形体分析和结构分析，并了解零件的加工、工作情况，以便准确地表达出零件的结构形状，反映出零件的设计和工艺要求。

❑　零件主视图的选择

主视图是表达零件结构形状最重要的视图，画图和看图都是先从主视图开始的。因此，在全面分析零件的结构形状的基础上，选择零件主视图遵循如下 3 个原则：零件在机器中工作时的位置；以及尽量选择最能反映零件结构形状的方向作为主视图的主视方向。

❑　其他视图的选择

主视图确定后，应根据零件结构形状的复杂程度，选取其他视图，确定合适的表达方案，完整清晰地表达出零件的结构形状。其他视图的选择一般要注意优先选用基本视图；在完整清晰地表达出零件结构的前提下，尽量减少视图数量；并且所确定的表达方案不是唯一的，一般可以拟出几种不同的表达方案进行比较，以确定一种较好的表达方案。

2．尺寸标注原则

图形只能表示零件的形状，而零件上各部分大小和相对位置，则必须由图上所注的尺寸来确定。所以工程图中的尺寸是加工零件的重要依据。标注尺寸时，必须认真细致，尽量避免遗漏或错误，否则将会给生产带来困难和损失。

工程图中的尺寸由尺寸界线、尺寸线、箭头和尺寸数字组成。为了将图样中的尺寸标注得清晰、正确，需要注意以下几点。

❑　正确选用尺寸基准

在标注尺寸时，除了符合完整、正确的要求外，还要考虑怎样把零件的尺寸标注得比较合理，符合生产的实际要求，要满足这些要求，必须正确地选择尺寸基准。所谓基准，就是标注尺寸的起点，尺寸基准分为如下两类：零件在设计时标注尺寸的起点，即设计基准；零件在加工、测量时使用的基准，即工艺基准。

零件在长、宽、高三个方向上至少各有一个主要基准。但是根据设计、加工、测量上的要求，一般还要附加一些辅助基准，主要基准和辅助基准之间要有尺寸链联系，如图 1-17 所示。夹紧座的底面为高度方向的主要基准，也是设计基准。由此出发，标注夹紧座孔中心高 59 和总高 105，再以顶面作为高度方向的辅助基准，也是工艺基准，由此标注顶面到孔中心的高度尺寸 8。

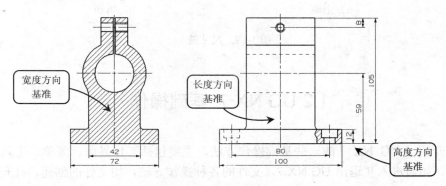

图 1-17　尺寸基准选择

❑ 主要尺寸必须直接标出

主要尺寸是指直接影响零件在机器中工作性能和准确位置的尺寸，如零件间的配合尺寸、重要的安装定位尺寸等。如图 1-18a 所示的夹紧座，夹紧座的中心和安装孔的间距尺寸必须直接标注，而不能像图 1-18b 所示间接标注，从而造成尺寸误差的积累。

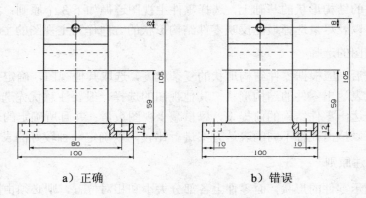

a）正确　　　　　　　　　　　b）错误

图 1-18　主要尺寸的标注

❑ 不能标注成封闭尺寸链

如图 1-19b 所示，轴的长度方向上，除了标注总长尺寸外，又对轴上各段尺寸逐次进行了标注。因此，形成封闭尺寸链。这种标注，轴上的各段尺寸精度都可以得到保证，而总长尺寸的尺寸精度则得不到保证。各段尺寸的误差累积起来，最后都集中反映到总长尺寸上。因此，在标注尺寸时应将次要的轴段空出，不标注尺寸，如图 1-19a 所示。该轴段由于不标注尺寸，是尺寸链留有的开口，成为开口环，开口环尺寸是在加工中自然形成的。

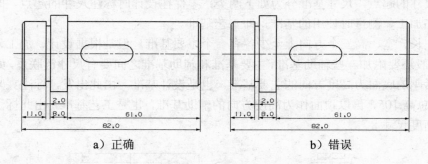

a）正确　　　　　　　　　　　b）错误

图 1-19　尺寸链

1.2 UG NX 7 基础操作

本节介绍了 UG NX 7 的一些基础操作方法，主要包括工作界面、菜单、工具栏的认识和使用，如何进入和退出 UG NX 7。文件的各种操作方法，如文件的创建、打开、保存等，以及 UG 与其他 CAD 软件的数据交换参数设置及转换方法。零件的选择、显示方法以及图层的设置方法等。

1.2.1 首选项设置

首选项设置用来对一些模块的默认控制参数进行设置，如定义新对象、用户界面、资源板、选择、可视化，调色板、背景等。在不同的应用模块下，首选项菜单会相应地发生改变。

"首选项"菜单中的大部分选项参数与"用户默认设置"相同，但在首选项下所做的设置只对当前文件有效，保存当前文件即会保存当前的环境设置到文件中。在退出 NX 后再打开其他文件时，将恢复到系统或用户默认设置的状态。简单地说，在"首选项"中设置的参数是临时的，而在"用户默认设置"中设置的参数是永久的。下面仅对区别于"用户默认设置"内容的一些常用设置作介绍。

1. 对象参数设置

选择"首选项"→"对象"菜单选项（或者用快捷键 Ctrl+Shift+J），弹出"对象首选项"对话框，该对话框包含"常规"和"分析"两个选项卡，用于预设置对象的属性及分析的显示颜色等相关参数，本小节只对"常规"选项卡进行介绍，如图 1-20 所示，各选项参数含义可参照表 1-1。

图 1-20 "常规"选项卡设置界面

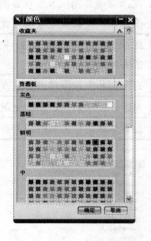

图 1-21 "颜色"对话框

2. 用户界面设置

选择"首选项"→"用户界面"菜单选项，弹出"用户界面首选项"对话框如图 1-22 所示，"用户界面首选项"对话框中共有 5 种选项卡：常规、布局、宏、操作记录、用户工具等，具体选项卡含义参考**表 1-2**。

3. 选择设置

选择"首选项"→"选择"选项，弹出"选择首选项"对话框，如图 1-23 所示，各选项参数含义可参照表**表 1-3** 所示。

表 1-1　"常规"选项卡各参数含义

选项	选项参数含义
工作图层	指新对象的工作图层，即用于设置新对象的存储图层，系统默认的工作图层是 1，当输入新的图层序号时，系统会自动将新创建的对象存储在新图层中
类型	是指对象的类型，单击▼按钮会打开"类型"下拉列表框，里面包含了默认、直线、圆弧、二次曲线、样条、实体、片体等，用户可以根据需要选取不同的类型
颜色	是指对对象的颜色进行设置，单击"颜色"右边的█图标，系统会弹出如图 1-21 所示"颜色"对话框，在其中选择需要的颜色再单击"确定"按钮即可
线型	是指对对象线型的设置，单击"线型"右边的▼按钮会弹出"线型"下拉列表框，里面包含了实线、虚线、双点划线、中心线、点线、长划线和点划线，用户可根据需要选取不同的线型
宽度	是指对对象线宽进行设置，单击"宽度"右边的▼按钮会弹出"宽度"下拉列表框，里面包含了细线宽度、正常宽度、粗线宽度等，用户可根据需要选取不同的线宽

表 1-2　"用户界面首选项"各选项卡含义

选项卡	选项卡含义
常规	在"常规"选项卡设置界面中可以对现实小数位数进行设置，包括对话框、跟踪条、信息窗口、确认或取消重置切换开关等
布局	选择 NX 工作界面风格，对资源条的显示位置进行调整，对在工作窗口中进行设置后的布局进行保存
宏	对录制和回放操作进行设置
操作记录	对操作记录语言、操作记录文件格式等进行设置
用户工具	设置加载用户工具的相关参数

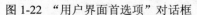

图 1-22　"用户界面首选项"对话框　　　　　　图 1-23　"选择首选项"对话框

表 1-3　"选择首选项"对话框参数含义

选项卡	选项卡含义
多选	"鼠标手势"选项表示指定框选时用矩形还是多边形；"选择规则"选项表示指定框选时哪部分的对象将被选中
高亮显示	"高亮显示滚动选择"选项设置是否高亮显示滚动选择；"滚动延迟"选项用于设定延迟时间；"用粗线条高亮"设置是否用粗线条高亮显示对象；"高亮显示隐藏边"设置是否高亮显示隐藏边；"着色视图"指定着色视图时是高亮显示面还是高亮显示边；"面分析视图"指定分析显示时是高亮显示面还是高亮显示边
快速拾取	"延迟时快速拾取"决定鼠标选择延迟时，是否进行快速选择；"延迟"设定延迟多长时间时进行快速选择
光标	"选择半径"设置选择球的半径大小，分为大、中、小 3 个等级；勾选"显示十字准线"选项，将显示十字光标
成链	用于成链选择的设置。"公差"设置链接曲线时，彼此相邻的曲线端点都允许的最大间隙；"方法"设定链的链接方式，共有简单、WCS、WCS 左侧、WCS 右侧 4 种方式

4. 背景设置

背景设置是经常用到的，UG NX 7 将其从"可视化"选项中独立到"首选项"菜单中，方便了用户的使用。选择"首选项"→"背景"选项，弹出"编辑背景"对话框，如图 1-24 所示。

该对话框分为两个视图色设置，分别是"着色视图"和"线框视图"的设置。着色视图是指对着色视图工作区背景的设置，背景有两种模式，分别为普通指引线和渐变。普通指引线是指背景单颜色显示，渐变是指背景在两种颜色间渐变，当选择了"渐变"单选按钮后，"顶部"和"底部"选项会被激活，在其中点击"顶部"或"底部"后边的图标弹出如图 1-25 所示的"颜色"对话框，在其中选择颜色来设置顶部和底部的颜色。背景的颜色就在顶部和底部颜色之间逐渐变化。线框视图是指对线框视图工作区背景的设置，也有两种模式，分别为普通指引线和渐变。它的设置和"着色视图"相同，在此不再介绍。

图 1-24　"编辑背景"对话框

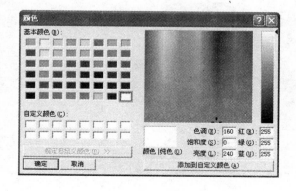

图 1-25　"颜色"对话框

此外，在"普通颜色"选项中，单击最右端的 □ 图标，也可弹出"颜色"对话框，可以设置不是渐变的普通背景颜色。在对话框的最下端，单击"默认渐变颜色"，可以将着色视图和线框视图设置为默认的渐变颜色，即在浅蓝色和白色间渐变的颜色。

1.2.2 巧用鼠标和键盘

鼠标和键盘操作的熟练程度直接关系到作图的准确性和速度，熟悉鼠标和键盘操作，有利于提高作图的质量和效率。

1. 鼠标操作

在工作区单击右键，打开右键快捷菜单，从中选择相应的选项，或者选择"视图"→"操作"选项，在打开的"操作"子菜单中选择相应的选项，对视图进行观察即可完成观察视图操作，其操作方法和作用与上述各种按钮相同，这里就不再阐述。

在 UG NX 7.0 中，还可利用鼠标对视图进行缩放、平移、旋转和全部显示等操作，便于进行视图的观察。

> 缩放视图：利用鼠标进行视图的缩放操作包括 3 种方法：将鼠标置于工作区中，滚动鼠标滚轮；同时按下鼠标的左键和鼠标滚轮并任意拖动；或者按下 Ctrl 键的同时按下鼠标滚轮并上下拖动鼠标。

> 平移视图：利用鼠标进行视图平移的操作包括 2 种方法：在工作区中同时按下鼠标滚轮和右键；或者按下 Shift 键的同时按下鼠标滚轮，并在任意方向拖动鼠标，此时视图将随鼠标移动的方向进行平移。

> 旋转视图：在绘图区中按下鼠标滚轮，并在各个方向拖动鼠标，即可旋转对象到任意角度和位置。

> 全部显示：在工作窗口中的空白处单击鼠标右键，在"视图"快捷菜单中选择"适合窗口"选项，如图 1-26 所示，或在"视图"工具栏上单击 按钮，也可以在菜单栏选择"视图"→"操作"→"适合窗口"选项，如图 1-27 所示。系统会把所有的几何体完全显示在工作窗口中。

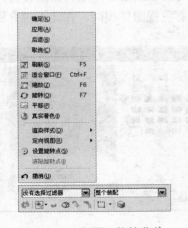

图 1-26　"视图"快捷菜单

图 1-27　选择"适合窗口"命令

技　巧：当光标放在绘图区左侧或右侧，按住滚轮不放并轻微移动鼠标，光标变成，
　　　　对象将沿 X 轴旋转；当光标放在绘图区下侧，按住滚轮不放并轻微移动鼠标，
　　　　光标变成，对象将沿 Y 轴旋转；当光标放在绘图区上侧，按住滚轮不放并
　　　　轻微移动鼠标，光标变成，对象将沿 Z 轴旋转。

2．使用键盘快捷键

在 UG NX 7.0 中，可利用键盘操作控制窗口操作，键盘功能可参照表 1-4 所示。利用键盘不但可以进行输入操作，还可以在对象间切换。

表 1-4　键盘功能

键盘控制	键盘功能
Tab	在对话框中的不同控件上切换，被选中的对象将高亮显示
Shift+Tab	同 Tab 操作的顺序正好相反，用来反向选择对象，被选中的对象将高亮显示
方向键	在同一控件内的不同元素间切换
回车键	确认操作，一般相当于单击"确定"按钮确认操作
空格键	在对应的对话框中激活"接受"按钮
Shift+Ctrl+L	中断交互

3．定制键盘

可对常用工具设置自定义快捷键，这样能够快速提高设计的效率和速度。在工程设计过程中，可通过设置快捷键的方式，快速执行选项操作。

要定制键盘，可选择"工具"→"定制"选项，打开"定制"对话框，单击该对话框中的"键盘"按钮，打开"定制键盘"对话框，如图 1-28 所示。

在该对话框中选择适合的类别，右方的"命令"列表框中将显示对应的命令选项，指定选项，即可在下方的"按新的快捷键"文本框中输入新的快捷键，单击"指派"按钮即可将快捷键赋予该选项，这样在操作过程中可直接使用快捷键执行相应操作。

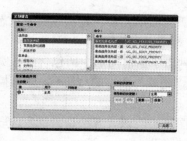

图 1-28　"定制键盘"对话框

1.2.3 零件显示和隐藏

在创建复杂的模型时，一个文件中往往存在多个实体造型，造成各实体之间的位置关

系互相错叠,这样在大多数观察角度上将无法看到被遮挡的实体,或是各个部件不容易分辨。这时,将当前不操作的对象隐藏起来,或是将每个部分用不同的颜色、线型等表示,即可对被覆盖的对象进行方便的操作。

1．编辑对象显示

通过对象显示方式的编辑,可以修改对象的颜色、线型、透明度等属性,特别适用于创建复杂的实体模型时对各部分的观察、选取以及分析修改等操作。

选取"编辑"→"对象显示"选项,打开"类选择"对话框,从工作区中选取所需对象并单击"确定"按钮,打开如图 1-29 所示的"编辑对象显示"对话框。

该对话框包括 2 个选项卡,在"分析"选项卡中可以设置所选对象各类特征的颜色和线型,通常情况下不必修改,"常规"选项卡中的各主要选项参照表 1-5 所示。

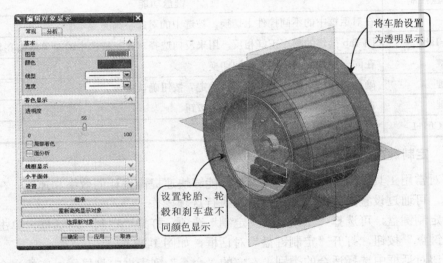

图 1-29   "编辑对象显示"对话框

2．显示和隐藏

该选项用于控制工作区中所有图形元素的显示或隐藏状态。选取该选项后,将打开如图 1-30 所示的"显示和隐藏"对话框。

在该对话框的"类型"中列出了当前图形中所包含的各类型名称,通过单击类型名称右侧"显示"列中的按钮 + 或"隐藏"列中的按钮 —,即可控制该名称类型所对应图形的显示和隐藏状态。

也可以使选定的对象在绘图区中隐藏。方法是:首先选取需要隐藏的对象,然后选择该选项,此时被选取的对象将被隐藏。

3．颠倒显示和隐藏

该选项可以互换显示和隐藏对象,即是将当前显示的对象隐藏,将隐藏的对象显示,效果如图 1-31 所示。

表 1-5　"常规"选项卡各参数项含义

选项	选项含义
图层	该文本框用于指定对象所属的图层，一般情况下为了便于管理，常将同一类对象放置在同一个图层中
颜色	该选项用于设置对象的颜色。对不同的对象设置不同的颜色将有助于图形的观察及对各部分的选取及操作
线型和宽度	通过这两个选项，可以根据需要设置实体模型边框、曲线、曲面边缘的线型和宽度
透明度	通过拖动透明度滑块调整实体模型的透明度，默认情况下透明度为 0，即不透明，向右拖动滑块透明度将随之增加
局部着色	该复选框可以用来控制模型是否进行局部着色。启用时可以进行局部着色，这时为了增加模型的层次感，可以为模型实体的各个表面设置不同的颜色
面分析	该复选框可以用来控制是否进行面分析，启用该复选框表示进行面分析
线框显示	该面板用于曲面的网格化显示。当所选择的对象为曲面时，该选项将被激活，此时可以启用"显示点"和"显示节点"复选框，控制曲面极点和终点的显示状态
继承	将所选对象的属性赋予正在编辑的对象。选择该选项，将打开"继承"对话框，然后在工作区中选取一个对象，并单击"确定"按钮，系统将把所选对象的属性赋予正在编辑的对象

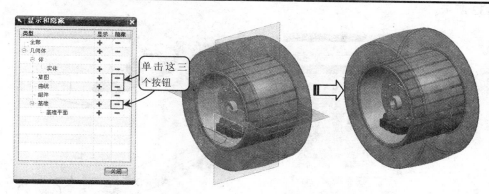

图 1-30　"显示和隐藏"对话框

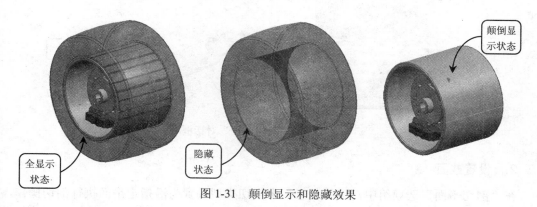

图 1-31　颠倒显示和隐藏效果

4. 显示所有此类型

"显示"选项与"隐藏"选项的作用是互逆的，即可以使选定的对象在绘图区中显示。而"显示所有此类型"选项可以按类型显示绘图区中满足过滤要求的对象。

> 提 示：当不需要某个对象时，可将对象删除掉。方法是：选择"编辑"→"删除"选项，弹出"类选择"对话框，选取该对象单击"确定"按钮确认操作。

1.2.4 截面观察操作

当观察或创建比较复杂的腔体类或轴孔类零件时。要将实体模型进行剖切操作，去除实体的多余部分，以便对内部结构的观察或进一步操作。在 UG NX 中，可以利用"新建截面"工具在工作视图中通过假想的平面剖切实体，从而达到观察实体内部结构的目的。

要进行视图截面的剖切，可单击"视图"工具栏中的"新建截面"按钮，打开如图 1-32 所示的"查看截面"对话框。

1. 定义截面的类型

在"类型"下拉列表中包含 3 种截面类型，它们的操作步骤基本相同：先确定截面的方位，然后确定其具体剖切的位置，最后单击"确定"按钮，即可完成截面定义操作，如图 1-32 所示。

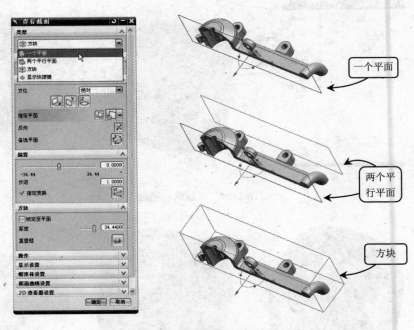

图 1-32 "查看截面"对话框

2. 设置截面

在"剖切平面"选项组中，可将任意一个剖切类型设置为沿指定平面执行剖切操作，分别单击该选项组中的按钮、、，设置剖切截面效果如图 1-33 所示。

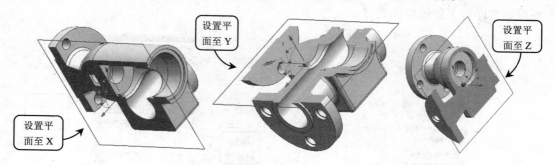

图 1-33　设置剖切平面剖切实体

3．设置截面距离

在"偏置"选项组中，根据设计需要允许使用偏置距离对实体对象进行剖切。如图 1-34 所示为设置平面至 X 时偏置距离所获得的不同效果。

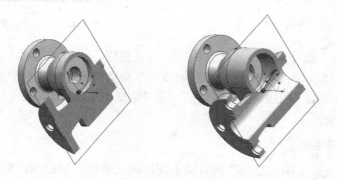

图 1-34　设置剖切距离

1.2.5 零件图层操作

图层用于三维空间中使用不同的虚拟层次来管理要创建的模型，可对这些层次进行显示、隐藏、可逆操作或者不可逆操作，而不会影响模型的空间位置和相互关系。

在 UG NX 7 建模过程中，图层可以很好地将不同的几何元素和成型特征分类，不同的内容放置在不同的图层，便于对设计的产品进行分类查找和编辑。另外，对于任何一个零件可创建 1~256 个图层，并且对于每个图层上的对象均不限数量。熟练运用该工具不仅能提高设计速度，而且还提高了模型零件的质量，减小了出错几率。图层设置的命令均在"格式"菜单中，可以选择主菜单中"格式"选项，弹出如图 1-35 所示的菜单。

1．图层设置

在 UG NX 7 中图层可分为工作图层、可见图层、不可见图层。工作图层即为当前正在操作的层，当前建立的几何体都位于工作图层上，只有工作图层中的对象可以被编辑和修改，其他的层只能进行可见性、可选择性的操作。在一个部件的所有图层中，只有一个图层是当前工作层。要对指定层进行设置和编辑操作，首先要将其设置为工作图层，因而图层设置即对工作图层的设置。

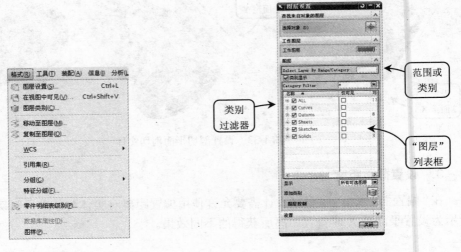

图 1-35　"格式"菜单　　　　　　　　　　图 1-36　"图层设置"对话框

　　"图层设置"命令用来设置工作图层、可见图层、不可见图层，并定义图层的类别名称。在图 1-35 所示的菜单中选择"图层设置"命令或者在工具栏中单击 按钮，便可弹出如图 1-36 所示的"图层设置"对话框。该对话框中包含多个选项，各选项的含义及设置方法如表 1-6 所示。

2．在图层中可见

　　若在视图中有很多图层显示，则有助于图层的元素定位等操作。但是，若图层过多，尤其是不需要的非工作图层对象也显示，则会使整个界面显得非常零乱，直接影响绘图的速度和效率。因此，有必要在视图中设置可见层用于设置绘图区中图层的显示和隐藏参数。

　　在创建比较复杂的实体模型时，可隐藏一部分在同一图层中与该模型创建暂时无关的几何元素，或者在打开的视图布局中隐藏某个方位的视图，以达到便于观察的效果。

　　要进行图层显示设置，选择"格式"→"在视图中可见"选项，或直接单击"实用工具"工具栏中的"在视图中可见"按钮，将打开如图 1-37 所示的"视图中的可见图层"对话框。在该对话框的"图层"列表框中选择设置可见性的图层，然后单击"可见"或"不可见"按钮，从而实现可见或不可见的图层设置，可见性效果如图 1-38 所示。

3．图层分组

　　划分图层的范围、对其进行层组操作，有利于分类管理，提高操作效率，快速地进行图层管理、查找等。在主菜单中选择"格式"→"图层类别"选项，将打开"图层类别"对话框，如图 1-39 所示。

　　在"类别"文本框内输入新类别的名称，单击"创建/编辑"按钮，在弹出的"图层"列表框中的"范围/类别"文本框内输入所包括的图层范围，或者在图层列表框内选择。例如创建 Sketch 层组，如在"层"列表框内选中 11~40（可以按住 Shift 键进行连续选择），单击"添加"按钮，则图层 11~40 就被划分到了 Sketch 层组下。此时若选择 Sketch 层组，图层 11~40 被一起选中，利用过滤器下方的层组列表可快速按类选择所需的层组，如图 1-40 所示。

表 1-6 　"图层设置"对话框中各选项的含义及设置方法

选项	含义及设置方法
查找来自对象的图层	用于从模型中选择需要设置成图层的对象，单击"选择对象"右边的⊕按钮，并从模型中选择要设置成图层的对象即可
工作图层	用于输入需要设置为当前工作层的层号，在该文本框中输入所需的工作层层号后，系统将会把该图层设置为当前工作层
范围或类别	是指"图层"栏中 Select Layer By Range/Category 文本框，用来输入范围或图层种类名称以便进行筛选操作。当输入种类的名称并按回车键后，系统会自动将所有属于该类的图层选中，并自动改变其状态
类别过滤器	是指"图层"栏中 Category Filer 下拉列表，该选项右侧的文本框中默认的"*"符号表示接受所有的图层种类；下部的列表框用于显示各种类的名称及相关描述
"图层"列表框	用来显示当前图层的状态、所属的图层种类和对象的数目等。双击需要更改的图层，系统会自动切换其显示状态。在列表框中选取一个或多个图层，通过选择下方的选项可以设置当前图层的状态
图层显示	用于控制"图层"列表框中图层的显示类别。其下拉列表中包括 3 个选项："所有图层"是指图层状态列表中显示所有图层；"含有对象的层"是指图层列表中仅显示含有对象的图层；"所有可选图层"是指仅显示可选择的图层；"所有可见图层"是指仅显示可见的图层
添加类别	是指用于添加新的图层类别到"图层"列表中，建立新的图层类别
图层控制	用于控制"图层"列表框中图层的状态，选中"图层"列表框中的图层即可激活，可以控制图层的可选、工作图层，仅可见，不可见等状态
显示前全部适合	用于在更新显示前符合所有过滤类型的视图，启用该复选框，使对象充满显示区域

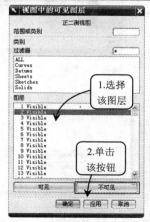

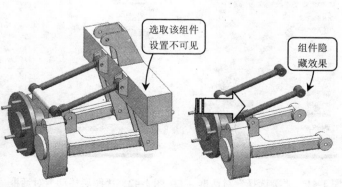

图 1-37 　"视图中的可见图层"对话框　　　　　　图 1-38 　视图中的可见图层效果

4. 移动至图层

移动至图层用于改变图素或特征所在图层的位置。利用该工具可将对象从一个图层移动至另一个图层。这个功能非常有用，可以即时地将创建的对象归类至相应的图层，方便了对象的管理。

图 1-39 "图层类别"对话框　　　　　　图 1-40 创建"Sketch"层组

要移动图层，可在主菜单中选择"格式"→"移动至图层"选项，或在工具栏中单击 按钮，便可弹出如图 1-41 所示的"类选择"对话框，然后在工作区中选择需要移动至另一图层的对象，选择完单击"确定"按钮，弹出如图 1-42 所示的"图层移动"对话框，然后可以在"目标图层或类别"下的文本框里输入想要移动至的图层序号，也可以在"类别过滤器"下的列表框里选择一种图层类型，在选择了一种图层类别的同时，在"目标图层或类别"下的文本框里会出现相应的图层序号，如图 1-43 所示，选择完后单击"确定"按钮或者"应用"按钮便可完成图层的移动，如果还想接着选择新的对象进行移动，可在如图 1-42 所示的对话框中单击"选择新对象"按钮，然后再进行一次移动。

图 1-41 "类选择"对话框　　图 1-42 "图层移动"对话框　　图 1-43 选择图层类别示意图

5. 复制至图层

复制至图层用于将对象复制到指定的图层中。这个功能在建模中非常有用，在不知是否需要对当前对象进行编辑时，可以先将其复制到另一个图层，然后再进行编辑，如果编辑失误还可以调用复制对象，不会对模型造成影响。

在主菜单中选择"格式"→"复制至图层"选项，或在工具栏中单击 按钮，便可弹出如图 1-41 所示的"类选择"对话框，接下来的操作和"移动至图层"类似，在此就不加以详细说明了。两者的不同点在于：利用该工具复制的对象将同时存在于原图层和目标图层中。

1.3 UG NX 7 常用工具

本节主要介绍 UG NX 7 一些比较常用的工具，如截面观察工具、点捕捉工具、基准构造器、信息查询工具、对象分析工具、表达式等。熟练掌握这些常用工具会使建模变得更方便、快捷，在后续章节中介绍的许多命令都离不开这些常用工具。可以说，不掌握这些常用工具，就不能掌握 UG NX 7 的建模功能。

1.3.1 点构造器

在 UG NX 7.0 建模过程中，经常需要指定一个点的位置（例如，指定直线的起点和终点、指定圆心位置等），在这种情况下，使用"捕捉点"工具栏可以满足捕捉要求，如果需要的点不是上面的对象捕捉点，而是空间的点，可使用"点"对话框定义点。选择"信息"→"点"选项，将打开"点"对话框，这个"点"对话框又称之为"点构造器"，如图 1-44 所示。其"类型"下拉列表框如图 1-45 所示。其"捕捉点"工具栏如图 1-46 所示。

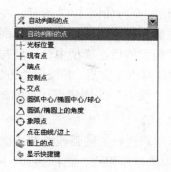

图 1-44 "点"对话框　　　图 1-45 "类型"下拉列表框　　　图 1-46 "捕捉点"工具栏

1. 点构造类型

在如图 1-44 所示对话框的"类型"下拉列表框中选择 按钮，打开如图 1-45 所示的下拉列表框，里面列出了所有的捕捉特征方法，这些方法通过在模型中捕捉现有的特征来捕捉点，如圆心、端点、节点和中心点等特征。这种方法很直观，很方便，在建模过程中使用最多，统称为"捕捉特征法"。表 1-7 列出了所有"捕捉特征法"的类型和创建方法。

表 1-7 点的类型和创建方法

点类型	创建点的方法
自动判断的点	根据光标所在的位置，系统自动捕捉对象上现有的关键点（如端点、交点和控制点等），它包含了所有点的选择方式
光标位置	该捕捉方式通过定位光标的当前位置来构造一个点，该点即为 XY 面上的点
现有点	在某个已存在的点上创建新的点，或通过某个已存在点来规定新点的位置
端点	在鼠标选择的特征上所选的端点处创建点，如果选择的特征为圆，那么端点为零象限点
控制点	以所有存在的直线的中点和端点、二次曲线的端点、圆弧的中点、端点和圆心或者样条曲线的端点极点为基点，创建新的点或指定新点的位置
交点	以曲线与曲线或者线与面的交点为基点，创建一个点或指定新点的位置
圆弧/椭圆/球中心	该捕捉方式是在选取圆弧、椭圆或球的中心创建一个点或规定新点的位置
圆弧/椭圆上的角度	在与坐标轴 XC 正向成一定角度的圆弧或椭圆上构造一个点或指定新点的位置
象限点	在圆或椭圆的四分点处创建点或者指定新点的位置
点在曲线/边上	通过在特征曲线或边缘上设置 U 参数来创建点
面上的点	通过在特征面上设置 U 参数和 V 参数来创建点

2. 构造方法举例

❑ 交点

"交点"是指根据用户在模型中选择的交点来创建新点。新点和选择的交点坐标完全相同。在选择了交点后，"点"对话框变为如图 1-47 所示。在其中单击"曲线、曲面活平面"栏中的"选择对象"按钮，然后在模型中选择曲线、曲面或平面，再单击"要与其相交的曲线"栏中的"选择曲线"按钮，然后在模型中选择要与前一步选择的曲线、曲面或平面相交的曲线，这时系统会自动计算出相交点，并以绿色方块高亮显示，然后单击"确定"或者"应用"按钮创建新点。用"交点"法创建点示意图如图 1-48 所示。

❑ 圆弧/椭圆上的角度

"圆弧/椭圆上的角度"是指根据用户选择的圆弧或椭圆边缘指定的角度来创建点，"角度"起始点为选择的圆弧或椭圆边缘的零象限点，范围为 0°~360°。当选择了"圆弧/椭圆上的角度"方法创建点时，点构造器会变成如图 1-49 所示。在其中选择"选择圆弧或椭圆"栏里的"选择圆弧或椭圆"，然后在模型中选择圆弧或椭圆边缘，在"曲线上的角度"栏的"角度"文本框中输入角度值，系统会在模型里以绿色方块高亮显示用户选中的点，如图 1-50 所示，如果确定无误，单击"确定"或者"应用"按钮即可创建点。

图 1-47　"交点"对话框

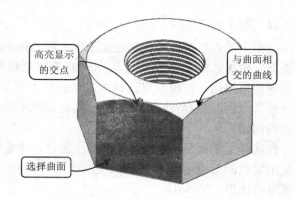

图 1-48　创建"交点"示意图

图 1-49　"圆弧/椭圆上的角度"对话框

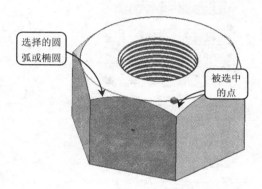

图 1-50　"圆弧/椭圆上的角度"示意图

❑　点在曲线/边上

"点在曲线/边上"是指根据在指定的曲线或者边上取的点来创建点，新点的坐标和指定的点一样，在"类型"栏选择了"点在曲线/边上"后，"点"对话框变为图 1-51 所示。在其中"曲线"栏里单击"选择曲线"按钮，在模型里选择曲线或边缘，然后在"曲线上的位置"栏里设置"U 向参数"。"U 向参数"是指想要创建的点到选中边缘起始点长度 a 和被选中的曲线或边缘的长度 b 的比值，如图 1-52 所示。设置完后在如图 1-51 所示的对话框中单击"确定"或者"应用"按钮便可以完成点的创建。

图 1-51　"点在曲线/边上"对话框

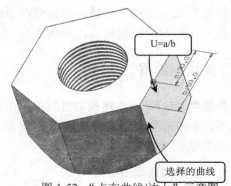

图 1-52　"点在曲线/边上"示意图

❑ 面上的点

"面上的点"是根据在指定面上选取的点来创建点，新点的坐标和指定的点一样。在"类型"栏里选择了 面上的点后，"点"对话框变为如图 1-53 所示。在"面"栏里单击"选择面"按钮，在模型里选择面，然后在"面上的位置"栏里设置"U 向参数"和"V 向参数"。设置完成后在图 1-53 所示的对话框中单击"确定"或者"应用"按钮便可以完成点的创建。

在选择了平面后，系统会在平面上创建一个临时坐标系，如图 1-54 所示。"U 向参数"就是指定点的 U 坐标值和平面长度的比值，U=a/c；"V 向参数"是指定点的 V 坐标值和平面宽度的比值，V=b/d。

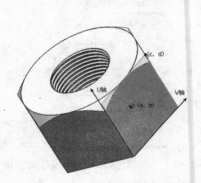

图 1-53　"面上的点"对话框　　　　图 1-54　"U 向参数"和"V 向参数"示意图

❑ 坐标设置法

"点构造器"通常有两种方法可以建立点，分别为通过捕捉特征和通过坐标设置。以上介绍的点构造方法均为"捕捉特征法"，下面介绍"坐标设置法"。

"坐标设置法"是通过指定将要创建点的坐标来创建新点，这种方法比较直接，创建点也比较精确，只是需要提前知道被创建点的坐标。在"点"对话框"坐标"选项组中，用户可以直接输入 X、Y、Z 轴的坐标值来定义点。设置坐标值需要指定是相对于 WCS（工作坐标系）还是绝对坐标系。通常情况下使用 WCS，因为绝对坐标系是不可见的。如图 1-55 所示为绝对坐标创建点，如图 1-56 所示为工作坐标创建点。

1.3.2 矢量构造器

在使用 UG NX 7.0 建模的过程中，经常会遇到需要指定矢量或者方向的情况，在这种情况下，系统通常会自动弹出如图 1-57 所示的"矢量"对话框。这个"矢量"对话框又称之为"矢量构造器"。

1．矢量构造类型

在"矢量"对话框的"类型"栏中单击 按钮，展开如图 1-58 所示的"类型"下拉列表框，通常有 15 种方法可以创建矢量，为用户提供了最全面、最方便的矢量创建方法。具体构造方法可参照表 1-8 所示。

图 1-55　绝对坐标创建点对话框　　　　　图 1-56　工作坐标创建点对话框

图 1-57　"矢量"对话框　　　　　　　图 1-58　"类型"下拉列表单

2．构造方法举例

❑　曲线/轴矢量

"曲线/轴矢量"是指创建与曲线的特征矢量相同的矢量。轴的特征矢量为其延伸的方向，曲线的特征矢量为其所在的平面的法向。在选择了"　曲线/轴矢量"后，矢量构造器对话框变为如图 1-59 所示。在其中单击"曲线"栏中的"选择对象"按钮，然后在模型中选择弧线或直线，系统会自动生成矢量，如图 1-60 所示。如果矢量的方向和预想的相反，则可以在如图 1-59 所示对话框的"矢量方向"栏中单击 按钮来反向矢量。

❑　曲线上矢量

"曲线上矢量"是指在指定曲线上以曲线上某一指定点为起始点，以切线方向/曲线法向/曲线所在平面法向为矢量方向创建矢量。在选择了　曲线上矢量后，"矢量"构造器对话框会变成如图 1-61 所示，在其中单击"曲线"栏中的"选择曲线"，然后在模型中选择曲线或边缘，在"位置"下拉菜单中选择"圆弧长"或者"%圆弧长"后面的文本框中输入值，系统会自动生成矢量，如图 1-62 所示。

如果生成矢量和预想不同，可单击"矢量方位"下"备选解"右边的 按钮进行变换，效果如图 1-63 所示。如果矢量的方向和预想的相反，可在如图 1-61 所示的对话框的"矢量方位"栏中单击 按钮来反向矢量，效果如图 1-64 所示。确定矢量无误后可在如图 1-61 所示的对话框中单击"确定"按钮来完成矢量的创建。

表 1-8　"矢量"对话框中指定矢量的方法

矢量类型	指定矢量的方法
自动判断的矢量	系统根据选取对象的类型和选取的位置自动确定矢量的方向
两点	通过两个点构成一个矢量。矢量的方向是从第一点指向第二点。这两个点可以通过被激活的"通过点"选项组中的"点构造器"或"自动判断点"工具确定
与 XC 成一角度	用以确定在 XC-YC 平面内与 XC 轴成指定角度的矢量，该角度可以通过激活的"角度"文本框设置
曲线/轴矢量	根据现有的对象确定矢量的方向。如果对象为直线或曲线，矢量方向将从一个端点指向另一个端点。如果对象为圆或圆弧，矢量方向为通过圆心的圆或圆弧所在平面的法向方向
曲线上矢量	用以确定曲线上任意指定点的切向矢量、法向矢量和面法向矢量的方向
面/平面法向	以平面的法向或者圆柱面的轴向构成矢量
正向矢量	分别指定 X、Y、Z 正方向矢量方向
负向矢量	分别指定 X、Y、Z 正方向矢量方向
视图方向	根据当前视图的方向，可以设置朝里或朝外的矢量
按表达式	可以创建一个数学表达式构造一个矢量
按系数	该选项可以通过"笛卡尔"和"球坐标系"两种类型设置矢量的分量确定矢量方向

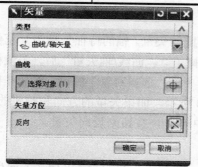

图 1-59　"曲线/轴矢量"对话框

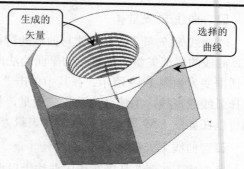

图 1-60　生成矢量示意图

❑　视图方向

"视图方向"是指把当前视图平面的法线方向作为矢量方向创建矢量。在选择了 视图方向后，矢量构造器对话框会变成如图 1-65 所示，系统会自动生成与视图面垂直向外的矢量，如图 1-66 所示。如果矢量的方向和预想的相反，可在如图 1-65 所示的对话框的"矢量方位"栏中单击 ⊠ 按钮来反向矢量。确定矢量无误后可在如图 1-65 所示的对话框中单击"确定"按钮来完成矢量的创建。

图 1-61 "曲线上矢量"对话框

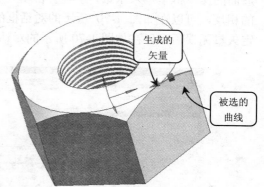

图 1-62 生成矢量示意图

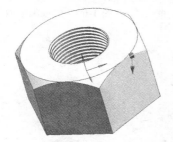

图 1-63 自动生成的矢量效果图

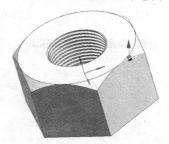

图 1-64 "反向"生成矢量效果图

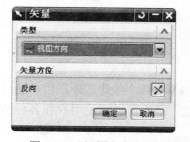

图 1-65 "视图方向"对话框

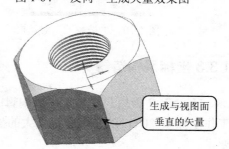

图 1-66 生成矢量效果图

□　按表达式 ＝

"按表达式"是指创建一个数学表达式构造一个矢量。在选择了" ＝ 按表达式"后，矢量构造器对话框会变成如图 1-67 所示，单击对话框中的 按钮，弹出"表达式"对话框，新建一个矢量表达式，如图 1-68 所示。单击"确定"按钮后，系统会自动生成一个矢量，如图 1-69 所示。如果矢量的方向和预想的相反，可在如图 1-67 所示的对话框的"矢量方位"栏中单击 ⊠ 按钮来反向矢量。确定矢量无误后可在如图 1-67 所示的对话框中单击"确定"按钮来完成矢量的创建。

□　按系数

"按系数"是指根据直角坐标系或者极坐标的坐标系数来确定创建矢量的方向。在选择了"<img按系数>"后,"矢量"对话框会变成如图 1-70 所示,在"系数"栏中选择坐标系,选择"笛卡尔(直角坐标系)"或球坐标系",然后在对应的 I、J、K、或者 Phi、Theta后面的文本框里输入系数,系统会自动生成矢量,如图 1-71 所示。如果矢量的方向和预想的相反,可以在如图 1-70 所示的对话框的"矢量方位"栏中单击区按钮来反向矢量。确定矢量无误后可以在如图 1-70 所示的对话框中单击"确定"按钮来完成矢量的创建。

图 1-67 "按表达式"对话框

图 1-68 "表达式"对话框

图 1-69 生成矢量效果图

图 1-70 "按系数"对话框

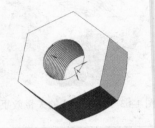
图 1-71 生成矢量效果图

1.3.3 坐标系构造器

UG NX 7 为用户提供了可以编辑的工作坐标系(WCS),除此之外,用户还可以创建工作坐标系。UG NX 7 拥有很强大的坐标系构造功能,基本可以满足用户在各种情况下的要求。

在 UG NX 系统中包括 3 种坐标系,分别是绝对坐标系(ACS)、工作坐标系(WCS)、特征坐标系(FCS),而可用来操作和改变的只有工作坐标系(WCS)。使用工作坐标系可根据实际需要进行构造、偏置、变换方向或对坐标系本身保存、显示和隐藏。

"坐标系构造器"对话框如图 1-72 所示,在坐标系构造器对话框的"类型"栏里单击▼按钮,展开如图 1-73 所示的"类型"下拉列表框。

1. 坐标系构造类型

坐标系与点和矢量一样,都是允许构造。利用坐标系构造工具,可以在创建图纸的过程中根据不同的需要创建或平移坐标系,并利用新建的坐标系在原有的实体模型上创建新的实体。

要构造坐标系,可以选择"视图"→"方位"选项,打开"CSYS"对话框,如图 1-72

所示。在该对话框中，可以选择"类型"下拉表中选项来选择构造新坐标系的方法，可参照表 1-9 所示。

图 1-72　"CSYS"对话框

图 1-73　"类型"下拉列表单

表 1-9　"矢量"对话框中指定矢量的方法

坐标系类型	构造方法
动态	用于对现有的坐标系进行任意的移动和旋转，选择该类型坐标系将处于激活状态。此时推动方块形手柄可任意移动，拖动极轴圆锥手柄可沿轴移动，拖动球形手柄可旋转坐标系
自动判断	根据选择对象的构造属性，系统智能地筛选可能的构造方法，当达到坐标系构造器的唯一性要求时系统将自动产生一个新的坐标系
原点、X 点、Y 点	用于在视图区中确定 3 个点来定义一个坐标系。第一点为原点，第一点指向第二点的方向为 X 轴的正向，从第二点到第三点按右手定则来确定 Y 轴正方向
X 轴、Y 轴	在视图区中确定 2 个矢量定义一个坐标系，X 轴、Y 轴正负方向可以通过 ⊠ 变换
X 轴、Y 轴、原点	用于在视图区中确定 3 个点来定义一个坐标系。第一点为 X 轴的正向，第一点指向第二点的方向为 Y 轴的正向，从第二点到第三点按右手定则来确定原点
Z 轴、X 轴、原点	方法同上
Z 轴、Y 轴、原点	方法同上
Z 轴、X 点	通过指定 X 轴正方向和 X 轴一个点来定义坐标系位置，Y 轴正向按右手定则确定
对象的 CSYS	通过在视图中选取一个对象，将该对象自身的坐标系定义为当前的工作坐标系。该方法在进行复杂形体建模时很实用，它可以保证快速准确地定义坐标系
点、垂直于曲线	直接在绘图区中选取现有曲线并选择或新建点，进行坐标系定义。所选取的曲线方向为 Z 轴方向，点所在的轴为 X 轴，根据右手定则得到 Z 轴方向
平面和矢量	选择一个平面和构造一个通过该平面的矢量来定义一个坐标系
三平面	通过指定的 3 个平面来定义一个坐标系。第一个面的法向为 X 轴，第一个面与第二个面的交线为 Z 轴，三个平面的交点为坐标系的原点
绝对 CSYS	可以在绝对坐标（0，0，0）处，定义一个新的工作坐标系
当前视图的 CSYS	用当前视图的方位定义一个新的工作坐标系。其中 XOY 平面为当前视图所在的平面，X 轴为水平方向向右，Y 轴为垂直方向向上，Z 轴为视图的法向方向向外
偏置 CSYS	通过输入 X、Y、Z 坐标轴方向相对于圆坐标系的偏置距离和旋转角度来定义坐标系

2. 构造方法举例

在创建较为复杂的模型时，为了方便模型各部位的创建，经常要对坐标系进行原点位置的平移、旋转、各极轴的变换、隐藏、显示或者保存每次建模的工作坐标系。

选择"格式"→"WCS"命令，在弹出的子菜单中选择指定的选项，即可执行各种坐标系操作，如图 1-74 所示，各项含义及使用方法如下所述。

图 1-74　WCS 子菜单

❑　原点

通过定义当前工作坐标系的原点来移动坐标系的位置，并且移动后的坐标系不改变各坐标轴的方向。选择该选项，打开"点"对话框，单击"点位置"按钮，在视图中直接选取一点作为新坐标的原点位置，或通过在"坐标"选项组的坐标文本框中输入数值来定位新坐标原点，如图 1-75 所示。

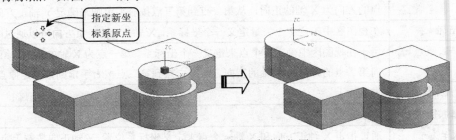

图 1-75　移动坐标系原点位置

❑　动态

选择该选项后，当前工作坐标会变成如图 1-76 所示的形状。使用拖动球形手柄的方法可以旋转坐标系，旋转的角度为 5°的步阶转动。使用拖动方形手柄的方法可以移动坐标系，如图 1-76 所示。

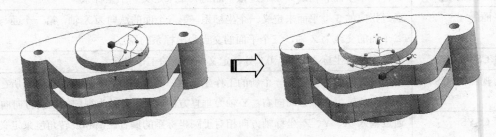

图 1-76　动态移动坐标系原点

❏　旋转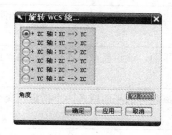

通过定义当前的 WCS 绕其某一旋转轴旋转一定的角度来定位新的 WCS。选择该选项，打开"旋转 WCS"对话框，如图 1-77 所示。在该对话框中可以单击选取所需的旋转轴，同时也将指定坐标系的旋转方向，在"角度"文本框中可以输入需要旋转的角度。

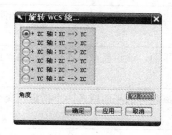
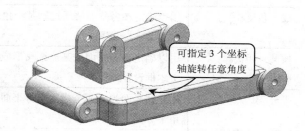

可指定 3 个坐标轴旋转任意角度

图 1-77　旋转 WCS

❏　定向

通过指定 3 点的方式将视图中的 WCS 定位到新的坐标系。具体方法同上小结介绍的"原点、X 点、Y 点" 相同。

1.3.4　平面构造器

1．平面构造类型

在使用 UG NX 7.0 建模过程中，经常会遇到需要构造平面的情况。在这种情况下，系统通常会自动弹出如图 1-78 所示的"基准平面"对话框，这个"基准平面"对话框又称之为"平面构造器"。

在"基准平面"对话框"类型"栏里单击 按钮会展开如图 1-79 所示的"类型"下拉列表框。通常有 14 种方法可以创建平面，为用户提供了最全面、最方便的平面创建方法。

图 1-78　"基准平面"对话框　　　　　　　图 1-79　"类型"下拉列表单

要构造坐标系，可以选择"插入"→"基准/点"→"基准平面"命令，打开"基准平面"对话框，如图 1-78 所示。在该对话框中，可以选择"类型"下拉表中选项来选择构造新平面的方法，可参照**表 1-10** 所示。

表 1-10　"基准平面"对话框中构造平面的方法

坐标系类型	构造方法
自动判断	根据选择对象的构造属性，系统智能地筛选可能的构造方法，当达到坐标系构造器的唯一性要求时系统将自动产生一个新的平面
成一角度	用以确定参考平面绕通过轴某一角度形成的新平面，该角度可以通过激活的"角度"文本框设置
按某一距离	用以确定参考平面按某一距离形成新的平面，该距离可以通过激活的"偏置"文本框设置
平分	创建的平面为到两个指定平行平面的距离相等的平面或者两个指定相交平面的角平分面
曲线和点	以一个点、两个点、三个点、点和曲线或者点和平面为参考来创建新的平面
两直线	以两条指定直线为参考创建新平面。如果两条指定的直线在同平面内，则创建的平面与两条指定直线组成的面重合；如果两条指定直线不在同一平面内，则创建的平面过第一条指定直线和第二条指定直线垂直
相切	指以点、线和平面为参考来创建新的平面
通过对象	指以指定的对象作为参考来创建平面。如果指定的对象是直线，则创建的平面与直线垂直；如果指定的对象是平面，则创建的平面与平面重合
系数	是指通过指定系数来创建平面，系数之间关系为：$aX+bY+cZ=d$。
点和方向	以指定点和指定方向为参考来创建平面，创建的平面过指定点且法向为指定的方向
在曲线上	是指以某一指定曲线为参考来创建平面，这个平面通过曲线上的一个指定点，法向可以沿曲线切线方向或垂直于切线方向，也可以另外指定一个矢量方向。
YC-ZC 平面	是指创建的平面与 YC-ZC 平面平行且重合或相隔一定的距离
XC-ZC 平面	是指创建的平面与 XC-ZC 平面平行且重合或相隔一定的距离
XC-YC 平面	是指创建的平面与 XC-YC 平面平行且重合或相隔一定的距离
视图平面	是指创建的平面与视图平面平行且重合或相隔一定的距离

2.　构造方法举例

❑　曲线和点

　　"曲线和点"是指以一个点、两个点、三个点、点和曲线或者点和平面为参考来创建新的平面。在选择了曲线和点后，平面构造器对话框会变成如图 1-80 所示，在"曲线和点子类型"栏的"子类型"右边单击按钮，展开如图 1-81 所示的"子类型"下拉列表框，每一种不同的子类型代表一种不同的平面创建方式，下面以"两点"为例介绍此方法的使用。

　　　　"两点"是指以两个指定点作为参考点来创建平面，创建的平面在第一点内并且法线方向和两点的连线平行。当选择了两点后，平面构造器对话框会变成如图 1-82 所示。在"参考几何体"栏里选择"指定点"，并在模型里选择参考点 1，然后选择"指定点"，并在模型中选择参考点 2，与此同时系统会自动生成平面，如图 1-83 所示。如果生成平面和预想的不同，可以在"平面方位"栏里单击"备选解"按钮 ⬡ 来修改生成平面，"备选解"效果如图 1-84 所示。如果平面矢量的方向和预想的相反，可在对话框的"平面方位"栏中点击 ⊠ 按钮来方向平面矢量。确定平面无误后可在对话框中单击"确定"按钮来完成平面的创建。

图 1-80　"曲线和点"平面构造器

图 1-81　"子类型"下拉列表单

图 1-82　"两点"平面构造器对话框

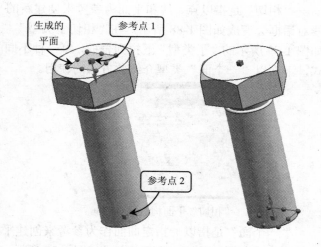

图 1-83　生成平面示意图　　　　图 1-84　备选解示意图

❑　两直线 ▱

"两直线"是指以两条指定直线为参考创建平面，如过两条指定直线在同一平面内，则创建的平面与两条指定直线组成的重合面；如果两条指定直线不在同一平面内，则创建的平面过第一条指定直线且和第二条指点直线垂直。当选择了"▱两直线"后，平面构造器对话框会变成如图 1-85 所示。

在"第一直线"栏里选择"选择线性对象（0）"，并在模型里选择第一条参考直线，然后在"第二条直线"栏里选择"选择线性对象（0）"，并在模型中选择第二条参考直线，与此同时系统会自动生成平面，如图 1-86 所示。如果平面矢量的方向和预想的相反，可在对话框的"平面方位"栏中点击 ⊠ 按钮来方向平面矢量。确定平面无误后可在对话框中单击"确定"按钮来完成平面的创建。

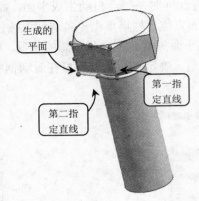
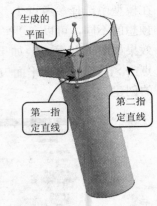

图 1-85 "两直线"平面构造器对话框　　图 1-86 生成平面示意图　　图 1-87 生成平面示意图

上面介绍的是两条指定直线在同一平面的情况，如图 1-87 所示给出了两条指定直线不在同一平面的情况下生成平面的示意图。

❑　相切 📖

"相切"是指以点、线和平面为参考来创建新的平面。在选择了 📖 相切后，平面构造器对话框会变成如图 1-88 所示，在"相切子类型"栏的"子类型"右边单击 🔽 按钮，展开如图 1-89 所示的"子类型"下拉列表框，每一种不同的子类型代表一种不同的平面创建方式，下面以"一个面"类型介绍此方法的使用。

图 1-88 "相切"平面构造器对话框　　　　　　图 1-89 "子类型"下拉列表框

"一个面"是指以一指定曲面作为参考来创建平面，创建的平面与指定曲面相切。在选择了"一个面"后，对话框会变成如图 1-90 所示。在"参考几何体"栏里选择"选择相切面（0）"，在模型里选择参考面（不能为平面），系统自动生成平面，如图 1-91 所示。

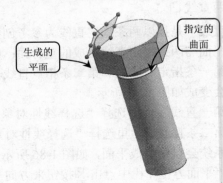

图 1-90 "一个面"平面构造器对话框　　　　　图 1-91 生成平面示意图

如果平面矢量的方向和预想的相反，可在对话框的"平面方位"栏中单击⊠按钮来方向平面矢量。确定平面无误后可在对话框中单击"确定"按钮来完成平面的创建。

❑　通过对象⟐

"通过对象"是指以指定的对象作为参考来创建平面，如果指定的对象是直线，则创建的平面与直线垂直；如果指定的对象是平面，则创建的平面与平面重合，在选择了⟐通过对象后，平面构造器对话框会变成如图 1-92 所示。在"通过对象"栏里选择"选择对象（0）"，并在模型里选择参考平面或参考直线/边缘，与此同时系统会自动生成平面，如图 1-93 所示。如果平面矢量的方向和预想的相反，可在如图 1-92 所示的对话框的"平面方位"栏中单击⊠按钮来反向平面矢量。确定矢量无误后可在如图 1-92 所示的对话框中单击"确定"按钮来完成平面的创建。

上面介绍的是当指定对象为平面的情况。当指定对象为直线时，生成的平面如图 1-94 所示。

图 1-92　"基准平面"器对话框　　　　图 1-93　对象为平面　　　图 1-94　对象为直线

❑　系数 $^{a,b}_{c,d}$

"系数"是指通过指定系数来创建平面，系数之间关系为：$aX+bY+cZ=d$。系数由相对绝对坐标和相对工作坐标两种选择。在选择了 $^{a,b}_{c,d}$ 系数后，平面构造器对话框会变成如图 1-95 所示。

图 1-95　"系数"平面构造器对话框

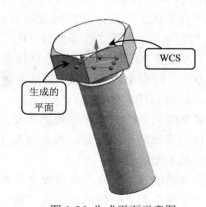

图 1-96　生成平面示意图

在其下输入 a、b、c、d 对应的数值，与此同时系统会自动生成平面，如图 1-96 所示。

如果平面矢量的方向和预想的相反，可在如图 1-95 所示的对话框的"平面方位"栏中单击⊠按钮来反向平面矢量。确定矢量无误后可在如图 1-95 所示的对话框中单击"确定"按钮来完成平面的创建。

❑ 点和方向

"点和方向"是指以指定点和指定方向为参考来创建平面，创建的平面过指定点且法向为指定方向。在选择了"点和方向"后，平面构造器对话框会变成如图 1-97 所示。在"通过点"栏里选择"指定点（0）"，并在模型中选择点，然后在"法向"栏里选择"指定矢量（0）"，并在模型中指定一矢量，与此同时系统会自动生成平面，如图 1-98 所示。如果需要反向指定的矢量，可以单击"法向"栏里的⊠按钮。如果平面矢量的方向和预想的相反，可在如图 1-97 所示的对话框的"平面方位"栏中单击⊠按钮来反向平面矢量。确定矢量无误后可在如图 1-97 所示的对话框中单击"确定"按钮来完成平面的创建。

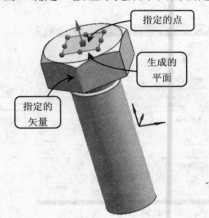

图 1-97　"点和方向"平面构造器对话框　　　　图 1-98　生成平面示意图

❑ 在曲线上

"在曲线上"是指以某一指定曲线为参考来创建平面，这个平面通过曲线上的一个指定点，法向可以沿曲线切线方向或垂直于切线方向，也可以另外指定一个矢量方向。在选择了"在曲线上"后，平面构造器对话框会变成如图 1-99 所示。

在"曲线"栏选择"选择曲线（0）"，并在模型中选择曲线，然后在"曲线上的位置"栏里单击"位置"右边的▼按钮选择位置方式，然后在"圆弧长"栏里输入弧长值，在"曲线上的方位"栏里单击"方向"右边的▼按钮选择方向确定方法，与此同时系统会自动生成平面，如图 1-100 所示。

如果平面矢量的方向和预想的相反，可在如图 1-99 所示的对话框的"平面方位"栏中单击⊠按钮来反向平面矢量。确定矢量无误后可在如图 1-99 所示的对话框中单击"确定"按钮来完成平面的创建。

上面介绍的是"方向"类型为"垂直于轨迹"的，图 1-101、图 1-102 和图 1-103 分别给出了"方向"为"路径的切向"、"双向垂直于路径"和"相对于对象"情况下对应的生成平面图。

图 1-99　"点和方向"平面构造器对话框

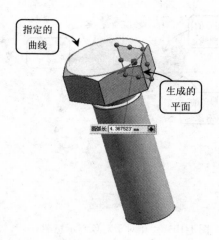

图 1-100　生成平面示意图

图 1-101　"路径的切向"效果图

图 1-102　"双向垂直于路径"效果图

1.3.5 对象分析工具

对象和模型分析与信息查询获得部件中已存数据不同的是，对象分析功能是依赖于被分析的对象，通过临时计算获得所需的结果。在产品设计过程中应用 UG NX 7.0 软件中的分析工具，可及时对三维模型进行几何计算或物理特性分析，及时发现设计过程中的问题，根据分析结果修改设计参数，以提高设计的可靠性和设计效率。

在菜单栏中选择"分析"选项，便可弹出图 1-104 所示的"分析"菜单，里面列出了许多分析命令，下面将介绍常用的分析功能。

1．距离分析

距离分析是指对指定两点、两面之间的距离进行测量，在图 1-104 所示的菜单中选择"测量距离"选项或者在工具栏中单击 按钮，便可弹出如图 1-105 所示的"测量距离"对话框，在"类型"栏中单击 按钮，便可弹出如图 1-106 所示的下拉列表框。距离的测量类型共有 7 种，下面分别进行介绍。

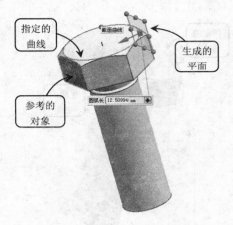

图 1-103　"相对于对象"示意图

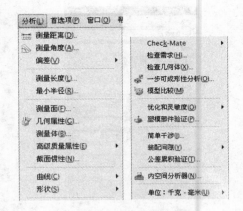

图 1-104　"分析"菜单

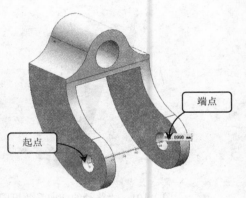

图 1-105　"测量距离"对话框　　　图 1-106　"类型"下拉菜单　　　图 1-107　"距离"测量示意图

❑　距离

表示测量两指定点、两指定平面或者一指定点和一指定平面之间的距离,在如图 1-105 所示的对话框中"起点"栏里选择"选择点或对象(0)"选项,然后选择起点或者起始平面,然后在"端点"栏里选择"选择点或对象(0)"选项,然后选择终点或终止平面,单击"结果显示"栏里"注释"最右边的▼按钮,在下拉列表中选择"创建直线"选项,最后单击"确定"按钮或者"应用"按钮便可完成距离的测量,"距离"测量示意图如图 1-107 所示。

❑　投影距离

表示两指定点、两指定平面或者一指定点和一指定平面在指定矢量方向上的投影距离。在如图 1-106 所示的下拉列表框里选择▦投影距离,弹出如图 1-108 所示的对话框,在其中"矢量"栏里选择"指定矢量"选项,然后在模型中选择投影矢量,然后在依次选择"起点"和"端点"的测量对象,单击"结果显示"栏里"注释"最右边的▼按钮,在下拉列表中选择"创建直线"选项,最后单击"确定"按钮或者"应用"按钮便可完成投影距离的测量，投影距离测量示意图如图 1-109 所示。

图 1-108　"投影距离"对话框

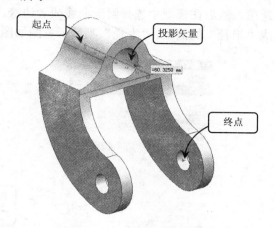

图 1-109　"投影距离"测量示意图

❑　屏幕距离

表示测量两指定点、两指定平面或者一指定点和一指定平面之间的屏幕距离。在如图 1-106 所示的下拉列表框里选择"　屏幕距离"选项，打开如图 1-110 所示的对话框，余下的操作和"距离"类似，在此不加以介绍，测量效果如图 1-111 所示。

图 1-110　"屏幕距离"对话框

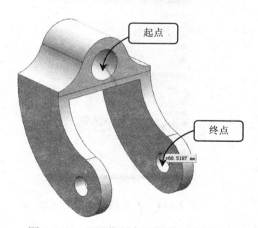

图 1-111　"屏幕距离"测量示意图

❑　长度

表示测量指定边缘或者曲线的长度，在如图 1-106 所示的下拉列表框里选择"　长度"选项，弹出如图 1-112 所示的对话框，在其中选择"选择曲线"选项，然后在模型中选择曲线或者边缘，单击"确定"按钮或者"应用"按钮便可完成"长度"的测量，"长度"测量示意图如图 1-113 所示。

❑　半径

表示测量指定圆形边缘或者曲线的半径，在如图 1-106 所示的下拉列表框里选择"　半径"选项，弹出如图 1-114 所示的对话框，在其中"径向对象"栏里选择"选择对象（0）"选项，然后在模型中选择圆形曲线或者边缘，单击"确定"按钮或者"应用"按钮便可完成"半径"的测量，"半径"测量示意图如图 1-115 所示。

图 1-112　"长度"测量对话框

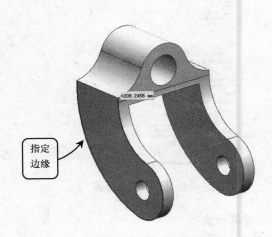

图 1-113　"长度"测量示意图

图 1-114　"半径"测量对话框

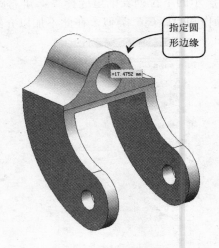

图 1-115　"半径"测量示意图

❑　点在曲线上

表示曲线上指定的两点的距离。在如图 1-106 所示的下拉列表框里选择"点在曲线"上，弹出如图 1-116 所示的对话框，在其中"起点"栏里选择"指定点（0）"选项，在模型的曲线中选择起点，然后在"端点"栏里选择"指定点（0）"选项，在模型的曲线中选择终止点，最后单击"确定"按钮或者"应用"按钮便可完成点在曲线上的测量，点在曲线上的测量示意图如图 1-117 所示。

❑　组间距

表示测量两指定组对象之间的距离，一般用于测量各装配零件之间的距离。在如图

1-106 所示的下拉列表框选择"$\blacksquare$组间距"选项，在如图 1-118 所示的对话框中"开始组"栏里选择"选择组（0）"选项，然后选择起始组或起始零件，然后在"结束组"栏里选择"选择组（0）"选项，然后选择结束组或终止零件，最后单击"确定"按钮或者"应用"按钮便可完成组间的距离测量，"组间距"测量示意图如图 1-119 所示

图 1-116　　"点在曲线上"测量对话框

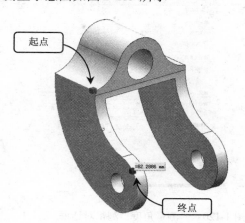

图 1-117　　"点在曲线上"测量示意图

图 1-118　　"组间距"测量对话框

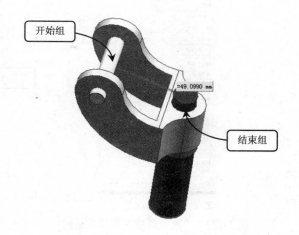

图 1-119　　"组间距"测量示意图

2.　角度分析

使用角度分析方式可精确计算两对象之间（两曲线间、两平面间、直线和平面间）的角度参数。在图 1-104 所示的菜单中选择"测量角度"选项，或者在工具栏里单击 按钮便可弹出如图 1-120 所示的"测量角度"对话框，在"类型"栏里单击 按钮，便可弹出如图 1-121 所示的下拉列表框。角度的测量类型共有三种，下面分别进行介绍。

❑　按对象

表示测量两指定对象之间的角度，对象可以是两直线、两平面、两矢量或者它们的组合。如图 1-122 所示的对话框中"第一个参考"栏里单击"选择对象"，然后选择第二个参

考对象，单击"确定"按钮或者"应用"按钮便可完成"按对象"的角度测量，"按对象"的角度测量示意图如图 1-123 所示。

图 1-120　"测量角度"测量对话框

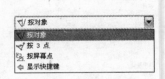

图 1-121　"类型"下拉列表框

图 1-122　"测量角度"测量对话框

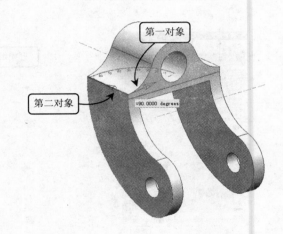

图 1-123　角度测量示意图

❑　按 3 点

表示测量指定三点之间连线的角度。在图 1-121 的下拉列表中选择"按 3 点"选项，弹出如图 1-124 所示的"按 3 点"测量对话框，在其中"基点"栏里单击"指定点"，然后选择一个点作为基点（被测角的顶点），然后在"基线的终点"栏里单击"指定点"，然后选择一个点作为基线的终点，然后在"量角器的终点"栏里单击"指定点"，然后再选择一个点作为量角器的终点，单击"确定"按钮或"应用"按钮便可完成"按 3 点"的角度测量，"按 3 点"的角度测量示意图如图 1-125 所示。

❑　按屏幕点

表示测量指定三点之间连线的屏幕角度。在如图 1-121 的下拉列表框中选择"按屏幕点"选项，弹出如图 1-126 所示的"按屏幕点"对话框。

图 1-124　"按 3 点"测量对话框

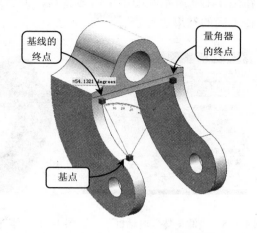

图 1-125　"按 3 点"法测量角度

图 1-126　"按屏幕点"测量对话框

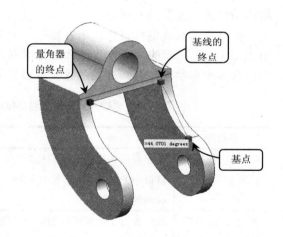

图 1-127　"按屏幕点"法测量角度

在其中"基点"栏里单击"指定点"，然后选择一个点作为基点（被测角的顶点），然后在"基线的终点"栏里单击"指定点"，然后选择一个点作为基线的终点，然后在"量角器的终点"栏里单击"指定点"，然后再选择一个点作为量角器的终点，单击"确定"按钮或"应用"按钮便可完成"按 3 点"的角度测量，"按 3 点"的角度测量示意图如图 1-127 所示。

3．计算属性测量

计算属性测量是对指定的对象测量其体积、质量、惯性矩等计算属性。在如图 1-104 所示的菜单中选择"测量体"选项，弹出如图 1-128 所示的"测量体"对话框，在"对象"栏里单击"选择体"，然后在模型中选择需要分析的体，单击"确定"按钮或者"应用"

按钮便可完成对体的测量，效果如图 1-129 所示，如果想知道质量、惯性矩等相关信息，可以在图 1-129 所示的图中单击▼按钮，弹出如图 1-130 所示的下拉列表框，然后根据需要选择不同的结果进行查看。

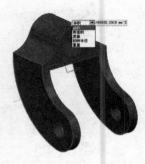

图 1-128　"测量体"对话框　　　　图 1-129　体积测量效果图　　　图 1-130　测量结果下拉列表框

4．检查几何体

利用该功能可分析多种类型的几何体（包括实体、面和边等几何体），从而分析错误数据结构或者无效的几何体。

要执行检查几何体操作，可在如图 1-104 所示的菜单中选择"检查几何体"选项，弹出如图 1-131 所示的"检查几何体"对话框。该对话框包括了多个卷展面板，并在各面板中包含多个参数项，各参数项的含义及设置方法如表 1-11 所示。

表 1-11　"检查几何体"对话框中各面板参数项的含义及设置方法

参数项	含义及设置方法
对象检查/检查后状态	该面板用于设置对象的检查功能，启用"微小的"复选框，可在几何对象中查找所有微小的实体、面、曲线和边；启用"未对齐"复选框，可检查所选几何对象与坐标轴的对齐情况
体检查/检查后状态	该面板用于设置实体的检查功能，启用"数据结构"复选框，可检查每个选择实体中的数据结构有无问题；启用"一致性"复选框，可检查每个选择实体内部是否有冲突；启用"面相交"复选框，可检查每个选择实体表面是否交叉；启用"片体边界"复选框，可查找选择片体的所有边界
面检查/检查后状态	该面板用于设置表面的检查功能，启用"光顺性"复选框，可检查 B 表面的平滑过渡情况；启用"自相交"复选框，可检查所选表面是否自交；启用"锐利/细缝"复选框，可检查表面是否被分割
边检查/检查后状态	该面板用于设置边缘的检查功能，启用"光顺性"复选框，可检查所有与表面连接但不光滑的边；启用"公差"复选框，可检查超出距离误差的边
检查准则	该面板用于设置最大公差大小，可在"距离"和"角度"文本框中输入对应的最大公差值

在该对话框中单击"选择对象"按钮⊕，然后在工作区中选取要分析的对象，并根据

几何对象的类型和要检查的项目在对话框中选择相应的选项，接着单击"操作"面板中的"检查几何体"按钮，并单击右侧的"信息"按钮  ，弹出"信息"窗口，其中将列出相应的检查结果，如图 1-132 所示。

图 1-131　"检查几何体"对话框　　　　图 1-132　检查几何体"信息"窗口

5. 对象干涉检查

利用该功能可分析量实体之间是否相交，即两实体之间是否包含相互干涉的面、实体或边。在 UG NX 中显示检查干涉方式有以下两种。

❑ 高亮显示面

该检查方式用于以加亮表面的方式显示干涉表面。可在如图 1-104 所示的菜单中选择"简单干涉"选项，弹出如图 1-133 所示的"简单干涉"对话框，在"第一体"栏里单击"选择体"最右边的 按钮，在模型中选择要检查的面为第一体，然后按同样的方法选择与第一体干涉的面为第二体。单击"干涉检查结果"栏里的"结果对象"最右端的按钮 ，在弹出的下拉列表框中选择"高亮显示的面"选项。单击"干涉检查结果"栏里的"要高亮显示的面"最右端的按钮 ，在弹出的下拉列表框中选择"在所有对之间循环"选项。此时"显示下一对"按钮激活，单击此按钮即生成如图 1-134 所示的高亮显示面。

图 1-133　"简单干涉"对话框　　　　　图 1-134　高亮显示的干涉面

❑　创建干涉体

该检查方式用于产生干涉体的方式显示发生干涉的对象。在弹出的"简单干涉"对话框"干涉检查结果"一栏中，单击"结果对象"最右端的按钮▼，在弹出的下拉列表框中选择"干涉体"选项，如图1-135所示。依次在模型中选取两个对象，如果有干涉，则会在工作区产生一个干涉实体，以便用户快速找到发生干涉的对象，效果如图1-136所示。

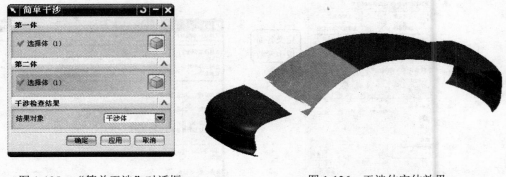

图1-135　　"简单干涉"对话框　　　　　　　　图1-136　　干涉体实体效果

第2章 绘制草图

绘制草图是实现 UG 软件参数化特征建模的基础,通过它可以快速绘制出大概的形状,在添加尺寸和约束后完成轮廓的设计,能够较好地表达设计意图。草图建模是高端 CAD 软件的一个重要建模方法,一般情况下,零件的设计都是从草图开始的,掌握好草图的绘制是创建复杂三维模型的基础。

本章通过 10 个典型的实例,对 UG NX 中创建草图及线框图的方法、基本曲线工具、草图约束和修剪等内容做详细的讲解。

2.1 绘制垫片的平面草图

本例将绘制一个如图 2-1 所示的垫片。垫片主要用在机械零件的连接处,可以使零件之间连接得更为紧密,防止缝隙之间漏水或漏气。此垫片在绘制过程中主要用到的工具有"轮廓"、"直线"、"圆"、"圆角"、"快速修剪"、"派生直线"等工具。其中"轮廓"对话框可以快速地创建直线和圆弧,熟练地运用该工具对提高草图的绘制速度大有裨益。

最终文件:	source\chapter2\ch2-example1.prt
视频文件:	视频教程\第 2 章 绘制草图\2.1 绘制垫片的平面草图.avi

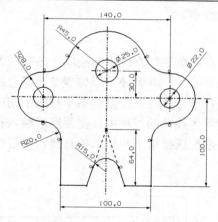

图 2-1　垫片平面草图

2.1.1 相关知识点

1. 轮廓对话框

利用该工具可以使用直线和圆弧进行草图连续绘制,当需要绘制的草图对象是直线与圆弧首尾相接时,可以利用该工具快速绘制。单击"草图工具"工具栏中的"轮廓"按钮

⌐，打开"轮廓"对话框，在绘图区中将显示光标的位置信息。单击"直线"和"圆弧"
按钮，在绘图区内绘制需要的草图，效果如图 2-2 所示。

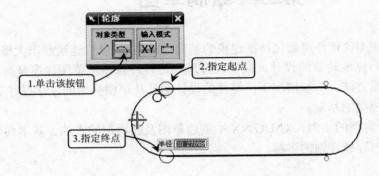

图 2-2　利用"轮廓"工具绘制草图

2．创建草图直线

❑　直接创建直线

以约束推断的方式创建直线，每次都需指定两个点。在"草图工具"工具栏上单击"直
线"图标 ⁄ ，弹出"直线"对话框，如图 2-3 所示。其使用方法
与"轮廓"中的直线输入模式相同。可以在 XC、YC 文本框中输
入坐标值或应用自动捕捉来定义起点，确定起点后，将激活直线
的参数模式，此时可以通过在"长度"、"角度"文本框中输入或
应用自动捕捉来定义直线的终点。

图 2-3　"直线"对话框

❑　派生创建直线

"派生直线"工具可以在两条平行直线中间绘制一条与两条直线平行的直线，或绘制
两条不平行直线所成角度的平分线，并且还可以偏置某一条直线。

绘制平行线之间的直线：该方式可以绘制两条平行线中间的直线，并且该直线与这两
条平行直线均平行。在创建派生线条的过程中，需要通过输入长度值来确定直线长度。单
击"派生直线"按钮 ⌐，并依次选择第一和第二条直线，然后在文本框中输入长度值即可
完成绘制，如图 2-4 所示。

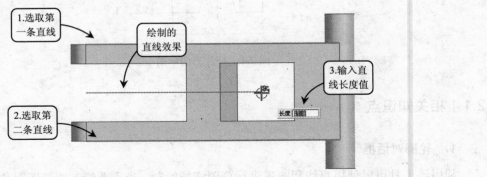

图 2-4　绘制平行线之间的直线

　　绘制两条不平行线的平分线：该方式可以绘制两条不平行直线所成角度的平分线，并通过输入长度数值确定平分线的长度。单击"派生直线"按钮，并依次选取第一条和第二条直线，然后在文本框中输入长度数值即可完成绘制，如图 2-5 所示。

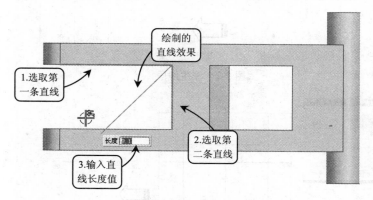

图 2-5　绘制不平行线之间的平分线

　　偏置直线：该方式可以绘制现有直线的偏置直线，并通过输入偏置值确定偏置直线与原直线的距离。偏置直线产生后，原直线依然存在。单击"派生直线"按钮，并选取所需偏置的直线，然后在文本框中输入偏置值即可完成绘制，如图 2-6 所示。

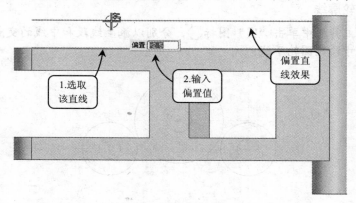

图 2-6　绘制偏置直线

2.1.2　绘制步骤

1．绘制中心线

　　(1) 进入草图界面后，系统自动弹出"轮廓"对话框，在草图平面中绘制相互垂直的两条中心线，如图 2-7 所示。

　　(2) 在草图菜单栏中选择"插入"→"来自曲线集的曲线"→"派生直线"，将水平中心线向上偏移 30，垂直中心线向左右偏移 70，如图 2-7 所示。

　　(3) 在"草图工具"工具栏中选择"转换至/自参考对象"图标，弹出"转换至/自参考对象"对话框，将草图中的曲线全选中，单击"确定"按钮，完成中心线参考对象设置，如图 2-8 所示。

图 2-7　派生线段

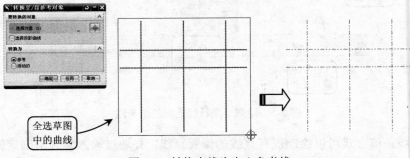

全选草图中的曲线

图 2-8　转换直线为中心参考线

2．绘制圆轮廓线

（1）在草图工具栏中单击"圆"图标○，分别以派生线段和中线的交点为圆心，参照图 2-9 所示的尺寸绘制圆轮廓线。

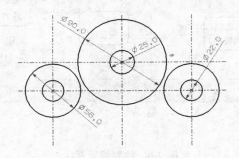

图 2-9　圆轮廓线尺寸

（2）单击"圆角"图标，打开"创建圆角"对话框，分别选择 ϕ90 和 ϕ56 的圆，绘制相切的圆角，如图 2-10 所示。

（3）单击"快速修剪"图标，打开"快速修剪"对话框，在对话框中先选择"边界曲线"一栏，在草图平面中依次选择 ϕ56 的圆角作为边界，将 ϕ90 的下半部修剪掉，如图 2-11 所示。

3．绘制连接线段

（1）在菜单栏中选择"插入"→"来自曲线集的曲线"→"派生直线"，将水平中心线向下偏移 36 和 100，垂直中心线向分别左右偏移 21 和 50，如图 2-12 所示。

（2）在草图工具栏中单击直线图标，依次绘制如图 2-13 所示的两条直线。

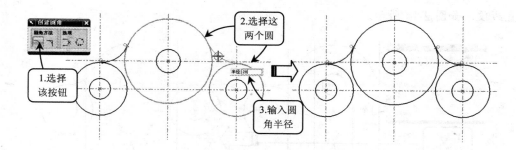

图 2-10　绘制圆角

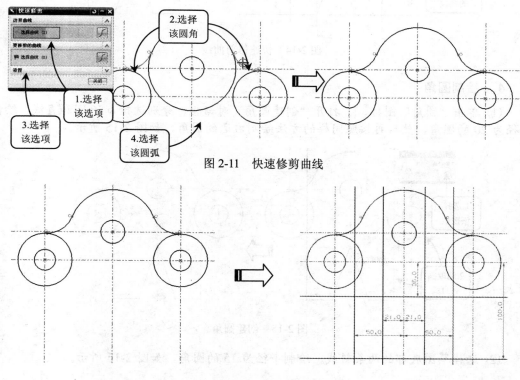

图 2-11　快速修剪曲线

图 2-12　派生线段

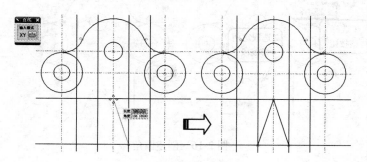

图 2-13　绘制直线

（3）单击"快速修剪"图标 ，打开"快速修剪"对话框，在草图平面中修剪掉多余的直线段，如图 2-14 所示。

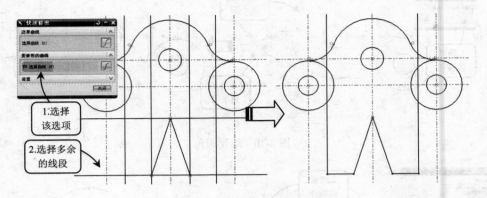

图 2-14　快速修剪曲线

4．绘制圆角

（1）单击"圆角"图标 ，打开"创建圆角"对话框，分别选择 φ56 圆和直线，绘制半径为 20 的圆角，然后再按照同样的方法绘制右边的圆角，如图 2-15 所示。

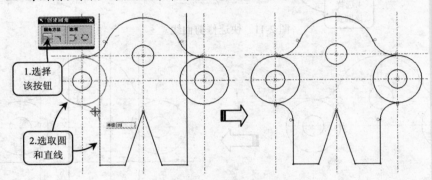

图 2-15　创建圆角

（2）选择草图底部的两条斜线，绘制半径为 15 的圆角，如图 2-16 所示。

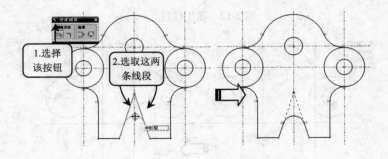

图 2-16　创建圆角

（3）单击"快速修剪"图标 ，打开"快速修剪"对话框，在草图平面中修剪掉多余的线段，如图 2-17 所示。垫片平面草图绘制完成。

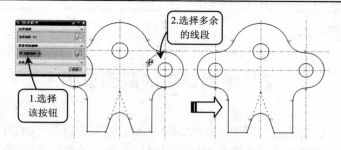

图 2-17   快速修剪曲线

2.1.3 扩展实例：绘制连杆平面草图

本实例绘制连杆零件草图，如图 2-18 所示。连杆零件在连杆机构中主要起到运动方式的转换和传递力的作用。在绘制该连杆草图时，可以先利用"轮廓"、"直线"以及"水平"尺寸工具，绘制出水平中心线和处于中心线两端的大圆轮廓线，然后利用"偏置曲线"工具偏移复制出两端的圆孔轮廓线，并利用"直线"和"派生直线"等工具绘制出链接两端圆轮廓线的中部肋板等轮廓线，最后利用"快速修剪"工具去除图中多余线段即可。

| 最终文件： | source\chapter2\ch2-example1-1.prt |

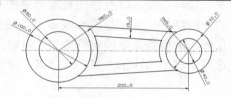

图 2-18   连杆草图

2.1.4 扩展实例：绘制定位板草图

本实例绘制定位板草图，如图 2-19 所示。定位板用于零件之间的定位和支撑。在绘制该定位板零件的草图时，可以先利用"直线"和"自动判断的尺寸"工具，绘制出各圆孔处的中心线，然后利用"圆"和相应的约束工具绘制出该定位零件各圆孔和长槽孔两端圆

| 最终文件： | source\chapter2\ch2-example1-2.prt |

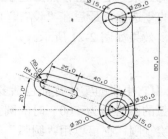

图 2-19   定位板草图

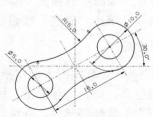

图 2-20   链节截面草图

轮廓线，并利用"直线"工具连接肋板和长槽孔处轮廓线，最后利用"快速修剪"工具修

剪掉多余的线段即可。

2.2 绘制链节的截面草图

本例绘制一个链节的截面草图，如图 2-20 所示。链节是由两个圆和四个圆弧组成的对称几何图形，但本实例不是沿 XC 和 YC 方向对称，所以首先应该定位中心线。首先绘制中心线，利用"成一定角度"草图定位工具将中心线定位成 30°角。然后利用"圆"工具绘制两对斜角的四个圆和上下两侧的圆，通过"相切"几何约束工具将两侧的圆与圆环相切。最后修剪掉多余的线条，即可绘制出完整的截面。

最终文件：	source\chapter2\ch2-example2.prt
视频文件：	视频教程\第 2 章 绘制草图\2.2 绘制链节截面草图.avi

2.2.1 相关知识点

1. 几何约束

几何约束用于确定草图对象与草图，以及草图对象与草图对象之间的几何关系。它可以用来确定单一草图元素的几何特征，或创建两个或多个草图元素之间的几何特征关系。各种草图元素之间，通过几何约束得到需要的定位效果，可以说几何约束是绘制所需的草图截面而进而进行参数化建模所必不可少的工具。UG NX 7 草绘环境包括以下几何约束方式。

❑ 约束

此类型的几何约束随所选取草图元素的不同而不同。绘制草图过程中可以根据具体情况添加不同的几何约束类型。在 UG NX 草图环境中，根据草图元素间的不同关系可以分为 20 种几何约束，各种几何约束的含义如表 2-1 所示。

❑ 自动约束

自动约束是由系统根据草图元素相互间的几何位置关系自动判断并添加到草图对象上的约束方法，主要用于所需添加约束较多并且已经确定位置关系的草图元素。单击"草图工具"工具栏中的"自动约束"按钮，打开"自动约束"对话框，然后选取约束的草图对象，并在"要应用的约束"面板中启用所需约束的复选框，最后在"设置"面板中设置公差参数，并单击"确定"按钮完成自动约束操作，效果如图 2-21 所示。

2. 创建圆

在 UG NX 中，圆常用于创建基础特征的剖截面，由它生成的实体特征包括多种类型，如球体，圆柱体、圆台、球面等。圆又可以看作是圆弧的圆心角为 360°时的圆弧，因此在利用"圆"工具绘制圆时，既可以利用"圆"工具绘制圆，也可以用"圆弧"工具绘制圆。在"草图工具"工具栏中单击"圆"按钮○，打开"圆"对话框。此时可以利用指定圆心和直径定圆与指定三点定圆两种方法绘制圆。

表 2-1　草图几何约束的种类和含义

约束类型	约束含义
固定	根据所选几何体的类型定义几何体的固定特性，如点固定位置、直线固定角度
完全固定	约束对象所有自由度
重合	定义两个或两个以上的点具有同一位置
同心	定义两个或两个以上的圆弧和椭圆弧具有同一中心
共线	定义两条或两条以上的直线落在或通过同一直线
中点	定义点的位置与直线或圆弧的两个端点等距
水平	将直线定义为水平
竖直	将直线定义为竖直
平行	定义两条或两条以上的直线或椭圆彼此平行
垂直	定义两条直线或两个椭圆彼此垂直
相切	定义两个对象彼此相切
等长度	定义两条或两条以上的直线具有相同的长度
等半径	定义两个或两个以上的弧具有相同的半径
恒定长度	定义直线具有恒定的长度
恒定角度	定义直线具有恒定的角度
点在曲线上	定义点位置落在曲线上
曲线的斜率	定义样条曲线过一点与一条曲线相切
均匀比例	移动样条的两个端点时（即更改在两个端点之间建立的水平约束的值），样条将按比例伸缩，以保持原先的形状
非均匀比例	移动样条的两个端点时（即更改在两个端点之间建立的水平约束的值），样条将在水平方向上按比例伸缩，而在竖直方向上保持原先的尺寸，样条将表现出拉伸效果
镜像	定义对象间彼此成镜像关系，该约束由"镜像"工具产生

❑　圆心和直径定圆

以圆心和直径（或圆上一点）的方法创建圆。单击"圆"对话框中的"圆心和直径定圆"按钮，并在绘图区指定圆心。然后输入直径数值即可完成绘制圆的操作，如图 2-22所示。

技　巧：在指定中心点后，在直径文本框中输入圆的直径，并按 Enter 键，即可完成第一个圆的创建，并出现一个以光标为中心，与第一个圆等直径的可移动的预览状态的圆，此时单击鼠标指定一个点，即可创建一个同直径的圆，连续指定多个点，可创建多个相同半径的圆。

❑　三点定圆

该方法通过依次选取草图几何对象的 3 个点，作为圆通过的 3 个点来创建圆；或者通过选取圆上的两个点，并输入直径数值创建圆。单击"三点定圆"按钮 ⊙，依次选取图中的 3 个端点，即可创建圆，效果如图 2-23 所示。

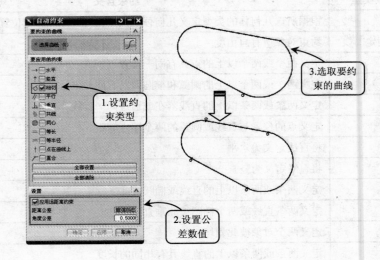

图 2-21　投影曲线效果

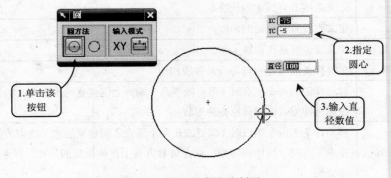

图 2-22　圆心和直线绘制圆

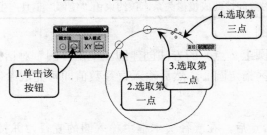

图 2-23　三点绘制圆

2.2.2 绘制步骤

1. 绘制中心线

(1) 进入草图界面后，单击草图工具栏中的"直线"图标 ✎，在草图平面中绘制在坐标中心相交的两条中心线。

（2）将草图中的中心线全选中，单击鼠标右键，在弹出的菜单中选择"转换至/自参考对象"选项，如图 2-24 所示。

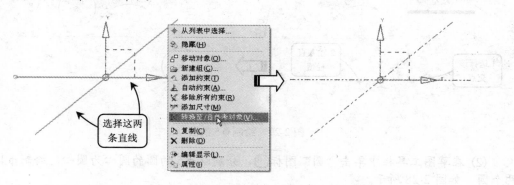

图 2-24　绘制两相交中心线

（3）在草图工具栏中单击"角度"尺寸图标 △，选择两条中心线，设置它们的角度为 30°，如图 2-25 所示。

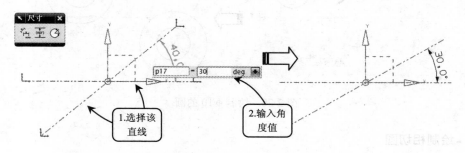

图 2-25　定位两中心线的角度为 30°

（4）按照同样的方法绘制垂直的中心线，利用"派生直线"工具，将垂直中心线左右各偏移 8，如图 2-26 所示。

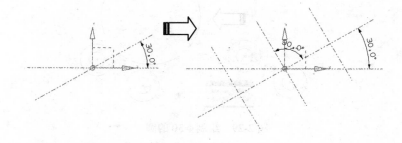

图 2-26　绘制 3 条垂直中心线

2．绘制圆轮廓线

（1）单击草图工具栏中"圆"图标 ◯，分别以派生线段和中线的交点为圆心，绘制 φ5 的两个圆，如图 2-27 所示。

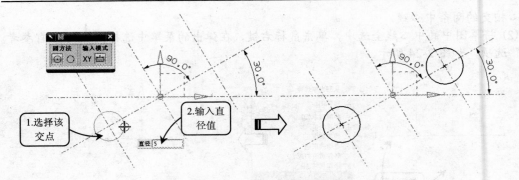

图 2-27 绘制 φ5 的圆

（2）在草图工具栏中单击"圆"图标 ⬤，分别以 φ5 的圆的圆心为圆心，绘制 φ10 的两个圆，如图 2-28 所示。

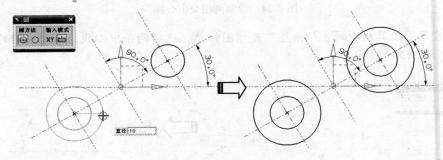

图 2-28 绘制 φ10 的圆

3. 绘制相切圆

（1）单击草图工具栏中"圆"图标 ⬤，在草图平面中左上方空白处绘制 φ30 的圆，如图 2-29 所示。

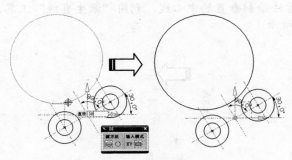

图 2-29 绘制 φ30 的圆

（2）在草图工具栏中单击"约束"图 ⊥ 标，分别单击左侧 φ10 的圆和直径为 30 的圆，然后单击"约束"对话框中的"相切"按钮 ○。按同样的方法定位右侧 φ10 的圆和 φ30 的圆相切，如图 2-30 所示。

（3）重复步骤（1）和步骤（2），绘制下侧 φ30 的相切圆。

4．修剪多余线段

在草图工具栏中，单击"快速修剪"图标 ，打开"快速修剪"对话框，在草图平面中修剪掉 φ30 和 φ10 的圆的多余的线段，如图 2-31 所示，从而完成链节的截面草图绘制。

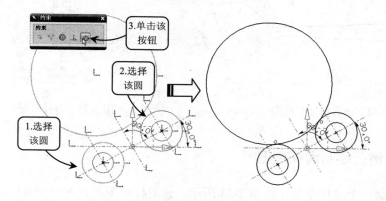

图 2-30　创建相切约束

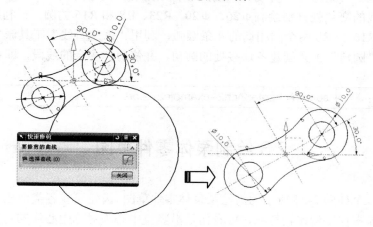

图 2-31　修剪多余线段

2.2.3 扩展实例：绘制汤匙投影平面图

本实例绘制一个汤匙的投影平面图，如图 2-32 所示。汤匙的投影图为 YC 方向对称的对称图形，所以部分曲线可以通过"镜像"工具获得。首先利用"直线"和"水平"定位工具绘制水平和垂直的 3 条中心线，分别以竖直和水平中心线的交点绘制 R7 和 R18 的圆。然后利用"直线"和"角度"定位工具绘制柄部的直线与 R7 的圆相切，并与竖直中心线成 87.5°。再利用"圆弧"工具绘制 R26 的圆弧分别与柄部直线和 R18 的圆相切，也可以先绘制 R26 的圆，通过定位工具约束其与直线和 R18 的圆相切。最后利用"镜像"工具镜像柄部直线和圆弧，并用"快速修剪"工具去除图中多余线段即可。

最终文件：	source\chapter2\ch2-example2-1.prt

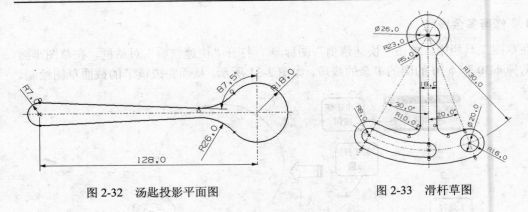

图 2-32　汤匙投影平面图　　　　　　　图 2-33　滑杆草图

2.2.4 扩展实例：绘制滑杆草图

本实例绘制一个滑杆草图，如图 2-33 所示。该滑杆草图展开在一个 R130，角度为 50° 的扇形圆面上。首先通过"直线"、"圆弧"和"角度"尺寸定位工具绘制 4 条中心线。然后在各中心线的交点处分别绘制 φ26、Φ20、R23、R8 和 R16 的圆。再利用"圆弧"工具分别绘制与 R16 和 R8 两个圆相切的 4 条圆弧，利用"派生直线"工具派生中间杆的线段。最后利用"圆角"工具创建各连接处的圆角，并修剪掉多余的线段，即可完成滑杆草图的绘制。

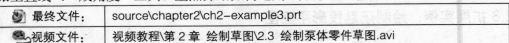

最终文件：	source\chapter2\ch2-example2-2.prt

2.3 绘制泵体零件草图

本例绘制一个如图 2-34 所示的齿轮泵泵体零件草图。齿轮泵在各类液压设备中应用非常广泛，该泵体零件结构比较特殊，可看作是沿竖直中心为对称中心线的对称图形。本例在绘制过程中主要用到的工具有"矩形"、"直线"、"圆"、"圆角"、"圆弧"、"快速修剪"、"派生直线"、"成角度"工具。重点介绍如何运用"矩形"、"镜像"和"快速修剪"工具。

最终文件：	source\chapter2\ch2-example3.prt
视频文件：	视频教程\第 2 章 绘制草图\2.3 绘制泵体零件草图.avi

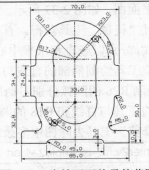

图 2-34　齿轮泵泵体零件草图

2.3.1　相关知识点

1.　创建矩形

矩形可以用来作为特征创建的辅助平面，也可以直接作为特征生成的草绘截面。利用该工具既可以绘制与草图方向垂直的矩形，也可以绘制与草图方向成一定角度的矩形。

在"草图工具"工具栏上单击"矩形"图标，弹出"矩形"对话框。该对话框提供了以下 3 种绘制矩形的方法。

❏　两点绘制矩形

该方法以矩形的对角线上的两点创建矩形。此方法创建的矩形只能和草图的方向垂直。单击"用两点"按钮，在绘图区任意选取一点作为矩形的一个角点，输入宽度和高度数值确定矩形的另一个角点来绘制图形，效果如图 2-35 所示。

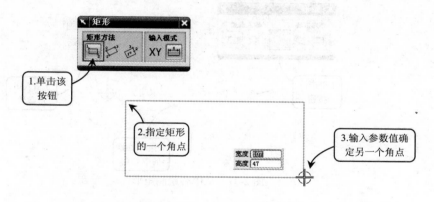

图 2-35　利用两点绘制矩形

> 提　示：草图工具对话框最右边均有"输入模式"一栏，UG NX 提供了"坐标模式"和"参数模式"两种输入模式。在利用工具创建草图的过程中，可以单击 XY 和 進行切换。

❏　三点绘制矩形

该方法用 3 点来定义矩形的形状和大小，第一点为起始点，第二点确定矩形的宽度和角度，第三点确定矩形的高度。该方法可以绘制与草图的水平方向成一定倾斜角度的矩形。单击"按三点"按钮，并在绘图区指定矩形的一个端点，然后分别输入所要创建矩形的宽度、高度和角度数值，即可完成矩形的绘制，如图 2-36 所示。

❏　从中心绘制矩形

此方法也是用 3 点来创建矩形，第一点为矩形的中心，第二点为矩形的宽度和角度，它和第一点的距离为所创建的矩形宽度的一半，第三点确定矩形的高度，它与第二点的距离等于矩形高度的一半。单击"从中心绘制矩形"按钮，并在绘图区指定矩形的中心点，然后分别输入所要创建矩形的宽度、高度和角度数值，即可完成矩形的绘制，如图 2-37

所示。

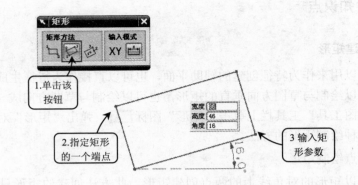

图 2-36   利用三点绘制矩形

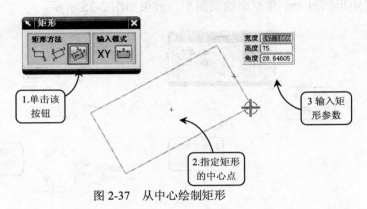

图 2-37   从中心绘制矩形

2．镜像曲线

利用"镜像曲线"工具可通过以现有的草图直线为对称中心线，创建草图几何图形的镜像副本，并且所创建的镜像副本与原草图对象间具有关联性。当所绘制的草图对象为对称图形时，使用该工具可以极大地提高绘图效率。

单击"草图工具"工具栏中的"镜像曲线"按钮，打开"镜像曲线"对话框，然后依次选取镜像中心线和原草图对象，并单击"应用"按钮，即可完成镜像操作，效果如图2-38所示。

2.3.2 绘制步骤

1．绘制中心线

（1）单击草图工具栏中的"轮廓"图标，弹出"轮廓"对话框，在草图平面中绘制相互垂直的两条中心线，如图2-39所示。

（2）在草图菜单栏中选择"插入"→"来自曲线集的曲线"→"派生直线"，将水平中心线向下偏移45，如图2-39所示。

（3）在"草图工具"工具栏中选择"转换至/自参考对象"图标，弹出"转换至/自参考对象"对话框，将草图中的曲线全选中，单击"确定"按钮，完成中心线参考对象设置，如图 2-40 所示。

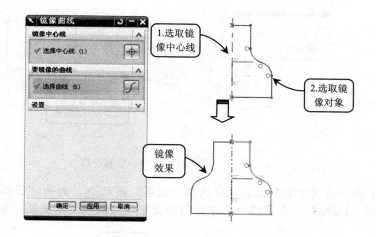

图 2-38　镜像曲线效果

图 2-39　派生直线

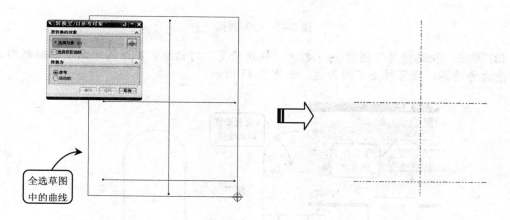

图 2-40　转换直线为中心参考线

2.　绘制内腔轮廓

（1）单击草图工具栏中的"矩形"图标 ▭ ，弹出"矩形"对话框，选择"从中心" ⬚
按钮。在草图平面中选择中心线的交点，绘制如图 2-41 所示的矩形。

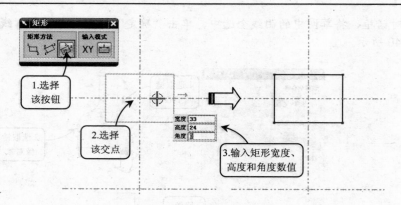

图 2-41 从中心绘制矩形

(2) 在"草图工具"工具栏中选择"圆弧"图标，弹出"圆弧"对话框，选择"三点定圆弧"按钮，在草图中选中矩形的上下两对端点创建圆弧，如图 2-42 所示。

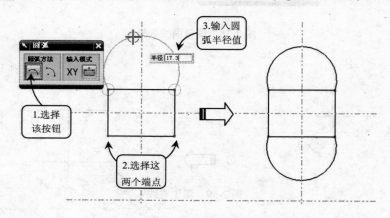

图 2-42 绘制圆弧

(3) 单击"快速修剪"图标，打开"快速修剪"对话框，在草图平面中选择矩形左右两条边为边界，修剪掉上下两条边，如图 2-43 所示。

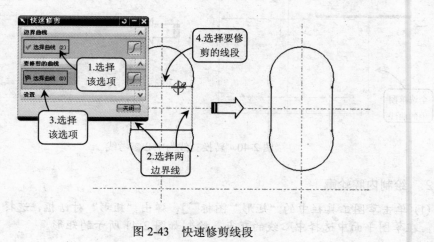

图 2-43 快速修剪线段

3. 绘制上部外轮廓

（1）选择内腔轮廓线的两个圆弧的圆心，分别绘制 φ62 的圆，如图 2-44 所示。

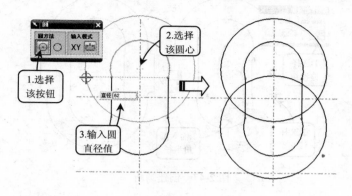

图 2-44　绘制圆

（2）单击草图工具栏中的"矩形"图标 ▭，弹出"矩形"对话框，选择"从中心" ⊡ 按钮。在草图平面中选择中心线的交点，绘制如图 2-45 所示的矩形。

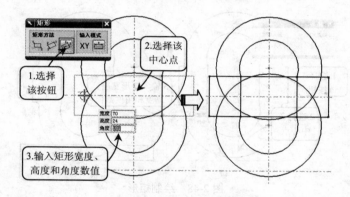

图 2-45　从中心绘制矩形

（3）单击"快速修剪"图标 ⊿，打开"快速修剪"对话框，在草图平面中修剪掉多余的曲线，如图 2-46 所示。

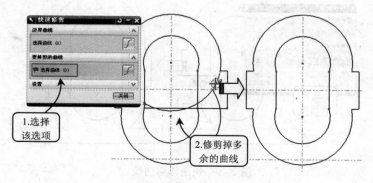

图 2-46　快速修剪曲线

（4）单击"圆角"图标![icon]，打开"创建圆角"对话框，选择矩形与两个圆弧相交的四个交点，绘制 R2 的圆角，如图 2-47 所示。

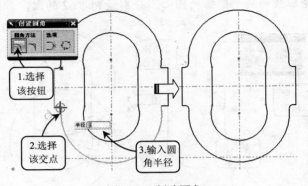

图 2-47　创建圆角

4．绘制底座

（1）单击草图工具栏中的"矩形"图标![icon]，弹出"矩形"对话框，选择"从中心"![icon]按钮，在草图平面中选择中心线的交点，绘制如图 2-48 所示的矩形。

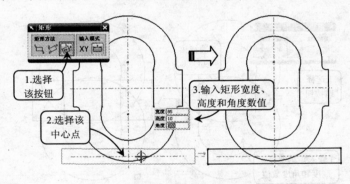

图 2-48　绘制矩形

（2）单击"快速修剪"图标![icon]，打开"快速修剪"对话框，在草图平面中修剪掉多余的直线段，如图 2-49 所示。

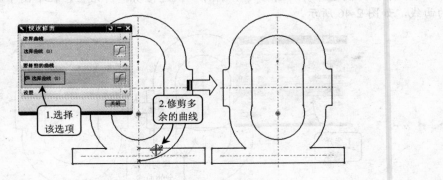

图 2-49　快速修剪曲线

（3）单击草图工具栏中的"矩形"图标▭，弹出"矩形"对话框，选择"从中心"▧按钮，在草图平面中选择中心线的交点，绘制如图 2-50 所示的矩形。

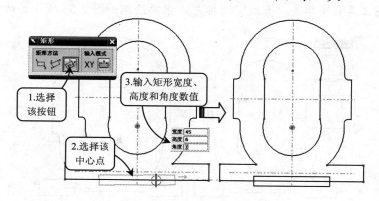

图 2-50　绘制矩形

（4）单击"快速修剪"图标，打开"快速修剪"对话框，在草图平面中修剪掉多余的直线段，如图 2-51 所示。

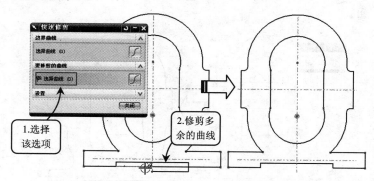

图 2-51　快速修剪曲线

（5）单击"圆角"图标▱，打开"创建圆角"对话框，选择矩形与两个圆弧相交的四个交点，绘制 R2 的圆角，如图 2-52 所示。

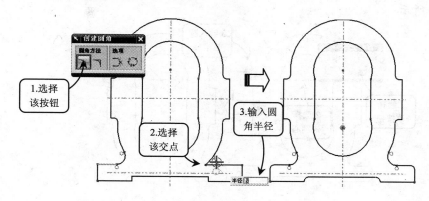

图 2-52　创建圆角

5. 绘制销孔

(1) 在草图工具栏中单击"直线"图标 ✏，依次绘制如图 2-53 所示的两直线。

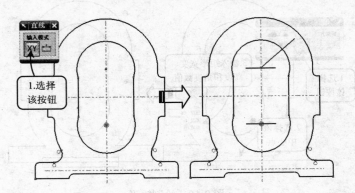

图 2-53　绘制直线

(2) 单击草图工具栏中的"成角度"图标 ◢，选中如图 2-54 所示的两条直线，约束这两条直线成 45° 角。

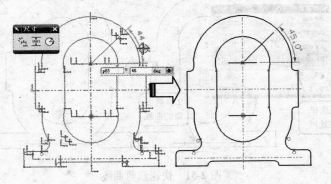

图 2-54　约束角度尺寸

(3) 单击"圆弧"图标 ◥，在草图中选中泵体上部圆弧的圆心，绘制 R23 的一小段圆弧，如图 2-55 所示。

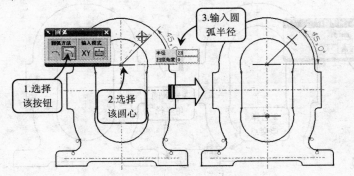

图 2-55　绘制圆弧

（4）在"草图工具"工具栏中选择"转换至/自参考对象"图标 ，弹出"转换至/自参考对象"对话框，在草图中选中要转换的直线，单击"确定"按钮，完成参考线的设置，如图 2-56 所示。

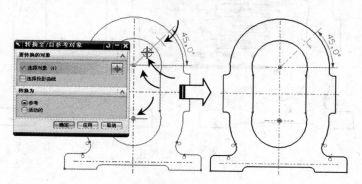

图 2-56　转换曲线为参考线

（5）单击草图工具栏中圆 图标，在如图 2-57 所示的位置绘制 φ5 的圆。

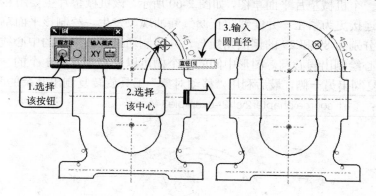

图 2-57　绘制圆

（6）单击草图工具栏中"镜像"图标 ，在草图中选择竖直中心线为镜像中心线，销孔及参考线为镜像对象，单击"确定"按钮，即可完成镜像操作。再按照同样的方法，向下镜像左侧的销孔，删除左上的销孔，即可完成销孔的绘制，如图 2-58、图 2-59 所示。

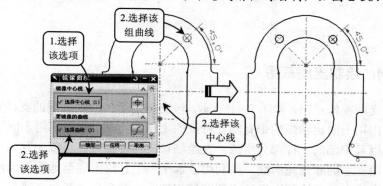

图 2-58　镜像孔

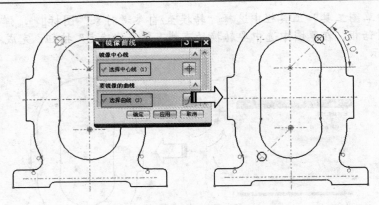

图 2-59　镜像孔

2.3.3 扩展实例：绘制机械垫片平面草图

本实例绘制一个机械垫片平面草图，如图 2-60 所示。该机械垫片主要用在两个机械零件的连接处，使连接更为紧密，并能够防止漏气漏油现象发生。绘制该平面草图，可以首先绘制出长和宽分别为 89 和 29 的倒圆角矩形，并绘制通过各边中心的中心线。然后，以中心线交点为圆心绘制出同心圆。图形中间的 3 个槽可以先绘制其中一个的一侧，然后利用"镜像"工具复制出另一侧，最后利用"移动对象"工具旋转复制出其余的两个槽即可。

最终文件：	source\chapter2\ch2-example3-1.prt

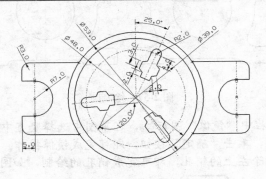

图 2-60　机械垫块平面草图

2.3.4 扩展实例：绘制支座草图

本实例绘制支座零件草图，如图 2-61 所示。该支座用于传动轴轴端的支撑定位，该零件草图结构主要由用于固定轴端的带有轴孔特征的上部固定部分、下部用于固定螺栓配合固定座体的底座以及中部的支撑部分组成。在绘制该支座草图时，可以先利用"矩形"和"圆"工具绘制出支座的底部轮廓线，并利用"水平"工具约束圆至地面轮廓线的位置尺寸，然后利用"直线"工具绘制矩形顶点到圆的相切线，并利用"派生直线"工具绘制中部支撑部分的直线。最后利用"圆角"工具绘制支座上半部分的圆角，并利用"镜像曲线"

工具复制出下半部分的轮廓线即可。

最终文件：	source\chapter2\ch2-example3-2.prt

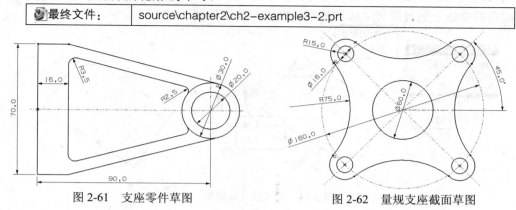

图 2-61　支座零件草图　　　　　　图 2-62　量规支座截面草图

2.4 绘制量规支座截面草图

本实例绘制量规支座截面草图，如图 2-62 所示。该量规支座用于支撑上部的量规部件，其底部设有调节螺栓孔，用于调节量规部件与地面的角度。在绘制量规支座截面草图时，可先利用"直线"、"圆"和"角度"尺寸定位工具绘制出中心线。然后利用"圆"工具，分别在圆 φ160 和中心线的交点处绘制 R15 和 φ16 各 4 个圆。最后利用"圆角"工具，选中相邻的两个 R15 圆绘制 R75 的 4 个圆角即可。

最终文件：	source\chapter2\ch2-example4.prt
视频文件：	视频教程\第 2 章 绘制草图\2.4 绘制量规支座截面草图.avi

2.4.1 相关知识点

1．创建圆角

"圆角"工具可以在两条或三条曲线之间倒圆角。利用该工具进行倒圆角包括精确法、粗略法和删除第三条曲线 3 种方法。

❑　精确法

该方法可以在绘制圆角时精确地指定圆角的半径。单击"草图工具"工具栏中的"圆角"按钮，打开"创建圆角"对话框，然后单击"修剪"按钮，并依次选取要倒圆角的两条曲线，在文本框中输入半径值并按回车键即可，效果如图 2-63 所示。

❑　删除第三条曲线

该按钮具有是否启用"删除第三条曲线"的功能，系统默认状态下为关闭，单击该按钮则打开此功能，如图 2-64 所示。

❑　粗略法

该方法可以利用画链快速倒圆角，但圆角半径的大小由系统根据所画的链与第一元素

的交点自动判断。单击"创建圆角"对话框中的"修剪"按钮 ，然后按住鼠标左键从需
要倒圆角的曲线上划过即可完成创建圆角操作，效果如图 2-65 所示。

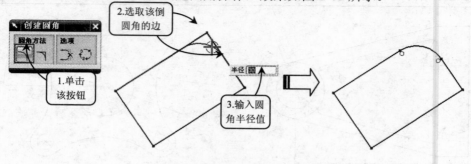

图 2-63　精确法绘制圆角

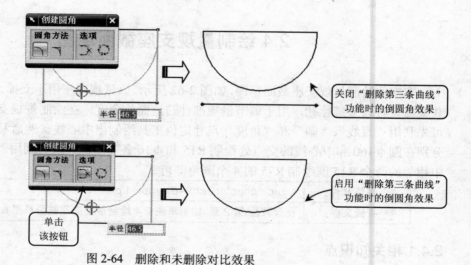

图 2-64　删除和未删除对比效果

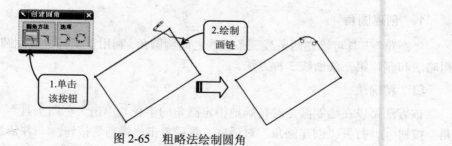

图 2-65　粗略法绘制圆角

2. 快速修剪

快速修剪可以在任一方向将曲线修剪到最近的交点或边界，单击草图工具栏中的"快
速修剪"图标 ，弹出"快速修剪"对话框。边界曲线是可选项，若不选边界，则所有可
选择的曲线都被当作边界。下面分别详细介绍。

□　不选择边界

在没有选择边界时，系统自动寻找该曲线与最近可选择曲线的交点，并将两交点之间

的曲线修剪掉, 如图 2-66 所示。

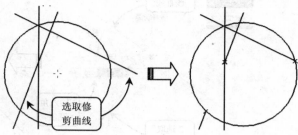

图 2-66 不选择边界时的快速修剪

❏ 选择边界

若选择了边界（按住 Ctrl 键可选择多条边界），则只修剪曲线选择点相邻的两边间的曲线段, 如图 2-67 所示。

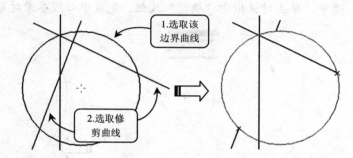

图 2-67 选择边界时的快速修剪

2.4.2 绘制步骤

1. 绘制中心线

（1）单击草图工具栏中的"直线"图标 , 在草图平面中绘制在坐标中心相互垂直的两条中心线, 如图 2-68 所示。

（2）在草图工具栏中单击"角度"尺寸图标 , 选择向右倾斜的直线和 XC 轴, 设置它们的角度为 45°, 如图 2-69 所示。

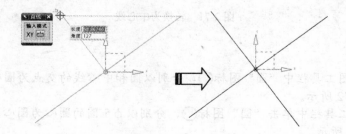

图 2-68 绘制过坐标中心的两垂直线段

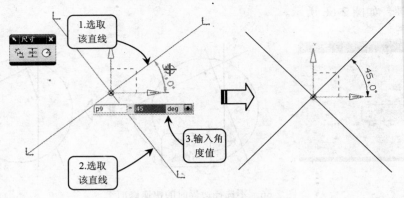

图 2-69　定义角度尺寸约束

(3) 单击草图工具栏中"圆"图标〇，以垂直线段的垂心为圆心，绘制 φ162 的圆，如图 2-70 所示。

(4) 在"草图工具"工具栏中单击"转换至/自参考对象"图标，将草图中的曲线全选中，单击对话框中"确定"按钮，完成中心线参考对象的转换，如图 2-71 所示。

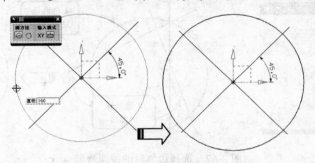

图 2-70　绘制 φ160 的圆

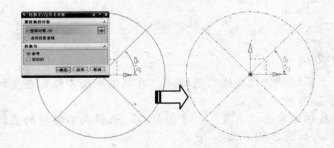

图 2-71　转换为中心线

2．绘制圆

(1) 单击草图工具栏中"圆"图标〇，分别以圆和中心线的交点为圆心，绘制 φ16 的 4 个圆，如图 2-72 所示。

(2) 在草图工具栏中单击"圆"图标〇，分别以 φ5 圆的圆心为圆心，绘制 φ30 的 4 个圆，如图 2-73 所示。

(3) 单击草图工具栏中"圆"图标〇，以坐标原点为圆心，绘制 φ60 的圆，如图 2-74

所示。

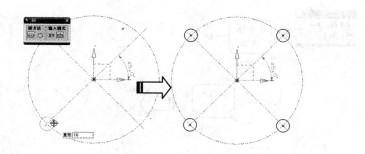

图 2-72　绘制 φ16 的圆

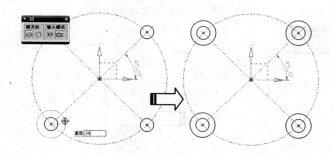

图 2-73　绘制 φ30 的圆

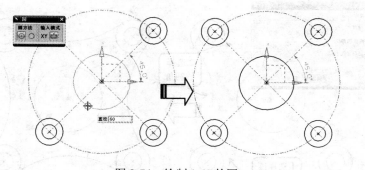

图 2-74　绘制 φ60 的圆

3．绘制圆角

（1）单击草图工具栏"圆角"图标，打开"创建圆角"对话框，选择右侧 φ30 的两个圆轮廓，绘制 R75 的相切圆角，如图 2-75 所示。

（2）在草图工具栏中单击"圆角"图标，打开"创建圆角"对话框，选择上侧 φ30 的两个圆轮廓，绘制 R75 的相切圆角，如图 2-76 所示。

（3）单击草图工具栏中"镜像"图标，在草图中选择向左倾斜的中心线为镜像中心线，选择两个 R75 的圆角为镜像曲线，单击"确定"按钮，即可完成镜像操作，如图 2-77 所示。

4．修剪多余线段

在草图工具栏中，单击"快速修剪"图标，打开"快速修剪"对话框，在草图平面中修剪掉 R15 圆的多余的线段，如图 2-78 所示。量规支座截面草图绘制完成。

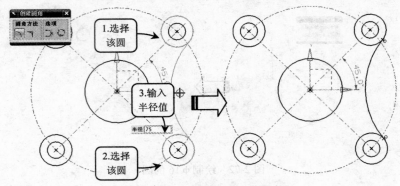

图 2-75　绘制右侧 R75 的圆角

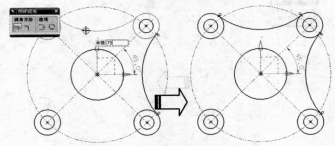

图 2-76　绘制上侧 R75 的圆角

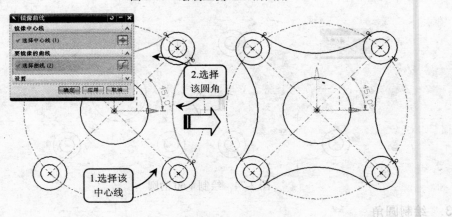

图 2-77　镜像圆角曲线

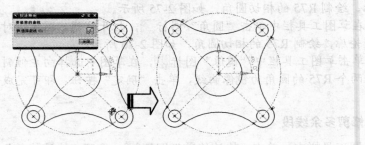

图 2-78　修剪掉多余线段

2.4.3 扩展实例：绘制多孔垫片草图

本实例绘制多孔垫片草图，如图 2-79 所示。该多孔垫片是中心对称图形，由 12 个相同的图形圆形阵列而成。绘制本实例时，首先绘制与水平中心线成角度 60° 的中心线，并绘制 3 条中心线将角度为 60° 角 4 等分。然后绘制 φ64、R4、R15、R45 和 R60 的圆，将 φ64 的圆转换为中心线，并修剪 R15、R45 和 R60 的圆。再利用"直线"工具绘制中心槽的直线，并将 R4 和 R15 的圆修剪。最后利用"圆角"工具创建连结圆弧的各圆角，并利用"镜像曲线"工具将所画的图形镜像，即可绘制完整的垫片草图。

最终文件：	source\chapter2\ch2-example4-1.prt

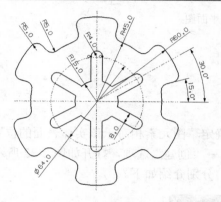

图 2-79　多孔垫片草图

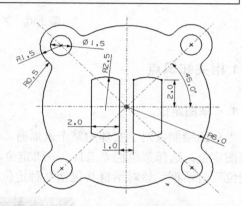

图 2-80　仪表指示盘平面图

2.4.4 扩展实例：绘制仪表指示盘平面草图

本实例绘制仪表指示盘平面草图，如图 2-80 所示。该仪指示盘除中间的两个槽外，可以看作是中心对称图形，也可以利用"镜像曲线"工具。绘制本实例时，首先绘制 4 条过坐标中心的中心线，将平面 8 等分。然后绘制 R6 的圆，并绘制以 R6 的圆与中心线交点为圆心的 8 个圆，直径分别为 1.5 和 3。然后利用"圆角"工具绘制 R1.5 和 R6 之间的圆角。最后利用"直线"、"圆弧"、"派生直线"和"镜像曲线"绘制出中间的两个槽，即可完成仪表指示盘的绘制。

最终文件：	source\chapter2\ch2-example4-2.prt

2.5 绘制弧形连杆平面草图

本实例绘制一个弧形连杆平面草图，如图 2-81 所示。该弧形连杆头尾的轴孔通过弧形肋板连接。绘制该实例时，首先可以利用"直线"、"派生直线"工具绘制出中心线。然后绘制弧形连杆头尾的两个圆环，利用"圆弧"工具绘制与这两个圆环相切的圆弧。再利用"直线"和"派生直线"工具绘制出头尾的辅助板直线的大致轮廓。最后利用"水平"、"竖直"等草图定位工具定位辅助板的尺寸，并修剪掉多余的线段，即可完成弧形连杆平面草图的绘制。

🌐 最终文件：	source\chapter2\ch2-example5.prt
🎬 视频文件：	视频教程\第 2 章 绘制草图\2.5 绘制弧形连杆平面草图.avi

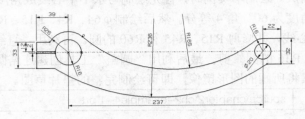

图 2-81　弧形连杆平面图

2.5.1 相关知识点

1.　草图定位

当草图绘制依附于实体的某个表面时，就要确定草图元素相对于该实体表面的位置，即草图定位。选择菜单栏"工具"→"定位尺寸"→"创建"选项，打开如图 2-82 所示的"定位"对话框。该对话框共包括 9 种定位按钮，分别介绍如下。

图 2-82　"定位"对话框

❑　水平🔲

利用该按钮可以进行 XC 轴方向几何元素的定位。单击"水平"按钮🔲，选取实体上的曲线为目标对象，然后选取需要定位的草图曲线，最后输入定位数值即可完成操作，效果如图 2-83 所示。

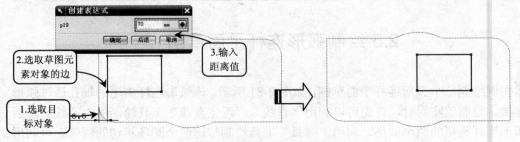

图 2-83　水平定位效果

❑ 竖直

利用该按钮可以进行 YC 轴方向几何元素的定位。单击"竖直"按钮，选取实体上的曲线为目标对象，然后选取需要定位的草图曲线，最后输入定位数值即可完成操作，效果如图 2-84 所示。

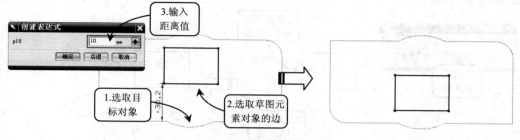

图 2-84 竖直定位效果

❑ 平行

利用该按钮可以对目标参数对象的基准点与草图元素的参考点进行准确的定位。单击"平行"按钮，选取实体上的边与草图元素的端点，然后在打开的"创建表达式"对话框中输入距离参数并单击"确定"按钮，效果如图 2-85 所示。

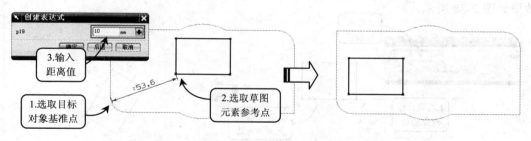

图 2-85 平行定位效果

❑ 垂直

该方法用于目标对象上的边与草图元素上的参考点之间的定位。单击"垂直"按钮，选取实体上的边与草图元素的端点，然后在打开的"创建表达式"对话框中输入距离参数并单击"确定"按钮，效果如图 2-86 所示。

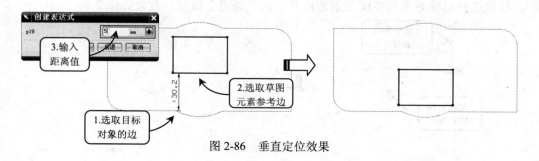

图 2-86 垂直定位效果

❑ 按一定距离平行 工

该方法主要用于目标对象上的边与草图元素上的边之间的定位。单击"按一定距离平行"按钮 工，分别选取实体与草图元素的一条边，然后输入距离参数并单击"确定"按钮，效果如图 2-87 所示。

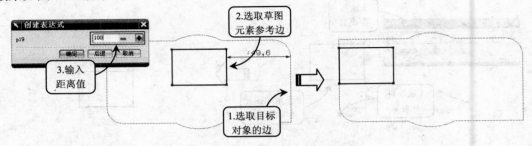

图 2-87　按一定距离平行定位效果

❑ 成一定角度 △

使用该方法可以使目标对象与草图元素的边成一定角度进行定位。该角度以目标对象上的边为起始边，沿该边逆时针旋转，角度为正；沿该边顺时针旋转，角度为负。单击"成角度"按钮 △，依次选取目标对象与草图元素的边，然后输入角度值并单击"确定"按钮，效果如图 2-88 所示。

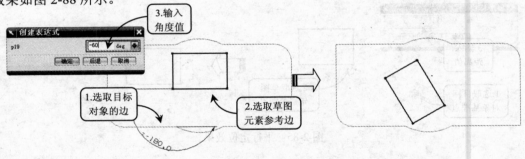

图 2-88　成一角度定位效果

❑ 点到点

该按钮可以对目标对象上的点与草图元素上的点进行共点定位。单击"点到点"按钮，依次选择目标对象与草图元素的点并单击"确定"按钮，效果如图 2-89 所示。

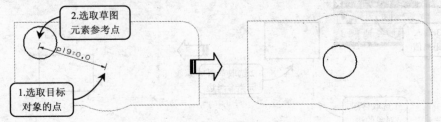

图 2-89　点到点定位效果

❑　点到线 ⊥

该按钮用于目标对象上的边与草图元素上的点的重合定位。单击"点到线上"按钮 ⊥，依次选择目标对象的边与草图元素的点并单击"确定"按钮，效果如图 2-90 所示。

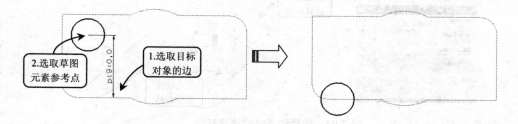

图 2-90　点到线定位效果

❑　线到线 ⊥

该按钮用于目标对象上的边与草图元素上的边之间的定位。单击"线到线"按钮 ⊥，依次选取目标对象的边与草图元素的边并单击"确定"按钮，效果如图 2-91 所示。

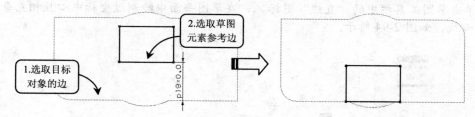

图 2-91　线到线定位效果

2.　快速延伸

快速延伸可以在以任一方向将曲线延伸到最近的交点或边界，单击草图工具栏中的 ✕ 图标，弹出"快速延伸"对话框。边界曲线是可选项，若不选边界，则所有可选择的曲线都被当作边界。下面分别进行介绍。

❑　不选择边界

在没有选择边界时，系统自动寻找该曲线与最近可选择曲线的交点，并将曲线延伸到交点，如图 2-92 所示。

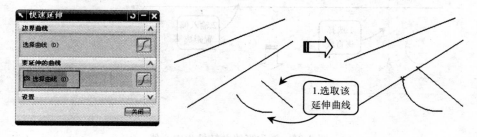

图 2-92　选择边界时的快速延伸

❑ 选择边界

若选择了边界（按住 Ctrl 键可选择多条边界），则只延伸与边界和延伸曲线两边间的曲线段，如图 2-93 所示。

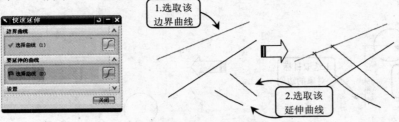

图 2-93　选择边界时的快速延伸

2.5.2 绘制步骤

1. 绘制中心线

（1）单击草图工具栏中的"直线"图标 ⁄ ，在草图平面中绘制过坐标中心且相互垂直的两条中心线，如图 2-94 所示。

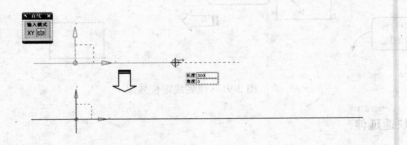

图 2-94　绘制过坐标中心的两垂直线段

（2）单击草图工具栏中的"派生直线"图标 ，在草图平面中选择竖直的中心线向 XC 方向偏移 245，并将草图中所有直线转换为中心线，如图 2-95 所示。

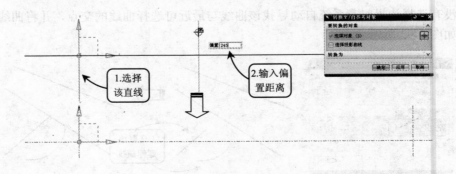

图 2-95　派生直线并转换为中心线

2. 绘制轴孔圆

（1）单击草图工具栏中"圆"图标◯，分别以水平和竖直中心线的交点为圆心，绘制 φ32 的 2 个圆，如图 2-96 所示。

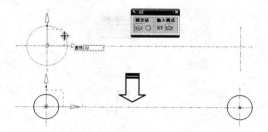

图 2-96　绘制 φ32 的圆

（2）在草图工具栏中单击"圆"图标◯，分别以 φ32 圆的圆心为圆心，绘制 φ52 和 φ20 的 2 个圆，如图 2-97 所示。

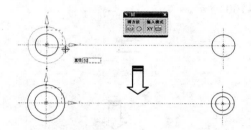

图 2-97　绘制 φ52 和 φ20 的圆

3. 绘制肋板

在"草图工具"工具栏中选择"圆弧"图标 ，弹出"圆弧"对话框，选择"三点定圆弧" 按钮，在草图中选中两端同心圆的外圆，分别绘制和它们上下相切的 R165 和 R236 的两条圆弧，如图 2-98 所示。

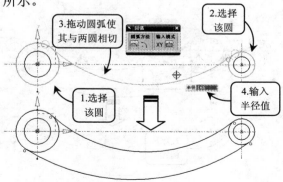

图 2-98　绘制 R165 和 R236 的圆弧

4．绘制辅助板

（1）单击草图工具栏中的"轮廓"图标 ⌒，弹出"轮廓"对话框，在草图平面中绘制两端辅助板的大致轮廓，如图 2-99 所示。

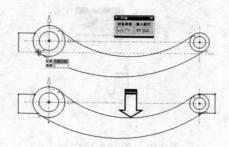

图 2-99　绘制辅助板大致外轮廓

（2）分别单击草图工具栏中的"水平" ⊢⊣ 和"竖直" ⇊ 图标，在草图平面中定位辅助板的尺寸和位置，如图 2-100 所示。

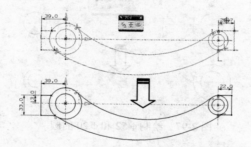

图 2-100　水平和竖直定位辅助板尺寸

（3）单击草图工具栏中的"直线"图标 ／，在草图平面中绘制左侧辅助板一小段直线，并利用"派生直线"工具上下偏置 1，如图 2-101 所示。

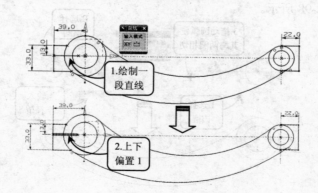

图 2-101　绘制并派生直线

（4）在草图工具栏中，单击"快速修剪"图标 ⩗，打开"快速修剪"对话框，在草图平面中修剪掉 R15 圆的多余的线段，如图 2-102 所示。弧形连杆草图绘制完成。

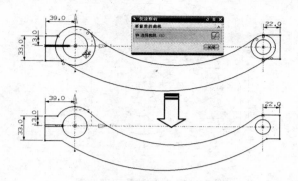

图 2-102 快速修剪多余线段

2.5.3 扩展实例：绘制垫板平面草图

本实例绘制一个垫板零件的平面图形，如图 2-103 所示。此零件视图为一个不规则图形，在绘制过程中可以先确定出一条基准线段，根据各个线段之间的尺寸关系，利用"轮廓"工具快速绘制出垫板的外轮廓。然后利用"圆"、"直线"和"派生直线"等工具补充完整其他的图形。最后利用"快速修剪"工具修剪掉多余线段即可。

最终文件：	source\chapter2\ch2-example5-1.prt

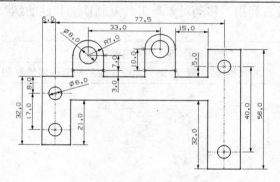

图 2-103 垫板平面草图

2.5.4 扩展实例：绘制油缸垫片平面草图

本实例是绘制油缸垫片的平面草图，如图 2-104 所示。垫片主要在机械连接件之间起密封作用，能够起到防止漏气、漏水、漏油等作用。该平面图形比较复杂且尺寸比较多，在绘制过程中要注意区分。绘制此图的思路是先利用"角度"、"水平"、"竖直"等草图定位工具确定中心线的位置，并利用"圆"工具绘制出各圆的轮廓线。然后利用"圆角"和"圆弧"工具连接各圆之间的弧线。最后利用"快速修剪"工具修剪出最终的效果即可。

最终文件：	source\chapter2\ch2-example5-2.prt

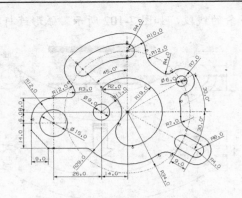

图 2-104   油缸垫片平面草图

2.6 绘制扇形板零件草图

本实例绘制扇形板零件草图，如图 2-105 所示。该扇形板属于风箱底板的一部分，表面上的孔是螺纹孔。在绘制该扇形板零件草图时，可以先利用"直线"工具绘制出主要的中心线，并利用"圆"和相应的约束工具绘制出各圆轮廓线并对其进行位置之间的定位。然后利用"快速修剪"工具绘制得到扇形板的外轮廓线，以及在圆周中心线上的一头绘制并定位一个螺纹孔。最后利用"移动对象"工具复制移动其他的螺纹孔，即可完成该扇形板零件草图的绘制。

最终文件：	source\chapter2\ch2-example6.prt
视频文件：	视频教程\第 2 章 绘制草图\2.6 绘制扇形板零件草图.avi

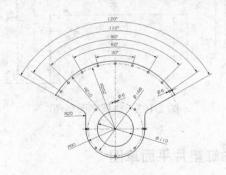

图 2-105   扇形板零件草图

2.6.1 相关知识点

1. 创建圆弧

通过 3 点或通过指定其中心和端点来创建圆弧。在"草图工具"工具栏中单击"圆弧"

按钮，打开"圆弧"对话框。此时同样可以利用指定圆弧中心和端点与指定三点这两种方法绘制圆弧。

❑　三点定圆弧

该方法用 3 个点分别作为圆弧的起点、终点和圆弧上一点来创建圆弧。另外，也可以选取两个点和输入直径来创建圆弧。单击"圆弧"对话框中的"三点定圆弧"按钮，依次选取起点、终点和圆弧上一点，即可完成圆弧的创建。

❑　指定中心和端点定圆弧

该方法以圆心和端点的方式创建圆弧。另外，还可以通过在文本框中输入半径数值来确定圆弧的大小。单击"中心和端点定圆弧"按钮，依次指定圆心，端点和扫掠角度即可完成圆弧的创建，如图 2-106 所示。

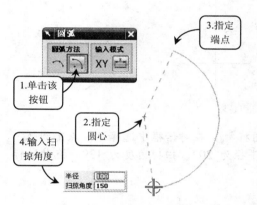

图 2-106　指定中心和端点绘制圆

图 2-107　移动对象对话框

2. 移动对象

移动对象就是将一对象（包括点、直线、片体和实体）移动到指定位置，该操作在草图绘制环境中也可以使用。选择菜单"编辑"→"移动对象"选项，打开"移动对象"对话框，如图 2-107 所示。

表 2-2　移动对象的方式和含义

方　式	含　义
距离	是指通过指定移动方向来移动对象一段距离
角度	是指通过指定旋转中心来移动对象一个角度
点之间的距离	是指通过指定矢量、原点和测量点来确定点之间的距离
点到点	是指定要移动到的位置点和对象参考点来移动对象
根据三点旋转	是指通过指定枢纽点、起点和终点来旋转对象
将轴与矢量对齐	是指通过指定起始矢量、枢纽点和终止矢量来对齐对象
动态	是指基于当前工作坐标，通过移动手柄来移动对象
增量	是指基于当前工作坐标在 XC、YC、ZC 文本框中输入增量值移动所指定的象

该对话框包括 8 种移动对象的方式，各种方式含义如表 2-2 所述。在"结果"选项栏中，选择"移动原先的"即表示将移动原先的对象，不保留原先的对象位置处的对象；选择"复制原先的"即表示在移动原先对象时，保留原先对象位置处的对象。在其下面的"非关联副本数"文本框中输入副本的数目，可以设置需要复制移动对象的数目。

2.6.2 绘制步骤

1. 绘制中心线

(1) 单击草图工具栏中的"直线"图标 ✎，在草图平面中绘制过坐标中心且相互垂直的两条中心线，如图 2-108 所示。

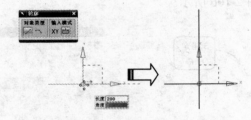

图 2-108　绘制两垂直线

(2) 在"草图工具"工具栏中选择"圆弧"图标 ，在对话框中选择"三点定圆弧" 按钮，在草图中选择两直线的垂心，设置圆弧半径为 202，扫掠角度为 130，拖动鼠标使圆弧对称于垂直中心线，如图 2-109 所示。

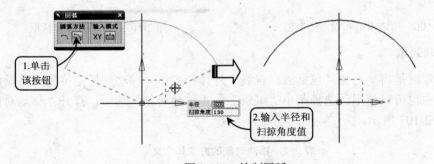

图 2-109　绘制圆弧

(3) 单击草图工具栏中"圆"图标 ⬤，以水平和竖直中心线的交点为圆心，绘制 φ168 的圆，如图 2-110 所示。

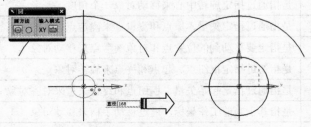

图 2-110　绘制 φ168 的圆

（4）在"草图工具"工具栏中单击"转换至/自参考对象"图标![]，将草图中的曲线全选中，单击对话框中"确定"按钮，完成中心线参考对象的转换，如图 2-111 所示。

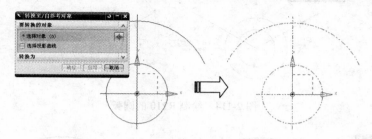

图 2-111　转换为参考中心线

2. 绘制外轮廓

（1）单击草图工具栏中的"直线"图标 ╱，在草图平面中绘制两条过坐标中心中心线，并尺寸约束它们和 XC 轴的角度均为 30°，如图 2-112 所示。

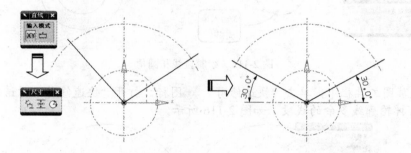

图 2-112　绘制两直线与 XC 轴成 30°

（2）单击草图工具栏中"圆"图标 ◯，坐标中心原点为圆心，绘制 φ110 和 φ180 的 2 个圆，如图 2-113 所示。

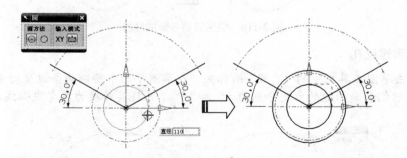

图 2-113　绘制 φ110 和 φ180 的圆

（3）在"草图工具"工具栏中选择"圆弧"![]图标，在对话框中选择"中心和端点定圆弧"![]图标，选择坐标中心原点为圆心，设置圆弧半径为 210，扫掠角度为 120，拖动鼠标使圆弧对称于垂直中心线，如图 2-114 所示。

（4）单击草图工具栏中的"直线"图标 ╱，在草图平面中绘制与 φ180 的圆相切的直线，并绘制与其相交直线之间的圆角为 R20，如图 2-115 所示。

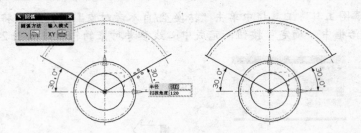

图 2-114　绘制 R210 的圆弧

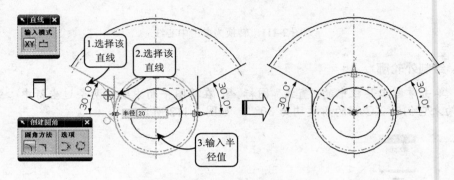

图 2-115　绘制直线和圆角

（5）在草图工具栏中，单击"快速修剪" 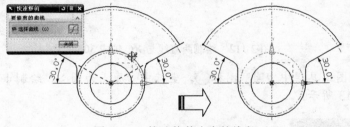 图标，打开"快速修剪"对话框，在草图平面中修剪掉轮廓线多余的线段，如图 2-116 所示。

图 2-116　快速修剪多余的线段

3.　阵列螺纹孔

（1）单击草图工具栏中的"直线"图标 ✐，在草图平面中绘制两条过坐标中心中心线，并尺寸约束它们和扇形边的角度分别为 5° 和 15° ，并将其转换为参考中心线，如图 2-117 所示。

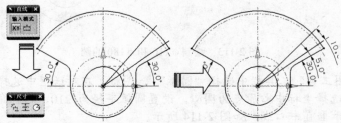

图 2-117　绘制成角度的两条直线

（2）单击草图工具栏中"圆"图标 ◯，分别以步骤（1）绘制的中心线和 R110 圆弧的交点为圆心，以及 φ168 的圆与垂直中心线的交点为圆心，绘制 3 个 φ6 的圆，然后利用"镜像曲线"工具镜像最右侧 φ6 的圆，如图 2-118 所示。

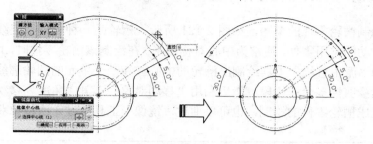

图 2-118　绘制并镜像 φ6 的圆

　　(3) 选择菜单"编辑"→"移动对象"选项，选择草图平面中右侧第二个 φ6 的圆，在对话框中"变换"选项栏的"运动"下拉列表框中选择"角度"选项，设置旋转"角度"为 15。在"结果"选项栏中选择"复制原先的"选项，设置"非关联副本数"为 6，如图 2-119 所示。

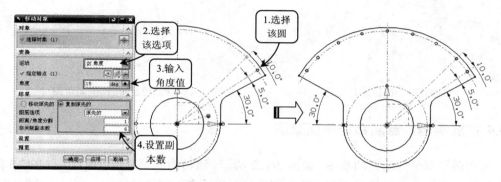

图 2-119　圆弧阵列 φ6 的圆

　　(4) 在草图菜单中选择"编辑"→"移动对象"选项，选择草图平面中 φ168 圆上的 φ6 圆，在对话框中"变换"选项栏的"运动"下拉列表框中选择"角度"选项，设置旋转"角度"为 45。在"结果"选项栏中选择"复制原先的"选项，设置"非关联副本数"为 7，如图 2-120 所示。

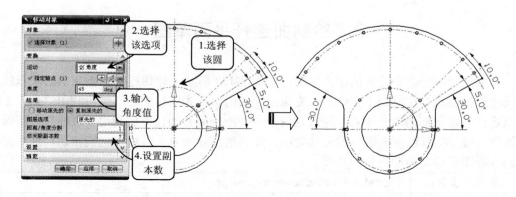

图 2-120　圆周阵列 φ6 的圆

2.6.3 扩展实例：绘制槽轮零件草图

本实例绘制槽轮零件的草图，如图 2-121 所示。槽轮是一种可以把连续等角度的旋转转换为间歇转动的常用零件，通常为中心对称图形。在绘制该槽轮零件时，可以先利用"直线"、"圆"和"派生直线"工具绘制出槽轮的中心线和一个单元的圆轮廓线，再利用"快速修剪"工具修剪掉多余的线段。然后利用"移动对象"工具"角度"移动复制 5 个同样的图形即可完成槽轮零件的绘制，也可以通过"镜像"工具通过 3 次镜像获得整个槽轮零件的草图。

最终文件：	source\chapter2\ch2-example6-1.prt

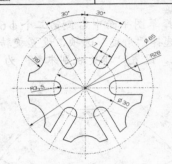

图 2-121　槽轮零件草图

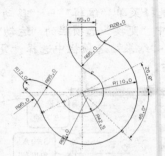

图 2-122　吊钩侧面草图

2.6.4 扩展实例：绘制吊钩侧面草图

本实例绘制吊钩侧面的草图，如图 2-122 所示。该吊钩侧面草图以 R110 和 R42.5 的圆弧为基础，通过一系列的圆弧和直线相切连接而成。在绘制该吊钩时，可以先绘制 R42.5 的半圆弧和 R110 扫掠角度为 45°的圆弧。然后依次展开绘制各相切圆弧，绘制吊钩尖端的 $\phi24$ 圆，利用"固定"、"相切"等几何约束工具约束其与其他圆弧相切。最后利用"快速修剪"工具修剪掉多余的线段，即可绘制出吊钩侧面草图。

最终文件：	source\chapter2\ch2-example6-2.prt

2.7 绘制曲连杆平面草图

本实例绘制一个曲连杆的平面草图，如图 2-123 所示。该曲连杆由不规则的圆弧段和直线段连接而成。在绘制本实例时，先确定上部的轴孔为坐标中心，然后利用"点"工具可以迅速确定下部的轴孔中心，通过这两个中心绘制同心圆。最后利用"直线"、"圆弧"、"派生直线"工具绘制出连杆的大致轮廓，并利用尺寸约束工具约束它们相切，修剪掉多余的线段即可绘制出曲连杆的草图。

最终文件：	source\chapter2\ch2-example7.prt
视频文件：	视频教程\第 2 章 绘制草图\2.7 绘制曲连杆平面草图.avi

2.7.1 相关知识点

1. 尺寸约束

草图的尺寸约束相当于对草图进行标注，但是除了可以根据草图的尺寸约束看出草图元素的长度、半径、角度以外，还可以利用草图各点处的尺寸约束限制草图元素的大小和形状。单击"草图约束"工具栏中的任何一种约束类型按钮，都可以打开"尺寸"对话框，然后单击"草图尺寸对话框"按钮，即可打开如图 2-124 所示的"尺寸"对话框。

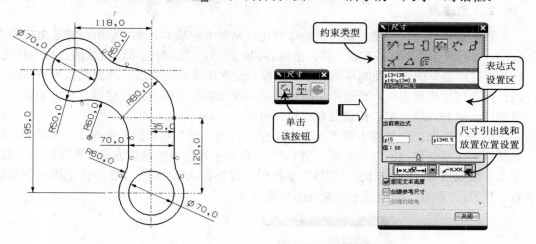

图 2-123　曲连杆平面草图 　　　　　　　　图 2-124　"尺寸"对话框

该对话框主要包括约束类型选择区和尺寸表达式设置区。在约束类型区可选择约束类型，对几何体进行相应的约束设置；在尺寸表达式设置区则可以修改尺寸标注线和尺寸值。

❑　约束类型选择区

"尺寸"对话框提供了 9 种约束类型。当需要对草图对象进行尺寸约束时，直接单击所需尺寸类型按钮，即可进行相应的尺寸约束操作。"尺寸"对话框中各种约束类型及作用如表 2-3 所示。

表 2-3　尺寸约束类型和作用

约束类型	约束的作用	约束类型	约束的作用
自动判断	根据鼠标指针的位置自动判断约束类型	直径	约束圆或圆弧的直径
水平	约束 XC 方向数值	半径	约束圆或圆弧的半径
竖直	约束 YC 方向数值	成角度	约束两条直线的夹角度数
平行	约束两点之间的距离	周长圆	约束草图曲线元素的总长
垂直	约束点与直线之间的距离		

❑ 表达式设置区

该区类表框中列出了当前草图约束的表达式。利用列表框下的文本框或滑块可以对尺寸表达式中的参数进行设置。另外，还可以通过单击区按钮将表达式和草图中的约束删除。

❑ 尺寸引出线和放置面设置

该选项组用于设置尺寸标注的放置方法和引出线的放置位置。其中，尺寸的标注包括自动放置、手动放置且箭头在内、手动放置且箭头在外 3 种放置方法；指引线位置包括从右侧引来和从左侧引来两种。另外，还可以通过启用文本框下的复选框来执行相应操作。

2．创建点

点是最小的几何构造元素，也是草图几何元素中的基本元素。草图对象是由控制点控制的，如直线由两个端点控制，圆弧由圆心和起始点控制。控制草图对象的点称为草图点，UG 通过控制草图点来控制草图对象，如按一定次序来构造直线、圆和圆弧等基本图元；通过两点可以创建直线，通过矩形阵列的点或定义曲面的极点来直接创建自由曲面；还可以通过大量的点的云集，构造面和点集等特征。

单击"草图"工具栏中的"点"按钮➕，打开"点"对话框，如图 2-125 所示。在该对话框中包括创建点的 2 个面板："类型"面板用来选择点的捕捉方式，系统提供了端点、交点、象限点等 11 种方式；"坐标"面板用于设置在 XC、YC、ZC 方向上相对于坐标原点的位置；"偏置"面板用于设置点的生成方式。

图 2-125   "点"对话框

2.7.2 绘制步骤

1．绘制中心线

（1）单击草图工具栏中的"点"图标➕，打开"点"对话框，在草图平面中创建点 A（118，-195），如图 2-126 所示。

（2）单击草图工具栏中的"直线"图标╱，在草图平面中绘制过坐标中心的水平直线，并绘制过步骤（1）所创建点的竖直直线，如图 2-127 所示。

（3）在"草图工具"工具栏中单击"转换至/自参考对象"图标，将草图中的曲线全选中，单击对话框中"确定"按钮，完成中心线参考对象的转换，如图 2-128 所示。

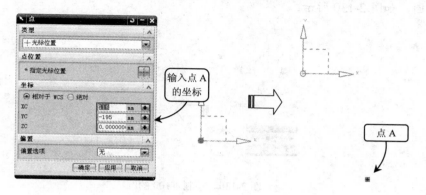

图 2-126 创建点

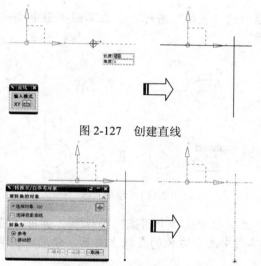

图 2-127 创建直线

图 2-128 转换为中心参考线

2. 绘制圆

（1）单击草图工具栏中"圆"图标 ⭕，分别以坐标中心和点 A 为圆心，绘制 φ70 的 2 个圆，如图 2-129 所示。

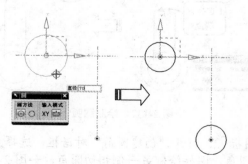

图 2-129 绘制 φ70 的圆

（2）在草图工具栏中单击"圆"图标〇，分别以坐标中心和点 A 为圆心，绘制 φ100 的 2 个圆，如图 2-130 所示。

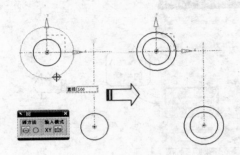

图 2-130　绘制 φ100 的圆

3. 绘制连接线

（1）单击草图工具栏中的"直线"图标／，在草图平面中绘制平行于竖直中心线的两条直线，如图 2-131 所示。

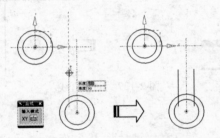

图 2-131　绘制直线

（2）在"草图工具"工具栏中选择"圆弧"图标＼，弹出"圆弧"对话框，选择"三点定圆弧"按钮，在草图中选中右侧的直线上端点，分别绘制其相切圆弧，如图 2-132 所示。

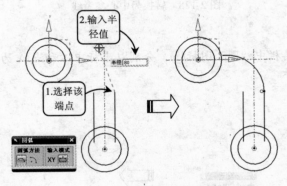

图 2-132　绘制圆弧

（3）单击"圆角"图标，打开"创建圆角"对话框，选择上侧的 φ100 的圆轮廓和圆弧，绘制 R50 的相切圆角，同样绘制另一侧相切圆角，如图 2-133 所示。

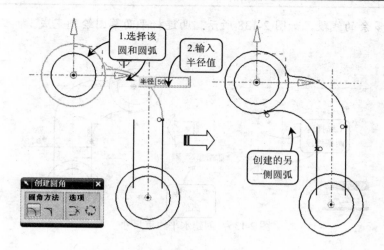

图 2-133　创建圆角

4.　尺寸约束

（1）在草图工具工具栏中单击"约束" ⁄⊥图标，在草图平面中选中中心线和 4 个圆，并在"约束"对话框中单击"固定"图标 ，如图 2-134 所示。

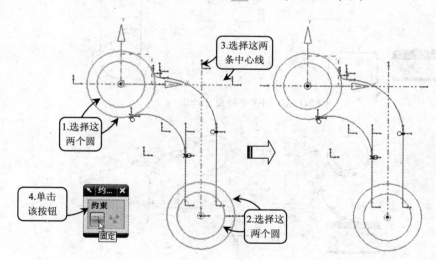

图 2-134　创建固定约束

（2）在草图工具栏中单击"水平"尺寸图标 ，选中步骤（1）绘制的直线和竖直中心线，设置它们的水平尺寸，如图 2-135 所示。

（3）在草图工具栏中单击"半径"尺寸图标 ，依次选中草图平面中的圆弧，设置它们的半径，如图 2-136 所示。

5.　修剪多余的线段

（1）单击"圆角"图标 ，打开"创建圆角"对话框，选择下侧的 φ100 的圆轮廓和竖直直线，绘制 R60 的相切圆角，同样绘制另一侧圆角，如图 2-137 所示。

（2）在草图工具栏中，单击"快速修剪"图标 ，打开"快速修剪"对话框，在草图平面中修剪掉多余的线段，如图 2-138 所示。曲连杆平面草图绘制完成。

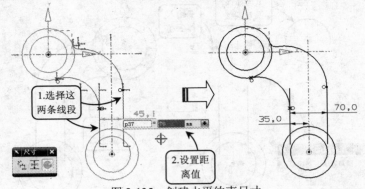

图 2-135　创建水平约束尺寸

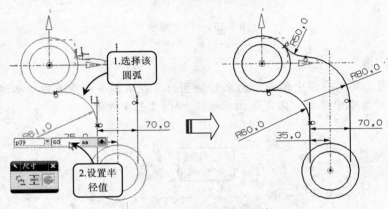

图 2-136　创建半径尺寸约束

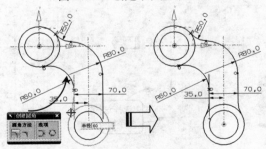

图 2-137　创建 R60 的圆弧

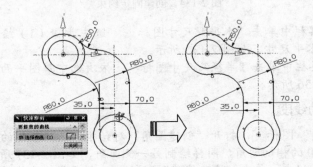

图 2-138　快速修剪多余线段

2.7.3 扩展实例：绘制滑块的平面草图

本实例绘制滑块的平面草图，如图 2-139 所示。该滑块的平面草图主要由圆、圆弧以及直线组成。绘制本实例时，首先通过"直线"、"派生直线"、"圆弧"和"角度"等尺寸约束工具绘制主要的中心线。然后利用"圆"工具绘制各个圆，并利用"直线"和"圆弧"工具连接两个圆弧内侧的连接线。最后利用"圆角"和"快速修剪"工具修剪出滑块轮廓即可。

最终文件：	source\chapter2\ch2-example7-1.prt

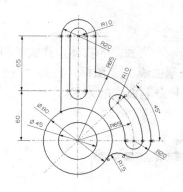

图 2-139 滑块平面草图

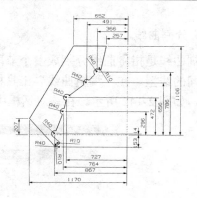

图 2-140 封板平面草图

2.7.4 扩展实例：绘制封板零件平面草图

本实例绘制封板的平面草图，如图 2-140 所示。该封板由圆弧和直线组成，尺寸比较多，看上去形状复杂。绘制本实例时，首先通过"直线"、工具绘制出通过坐标中心的中心线。然后利用"点"工具创建出各个圆弧的圆心和直线端点。最后利用"直线"和"快速修剪"工具绘制出封板平面草图的轮廓即可。

最终文件：	source\chapter2\ch2-example7-2.prt

2.8 绘制时尚碗曲面线框

本实例绘制时尚碗曲面线框，如图 2-141 所示。该时尚碗的碗面定位曲线由分布在三个相距一定距离的平面上，可以分别绘制其曲面线。绘制本实例时，可以首先绘制碗的底面曲线，并利用"分割曲线"工具将其三等分。然后创建一个向 ZC 向平移一定距离的平面，绘制中间定位曲线。最后按照同样的方法创建碗口的定位曲线，并在建模界面中利用"圆弧"工具连接这三个定位曲线，即可绘制出时尚碗曲面线框。

最终文件：	source\chapter2\ch2-example8.prt
视频文件：	视频教程\第 2 章 绘制草图\2.8 绘制时尚碗曲面线框.avi

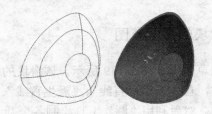

图 2-141　时尚碗曲面线框

2.8.1 相关知识点

1．分割曲线

分割曲线是指将曲线分割成多个节段，各节段都是一个独立的实体，并赋予和原先的曲线相同的线型。在"编辑曲线"工具栏中单击"分割曲线" 图标，打开"分割曲线"对话框，如图 2-142 所示。在该对话框中提供以下 5 种分割曲线的方式。

图 2-142　"分割曲线"对话框

❑　等分段

该方式是以等长或等参数的方法将曲线分割成相同的节段。选择"等分段"选项后，选择要分割的曲线，然后在相应的文本框中设置等分参数并单击"确定"按钮即可，如图 2-143 所示。

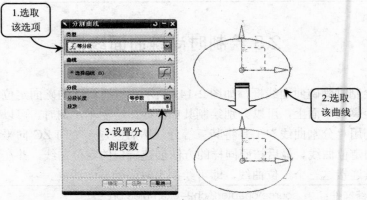

图 2-143　按等分段分割曲线

❑ 按边界对象

该方式是利用边界对象来分割曲线。选择"按边界对象"选项，然后选取要分割的曲线并根据系统提示选取边界对象，最后单击"确定"按钮即可完成操作，如图 2-144 所示。

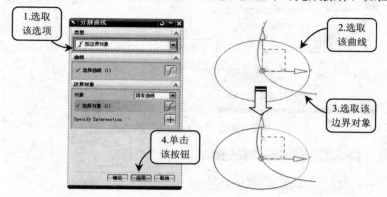

图 2-144　按边界对象分割曲线

❑ 圆弧长段数

该方式是通过分别定义各阶段的弧长来分割曲线。选择圆弧长段数选项，然后选取要分割的曲线，最后在"圆弧长"文本框中设置圆弧长段数并单击"确定"按钮即可，如图 2-145 所示。

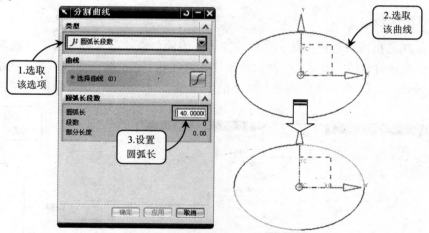

图 2-145　按圆弧长段数分割曲线

❑ 在结点处

利用该方式只能分割样条曲线，在曲线的定义点处将曲线分割成多个节段。选择该选项后，选择要分割的曲线，然后在"方法"列表框中选择分割曲线的方法，最后单击"确定"按钮即可，如图 2-146 所示。

❑ 在拐角上

该方式是在拐角处（即一阶不连续点）分割样条曲线（拐角点是样条曲线节段的结束点方向和下一节段开始点方向不同而产生的点）。选择该选项后，选择要分割的曲线，系统会在样条曲线的拐角处分割曲线，如图 2-147 所示。

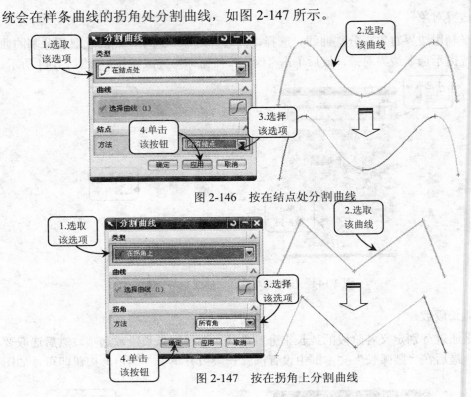

图 2-146　按在结点处分割曲线

图 2-147　按在拐角上分割曲线

2．修剪曲线

修剪曲线是指可以通过曲线、边缘、平面、表面、点或屏幕位置等工具调整曲线的端点，可延长或修剪直线、圆弧、二次曲线或样条曲线等。在"编辑曲线"工具栏中单击"修剪曲线"按钮，打开"修剪曲线"对话框，如图 2-148 所示。该对话框中主要选项含义如下所述。

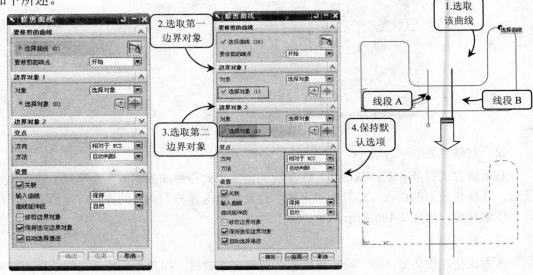

图 2-148　"修剪曲线"对话框

图 2-149　修剪曲线

> ➤ 方向：该列表用于确定边界对象与待修剪曲线交点的判断方式。具体包括"最短的 3D 距离"、"相对于 WCS"、"沿一矢量方向"以及"沿屏幕垂直方向"4 种方式。
>
> ➤ 关联：若启用该复选框，则修剪后的曲线与原曲线具有关联性，若改变原曲线的参数，则修剪后的曲线与边界之间的关系自动更新。
>
> ➤ 输入曲线：该选项用于控制修剪后的原曲线保留的方式。共包括"保持"、"隐藏"、"删除"和"替换"4 种保留方式。
>
> ➤ 曲线延伸段：如果要修剪的曲线是样条曲线并且需要延伸到边界，则利用该选项设置其延伸方式。包括"自然"、"线性"、"圆形"和"无"4 种方式。
>
> ➤ 修剪边界对象：若启用该复选框，则在对修剪对象进行修剪的同时，边界对象也被修剪。
>
> ➤ 保持选定边界对象：启用该复选框，单击"应用"按钮后使边界对象保持被选取状态，此时如果使用与原来相同的边界对象修剪其他曲线，不用再次选取。
>
> ➤ 自动选择递进：启用该复选框，系统按选择步骤自动进行下一步操作。

下面以图 2-149 所示的图形对象为例详细介绍其操作方法。选取轮廓线为修剪对象，直线 A 为第一边界对象，直线 B 为第二边界对象。接受系统默认的其他设置，最后单击"确定"按钮即可。

2.8.2　绘制步骤

1．绘制碗底圆

在建模界面中，单击"草图"图标，进入草图环境后，以坐标中心为圆心绘制 φ60 的圆，然后单击 完成草图图标，回到建模环境界面，如图 2-150 所示。

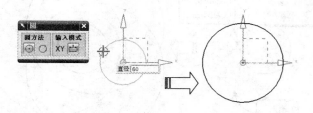

图 2-150　绘制碗底圆

2．绘制中间定位曲线

（1）在建模界面中，单击"特征操作"工具栏中的"平面"图标，在工作区选中 XC-YC 平面，创建向 ZC 方向偏置 20 的平面，如图 2-151 所示。

（2）单击草图工具栏中"圆"图标，以坐标中心为圆心绘制 φ40 的圆，并将其三等分，如图 2-152 所示。

（3）在草图工具栏中单击"圆"图标，分别以分割点为圆心绘制 φ108 的 3 个圆，如图 2-153 所示。

（4）单击草图工具栏中的　"圆"图标，在对话框中单击"三点定圆"图标，在草图平面中选中相邻的两个 φ108 的圆，绘制 φ326 的相切圆，如图 2-154 所示。

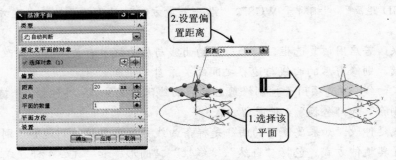

图 2-151　创建向 ZC 向偏置 20 的平面

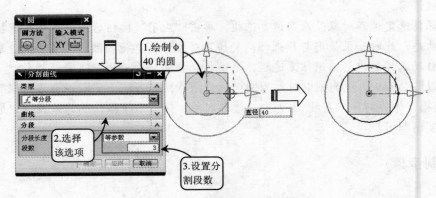

图 2-152　绘制 φ40 的圆并三等分

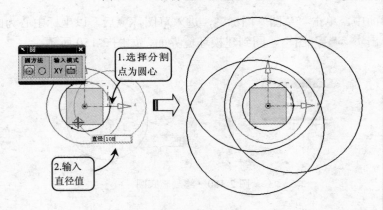

图 2-153　绘制 φ108 的圆

(5) 单击草图工具栏中的"点"图标✚，打开"点"对话框，在草图平面依次选中 R54 的圆弧中点，创建 3 个点并返回建模环境界面，如图 2-155 所示。

3．绘制碗口曲线

(1) 在建模界面中，选中 XC-YC 平面，创建向 ZC 方向偏置 50 的平面，以此平面为草绘平面绘制 φ125 的圆，并将其三等分，如图 2-156 所示。

(2) 在草图工具栏中单击"圆"图标◯，分别以分割点为圆心绘制 φ80 的 3 个圆，如

图 2-157 所示。

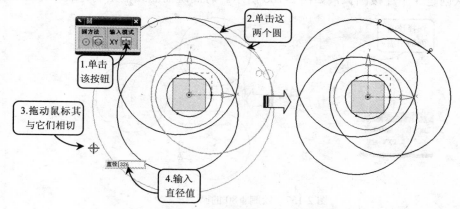

图 2-154　绘制 φ326 的圆并将其修剪

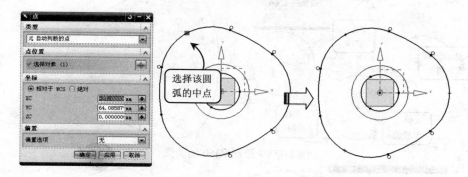

图 2-155　创建点

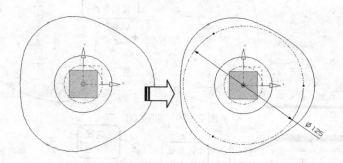

图 2-156　绘制 φ125 的圆并三等分

（3）在"草图工具"工具栏中选择"圆弧"图标，在对话框中选择"三点定圆弧"图标，选择相邻的两个 φ80 的圆，绘制 R180 的 3 个圆弧，如图 2-158 所示。

（4）单击草图工具栏中的"点"图标，打开"点"对话框，在草图平面依次选中 R40 的圆弧中点，创建 3 个点并返回建模环境界面，如图 2-159 所示。

4．连接碗面曲线

草图完成后回到建模环境界面，单击"曲线"工具栏中的"圆弧/圆"图标，在对话框"类型"下拉列表框中选择"三点画圆弧"选项，选择工作区中三个曲线的分割点和创建的点，依次创建 3 个连接圆弧，如图 2-160 所示。时尚碗曲面线框绘制完成。

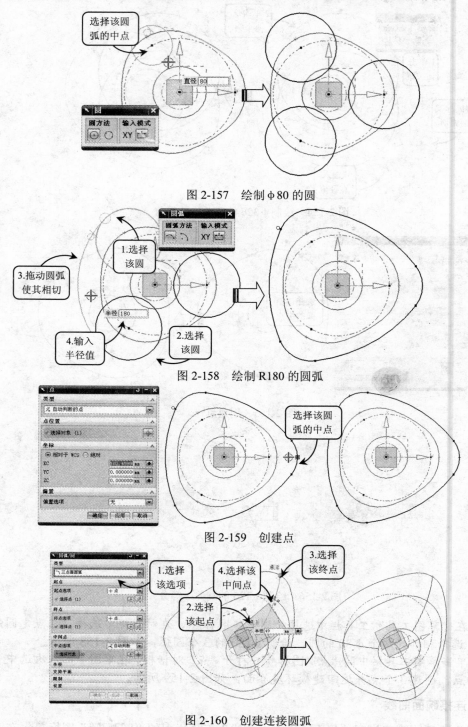

图 2-157　绘制 ϕ80 的圆

图 2-158　绘制 R180 的圆弧

图 2-159　创建点

图 2-160　创建连接圆弧

2.8.3 扩展实例：绘制香水瓶曲面线框

本实例绘制香水瓶曲面线框，如图 2-161 所示。该香水瓶由瓶体和瓶盖组成，本例绘制瓶体的曲面线框。在绘制本实例时，可以先绘制瓶口的圆，利用"分割曲线"工具将其 4 等分。然后以 ZC-YC 平面为草绘平面，绘制两侧的曲面线。最后以 ZC-XC 平面为草绘平面，绘制瓶子正反面的曲面线，即可绘制出香水瓶的曲面线框。

最终文件：	source\chapter2\ch2-example8-1.prt

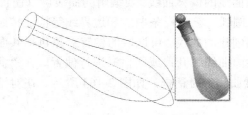

图 2-161　香水瓶曲面线框

2.8.4 扩展实例：绘制无绳电话机壳线框

本实例绘制无绳电话机壳线框，如图 2-162 所示。该无绳电话机壳有机身和机座组成，本例绘机身上半部曲面线框，下半身可以通过镜像获得。在绘制本实例时，可以先绘制机身中间的椭圆，利用"分割曲线"工具将其 4 等分。然后以 ZC-YC 平面为草绘平面，绘制两侧的曲面线。最后以 ZC-XC 平面为草绘平面，绘制机身正反面的曲面线，即可绘制出无绳电话机壳的曲面线框。

最终文件：	source\chapter2\ch2-example8-2.prt

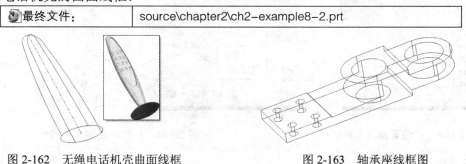

图 2-162　无绳电话机壳曲面线框　　　　　　图 2-163　轴承座线框图

2.9 绘制轴承座线框

本实例绘制轴承座线框，如图 2-163 所示。该轴承座线框由轴孔板和螺栓板组成。在绘制本实例时，可以先利用"圆"、"圆弧"和"直线"工具绘制轴孔板上表面的线框，再通过"镜像曲线"工具向下镜像下表面的线框。然后绘制螺栓板下表面的线框，利用"偏置曲线"工具偏置螺栓孔和圆弧。最后利用"直线"工具连接各连接线和圆的象限点即可绘制出轴承座线框图。

最终文件：	source\chapter2\ch2-example9.prt
视频文件：	视频教程\第 2 章 绘制草图\2.9 绘制轴承座线框.avi

2.9.1 相关知识点

1. 偏置曲线

偏置曲线是指生成原曲线的偏移曲线。要编辑的曲线可以使直线、圆弧、缠绕/展开等。偏置曲线可以针对直线、圆弧、艺术样条曲线和边界线等特征按照特征原有的方向，向内或向外偏置指定的距离而创建的曲线。可选取的偏置对象包括共面或共空间的各类曲线和实体边，但主要用于对共面曲线（开口或闭口）进行偏置。在"曲线"工具栏中单击"偏置"按钮，打开"偏置曲线"对话框，如图 2-164 所示。在对话框中包含如下 4 种偏置曲线的修剪方式。

❑ 距离

该方式是按给定的偏置距离来偏置曲线。选择该选项，然后在"距离"和"副本数"文本框中分别输入偏移距离和产生偏移曲线的数量并选取要偏移曲线和指定偏置矢量方向，最后设定好其他参数并单击"确定"按钮即可，方法如图 2-165 所示。

图 2-164 "偏置曲线"对话框 　　　　图 2-165 利用距离偏置曲线

❑ 拔模

该方式是将曲线按指定的拔模角度偏移到与曲线所在平面相距拔模高度的平面上。拔模高度为原曲线所在平面和偏移后所在平面的距离，拔模角度为偏移方向与原曲线所在平面的法线的夹角。选择该选项，然后在"高度"和"角度"文本框中分别输入拔模高度和拔模角度并选取要偏移曲线和指定偏置矢量方向，最后设置好其他参数并单击"确定"按钮即可，方法如图 2-166 所示。

❑ 规律控制

该方式是按照规律控制偏移距离来偏置曲线。选择该选项，从"规律类型"列表框中选择相应的偏移距离的规律控制方式，然后选取要偏置的曲线并指定偏置的矢量方向即可，方法如图 2-167 所示。

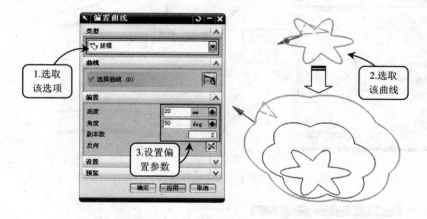

图 2-166　利用拔模偏置曲线

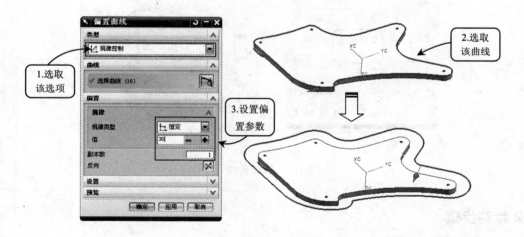

图 2-167　利用规律控制偏置曲线

❑　3D 轴向

该方式是以轴矢量为偏置方向偏置曲线。选择该选项，然后选取要偏置的曲线并指定偏置矢量方向，在"距离"文本框中输入需要偏置的距离，最后单击"确定"按钮即可生成相应的偏置曲线，方法如图 2-168 所示。

2．镜像曲线

镜像曲线可以通过基准平面或者平面复制关联或非关联的曲线和边。可镜像的曲线包括任何封闭或非封闭的曲线，选定的镜像平面可以是基准平面、平面或者实体的表面等类型。在"曲线"工具栏中单击"镜像曲线"按钮，打开"镜像曲线"对话框，然后选取要镜像的曲线并选取基准平面即可，如图 2-169 所示。

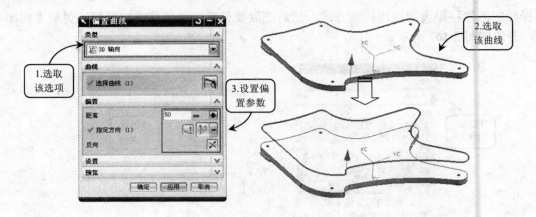

图 2-168 利用 3D 轴向偏置曲线

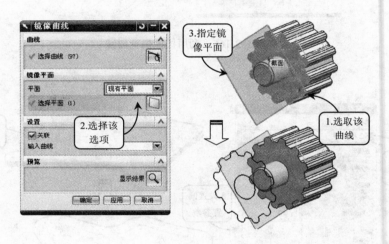

图 2-169 镜像曲线

2.9.2 绘制步骤

1. 绘制轴孔板上表面

(1) 在菜单栏中选择"插入"→"曲线"→"直线和圆弧"→"圆（圆心和半径）"选项，打开"圆（圆心和半径）"对话框，在工作区中选择坐标中心为圆心，绘制 R40 的圆，如图 2-170 所示。

(2) 选择菜单栏中"插入"→"基准/点"→"点"选项，打开"点"对话框，在工作区中创建点（0，0，-65）和（0，0，65）两点，如图 2-171 所示。

(3) 选择"插入"→"曲线"→"圆弧/圆"选项，在"类型"下拉列表框中选择"三点画圆弧"选项，在工作区中选择步骤（2）所创建的点为起点和终点创建 R65 的圆弧，如图 2-172 所示。

(4) 在菜单栏中选择"插入"→"曲线"→"直线"选项，打开"直线"对话框，在工作区中绘制如图 2-173 所示的直线段。

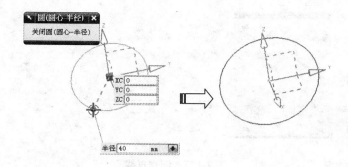

图 2-170 创建 R40 的圆

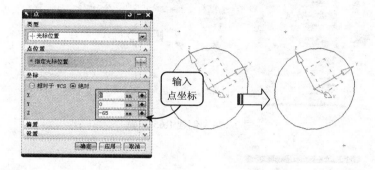

图 2-171 创建两点

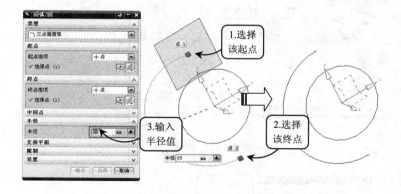

图 2-172 创建 R65 的圆弧

（5）选择"插入"→"曲线"→"圆弧/圆"选项，在"类型"下拉列表中选择"三点画圆弧"选项，在工作区中创建 R65 的圆弧，如图 2-174 所示。

2. 绘制轴孔板下表面轮廓

（1）单击"特征操作"工具栏中的"平面"图标□，在工作区选中 ZC-YC 平面，创建向 XC 方向偏置-36 的平面，如图 2-175 所示。

（2）选择"插入"→"来自曲线集的曲线"→"镜像"选项，在工作区中选中要镜像的曲线，选择步骤（1）所创建的平面为镜像平面，如图 2-176 所示。

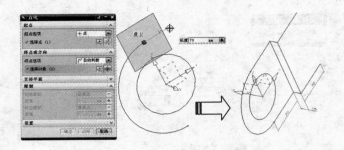

图 2-173　创建直线

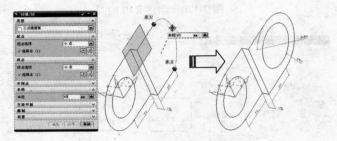

图 2-174　创建 R65 圆弧

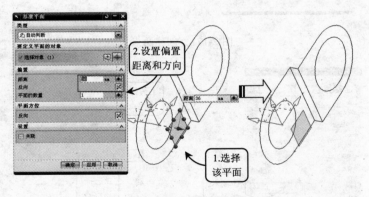

图 2-175　创建平面

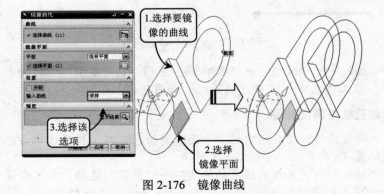

图 2-176　镜像曲线

3. 绘制螺栓板下表面

(1) 在菜单栏中选择"插入"→"曲线"→"直线"选项,打开"直线"对话框,在工作区中绘制如图 2-177 所示的直线段。

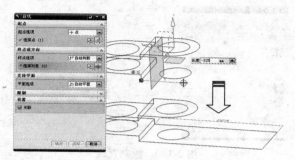

图 2-177 绘制螺栓板外轮廓

(2) 选择菜单栏中"插入"→"基准\点"→"点"选项,打开"点"对话框,在工作区中创建(-72,-225,40)、(-72,-225,-40)、(-72,-165,40)和(-72,-165,-40)4个点,如图 2-178 所示。

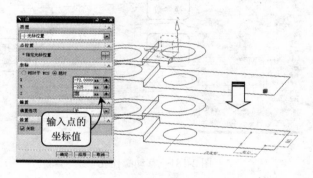

图 2-178 创建螺栓孔中心

(3) 在菜单栏中选择"插入"→"曲线"→"直线和圆弧"→"圆(圆心和半径)"选项,在工作区中选择 4 个孔中心为圆心,绘制 φ13 的圆,如图 2-179 所示。

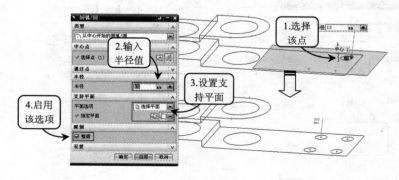

图 2-179 绘制 φ13 的圆

4. 绘制螺栓板立体轮廓

(1) 在菜单栏中选择"插入"→"曲线"→"直线"选项，打开"直线"对话框，在工作区中绘制如图2-180所示的直线段。

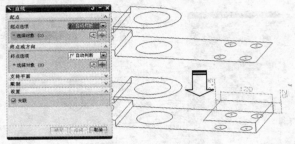

图2-180 绘制直线

(2) 选择菜单栏中"编辑"→"移动对象"选项，在对话框"运动"下拉列表中选择"距离"选项，选择工作区中的螺栓孔向上偏移25，如图2-181所示。

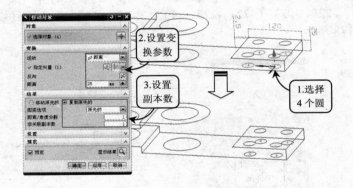

图2-181 移动螺栓孔

(3) 在菜单栏中选择"插入"→"来自曲线集的曲线"→"偏置"选项，在对话框"类型"下拉列表框中选择"3D轴向"选项，选择工作区选中R65的圆弧向下偏移49.5，如图2-182所示。

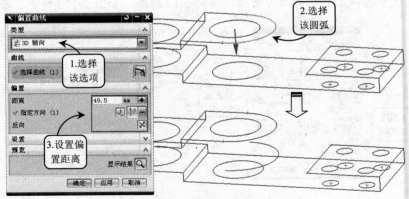

图2-182 偏置曲线

（4）选择菜单栏中"插入"→"曲线"→"直线"选项，在工作区中连接上下表面各直线端点和圆的象限点，如图 2-183 所示。

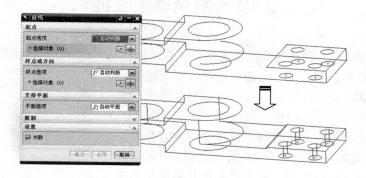

图 2-183　绘制连接线

2.9.3 扩展实例：绘制机座线框

本实例绘制机座的线框模型，如图 2-184 所示。机座是一种用于机床固定的装置，常用于备用零件的固定和支撑，主要由底座和立板两部分组成，一般通过定位螺栓将其固定于夹具上一起使用。绘制本实例时，可以首先绘制底座下面的轮廓，然后向上偏置。最后按照同样的方法绘制立板的前后轮廓，即可完成机座线框的绘制。

最终文件：	source\chapter2\ch2-example9-1.prt

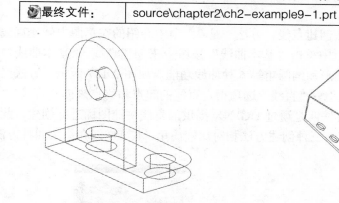

图 2-184　机座线框图

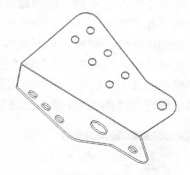

图 2-185　挡片线框图

2.9.4 扩展实例：绘制挡片线框

本实例绘制挡片的线框模型，如图 2-185 所示。该挡片由两块形状相似的薄板垂直相交而成。由于挡片的轮廓比较复杂，可以首先在草图中绘制一个薄板的轮廓，然后通过"偏置曲线"或"移动对象"工具将其偏移。再在与其垂直的平面中绘制另一薄板的轮廓，按照同样的方法偏移，即可完成挡片线框的绘制。

最终文件：	source\chapter2\ch2-example9-2.prt

2.10 绘制销轴座线框

本实例是绘制一个销轴座的线框模型图，效果如图 2-186 所示。销轴座作为销轴的基础件之一，在机械设备的生产制造中主要具有支撑、固定的双重作用。绘制该线框模型时，可以分为滑块、底座和支耳三大部分，首先利用"直线"、"矩形"等工具绘制底座平面轮廓边线，结合倒圆角操作绘制方孔及过渡圆角；接着，将底座轮廓线向 ZC 方向偏置曲线；然后再绘制支耳的平面轮廓边线，利用"引用几何体"偏置三个支耳平面轮廓；最后，通过"直线"、"圆"等工具完成滑块的立体轮廓绘制。

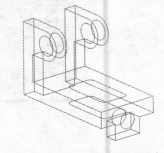

图 2-186　插销座线框模型

最终文件：	source\chapter2\ch2-example10.prt
视频文件：	视频教程\第 2 章 绘制草图\2.10 绘制销轴座线框.avi

2.10.1 相关知识点

1. 创建 3D 直线

在 UG NX 中可以 4 种方法创建直线。方法一是 2.1 节中介绍的在草图中创建直线；方法二是通过在"曲线"工具栏中单击"基本曲线"按钮 来创建直线，"基本曲线"对话框中包括创建直线、圆弧、圆形和倒圆角等 6 种曲线功能，如图 2-187 所示；方法三是菜单栏中选择"插入"→"曲线"→"直线"选项指定直线的起点和终点来创建直线，"直线"对话框如图 2-188 所示；方法四是通过 UG NX 提供的直线快捷图标进行创建，此方法可以指定创建直线的类型。前面三种创建方法相对比较简单，本节详细介绍第四种方法。

图 2-187　"基本曲线"对话框

图 2-188　"直线"对话框

在任一工具栏处右击鼠标，并在弹出的快捷菜单中选择"直线和圆弧"选项，打开"直线和圆弧"工具栏，工具栏中包括了所有直线的创建方法，如图 2-189 所示。下面分别介绍。

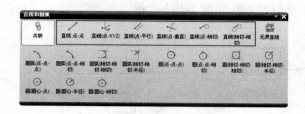

图 2-189　"直线和圆弧"工具栏

❑　创建（点-点）直线

通过两点创建直线是最常用的创建直线方法。单击"直线和圆弧"工具栏中的 ✎ 图标，弹出"直线（点-点）"对话框，在工作区中选择直线的起点和终点，方法如图 2-190 所示。

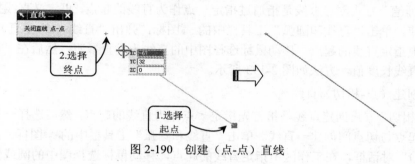

图 2-190　创建（点-点）直线

❑　创建（点-XYZ）直线

"点-XYZ"创建直线是指定一点作为直线的起点，然后选择 XC、YC、ZC 坐标轴中的任意一个方向作为直线延伸的方向。单击"直线和圆弧"工具栏中的 ✎ 图标，弹出"直线（点- XYZ）"对话框，在工作区中指定直线的起点，移动鼠标至 YC 方向，同时在鼠标移动过程中会显示坐标方向，然后在"长度"文本框中输入直线长度值，方法如图 2-191 所示。

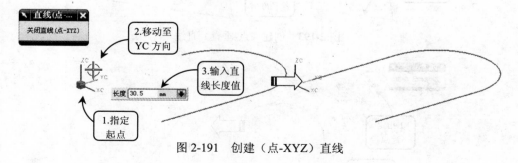

图 2-191　创建（点-XYZ）直线

❑　创建（点-平行）直线

"点-平行"方式创建直线是指指定一点作为直线的起点，与选择的平行参考线平行，并指定直线的长度。单击"直线和圆弧"工具栏中的 ✏ 图标，弹出"直线（点-平行）"对话框，在工作区中指定直线的起点，移动鼠标选择图中的直线为平行参照，然后在"长度"文本框中输入直线长度值，方法如图 2-192 所示。

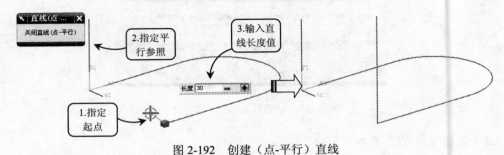

图 2-192 创建（点-平行）直线

   ❑   创建（点-垂直）直线

"点-垂直"方式创建直线是指通过指定一点作为直线的起点，再定义直线指定参考直线方向拉伸。单击"直线和圆弧"工具栏中的 ✏ 图标，弹出"直线（点-垂直）"对话框，在工作区中指定直线的起点，移动鼠标选择图中的直线为垂直参照，然后在"长度"文本框中输入直线长度值，方法如图 2-193 所示。

   ❑   创建（点-相切）直线

"点-相切"方式创建直线是指首先指定一点作为直线的起点，然后选择一相切的圆或圆弧，在起点与切点间创建一直线。单击"直线和圆弧"工具栏中的 ✏ 图标，弹出"直线（点-相切）"对话框，在工作区中指定直线的起点，移动鼠标选择图中的圆或圆弧确定切点，方法如图 2-194 所示。

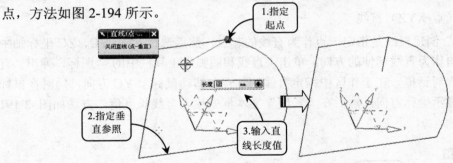

图 2-193 创建（点-垂直）直线

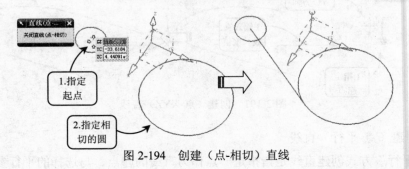

图 2-194 创建（点-相切）直线

❑ 创建（相切-相切）直线

通过"相切-相切"方式可以在两相切参照（圆弧、圆）间创建直线。单击"直线和圆弧"工具栏中的 图标，弹出"直线（相切-相切）"对话框，在工作区中指定相切的参照圆弧或圆，方法如图 2-195 所示。

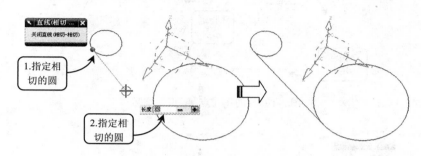

图 2-195　创建（相切-相切）直线

2. 创建 3D 圆弧

在"直线和圆弧"工具栏中包括圆弧（点-点-点）、圆弧（点-点-相切）、圆弧（相切-相切-相切）、圆弧（相切-相切-半径）4 种创建圆弧的方式，如图 2-196 所示。通过工具栏的"关联"图标 可以切换圆弧\圆的关联与非关联特性。同样在菜单栏中选择"插入"→"曲线"→"圆弧/圆"选项也可以创建圆弧，弹出如图 2-197 所示"圆弧/圆"对话框。

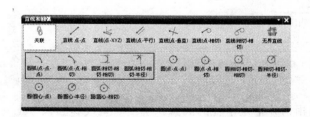

图 2-196　"直线和圆弧"工具栏

图 2-197　"圆弧/圆"对话框

❑ 创建（点-点-点）圆弧

三点创建圆弧是指分别选择 3 点为圆弧的起点、中点、终点，在 3 点间完成创建一个圆弧。单击"直线和圆弧"工具栏中的 图标，弹出"圆弧（点-点-点）"对话框，在工作区中移动鼠标依次指定圆弧的起点、终点、中点，方法如图 2-198 所示。

❑ 创建（点-点-相切）圆弧

"点-点-相切"创建圆弧是指经过两点，然后与一直线相切创建一个圆弧。单击"直

线和圆弧"工具栏中的 图标，弹出"圆弧（点-点-相切）"对话框，在工作区中移动鼠标
依次指定圆弧的起点、终点、相切参照，方法如图 2-199 所示。

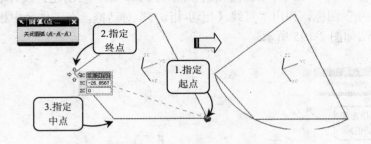

图 2-198　创建（点-点-点）圆弧

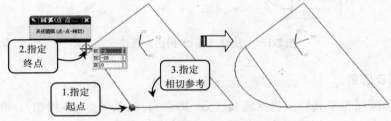

图 2-199　创建（点-点-相切）圆弧

❑　创建（相切-相切-相切）圆弧

"点-点-相切"创建圆弧是指经过 3 条曲线创建一个圆弧。单击"直线和圆弧"工具
栏中的 图标，弹出"圆弧（相切-相切-相切）"对话框，在工作区中移动鼠标依次指定
三条相切参照曲线，方法如图 2-200 所示。

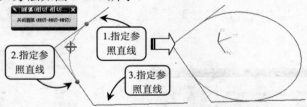

图 2-200　创建（相切-相切-相切）圆弧

❑　创建（相切-相切-半径）圆弧

"点-点-相切"创建圆弧是指经创建相切并指定半径的圆弧。单击"直线和圆弧"工
具栏中的 图标，弹出"圆弧（相切-相切-半径）"对话框，在工作区中移动鼠标依次指定
两条相切参照曲线，方法如图 2-201 所示。

图 2-201　创建（相切-相切-半径）圆弧

2.10.2 绘制图形

1. 绘制底座上表面轮廓

（1）在"曲线"工具栏中单击"矩形"按钮□，或在菜单栏中选择"插入"→"曲线"→"矩形"选项，弹出"点"对话框，在工作平面中创建如图 2-202 所示的 A、B 两点，单击"确定"按钮即可完成矩形的创建。

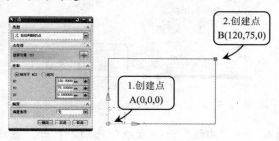

图 2-202　创建底座矩形轮廓

（2）按照步骤（1）同样的方法，创建两点 C、D 两点，创建方孔平面轮廓，如图 2-203 所示。

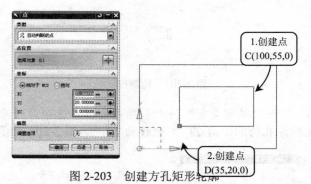

图 2-203　创建方孔矩形轮廓

（3）选择"曲线"工具栏中单击"基本曲线"按钮，或在菜单栏中选择"插入"→"曲线"→"基本曲线"选项，打开如图 2-204 所示"基本曲线"对话框，在对话框中选择"圆角"按钮，打开"曲线倒角"对话框。

（4）在"曲线倒角"对话框中的"半径"文本框中输入 5，单击工作区中要倒圆角的直角内侧，即可绘制半径为 5 的圆角，绘制方法如图 2-205 所示。

图 2-204　"基本曲线"对话框

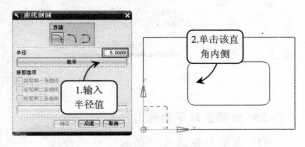

图 2-205　绘制圆角

2. 绘制底座下表面轮廓

（1）选择"插入"→"曲线"→"直线"选项，打开"直线"对话框，分别选择上表面矩形顶点为起点，沿-ZC 方向绘制两端长 20 的直线，如图 2-206 所示。

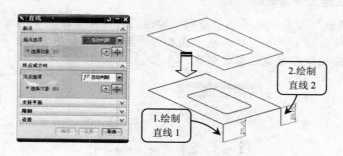

图 2-206　绘制直线

（2）选择"插入"→"曲线"→"直线"选项，打开"直线"对话框，按照上述步骤同样绘制直线的方法，绘制如图所示的底座轮廓，如图 2-207 所示。

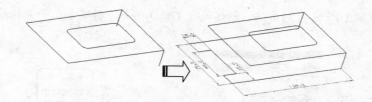

图 2-207　绘制底面轮廓

（3）选择"插入"→"关联复制"→"引用几何体"选项，打开"实例几何体"对话框，在工作区中选择方孔轮廓，沿-ZC 方向移动 20，如图 2-208 所示。

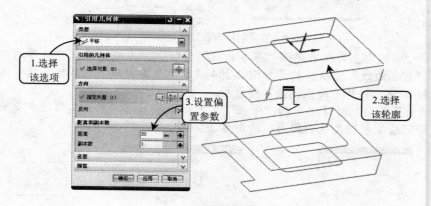

图 2-208　偏置方孔轮廓

3. 绘制支耳平面轮廓

（1）在菜单栏选择"插入"→"曲线"→"直线"选项，打开"直线"对话框，按照上述步骤绘制直线的方法，绘制如图 2-209 所示的 4 条直线。

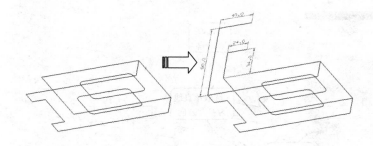

图 2-209 绘制支耳直线轮廓

(2) 在菜单栏中选择"插入"→"曲线"→"圆弧/圆"选项，打开"圆弧/圆"对话框，在"类型"下拉列表中选择"三点画圆弧"，选择如图所示的两个端点，在对话框"半径"文本框中输入 36，拖动鼠标使圆弧与直线相切，如图 2-210 所示。

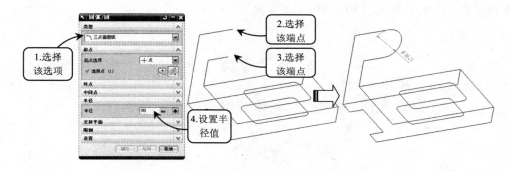

图 2-210 绘制圆弧

(3) 选择"插入"→"曲线"→"直线和圆弧"→"圆（圆心和半径）"选项，打开"圆（圆心和半径）"对话框，在工作区中选择圆弧的圆心，绘制直径为 24 的圆，如图 2-211 所示。

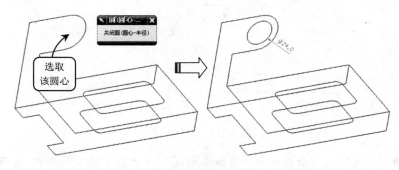

图 2-211 绘制圆

4. 绘制支耳立体轮廓

(1) 选择"插入"→"关联复制"→"引用几何体"选项，打开"实例几何体"对话框，在工作区中选择支耳平面轮廓，沿-YC 方向分别移动 15、60、75，如图 2-212 所示。

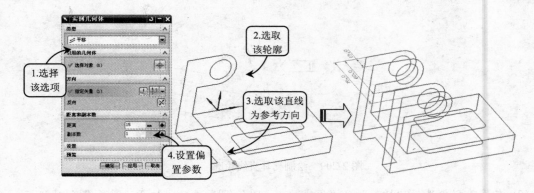

图 2-212　偏置支耳轮廓

（2）在"曲线"工具栏中单击"直线"按钮 ⟋，打开"直线"对话框，按照上述步骤绘制直线的方法，绘制如图 2-213 所示的 4 条直线。

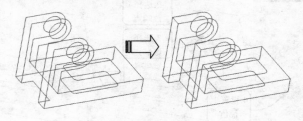

图 2-213　绘制直线

5.　绘制滑块平面轮廓

（1）在"曲线"工具栏中单击"直线"按钮 ⟋，或在菜单栏选择"插入"→"曲线"→"直线"选项，打开"直线"对话框，按照如图 2-214 所示的尺寸绘制 5 条直线。

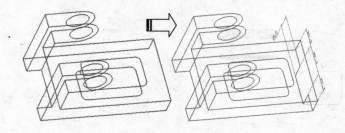

图 2-214　绘制直线

（2）选择"插入"→"曲线"→"直线和圆弧"→"圆（圆心和点）"选项，打开"圆（圆心和点）"对话框，在工作区中选择如图 2-215 所示圆心和点，完成圆孔的绘制。

（3）选择"插入"→"关联复制"→"引用几何体"选项，打开"实例几何体"对话框，在设置选项组中，禁用"关联"复选框，选中工作区中的圆沿 YC 方向移动 17.5，并将原来圆删除，如图 2-216 所示。

6.　绘制滑块立体轮廓

（1）选择"插入"→"关联复制"→"引用几何体"选项，打开"实例几何体"对话框，在工作区中选择滑块平面轮廓，沿-XC方向平移15，如图 2-217 所示。

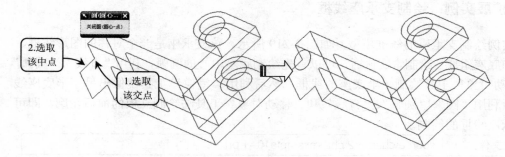

图 2-215 绘制圆

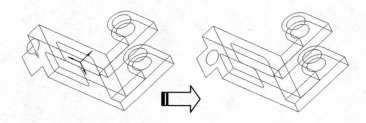

图 2-216 偏置圆

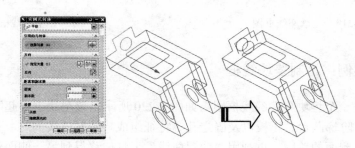

图 2-217 偏置滑块平面轮廓

　　(2) 在菜单栏选择"插入"→"曲线"→"直线"选项，打开"直线"对话框，连接上下滑块表面间的直线，如图 2-218 所示。销轴座线框绘制完成。

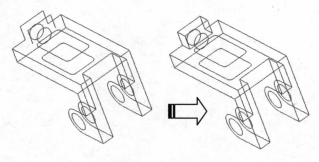

图 2-218 连接直线

2.10.3 扩展实例：绘制支承座线框

本实例绘制支承座的线框模型，如图 2-219 所示。该支承座是一个对称的图形线框，由立板和底座组成。绘制本实例时，可以首先绘制底座中心的圆弧，利用"直线"、"圆弧"和 "移动对象"工具绘制一半底座的线框，然后利用"镜像"工具镜像出另一半底座线框。最后利用"圆"、"圆弧"、"直线"和"移动对象"工具法绘制立板的前后轮廓，即可完成支承座线框的绘制。

最终文件：	source\chapter2\ch2-example10-1.prt

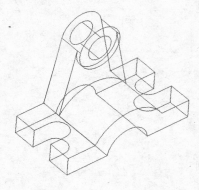

图 2-219　支承座线框图

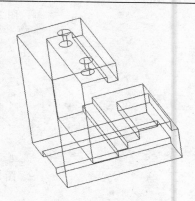

图 2-220　垫块线框图

2.10.4 扩展实例：绘制垫块线框

本实例绘制一个垫块零件的线框图，如图 2-220 所示。该垫块主要起固定支撑零件的作用，有底座、阶梯凸台、压板以及固定孔等特征组成。绘制该实例时，可以先利用"直线"工具绘制一侧面的轮廓，再利用"偏置曲线"工具偏移得到另一侧面轮廓。然后利用"直线"工具绘制凸台和底座的槽，并连接两侧的之间的连接线。最后利用"圆"工具绘制压板上的固定孔，即可完成垫块线框的绘制。

最终文件：	source\chapter2\ch2-example10-2.prt

第3章 几何建模

UG NX 7 是一款以创建三维实体造型为主的三维图形设计软件,其中三维实体包括基本特征、细节特征以及曲面高级特征等模型。基本特征是组成三维实体模型最基本的元素,在 UG NX 中创建三维实体模型时,通常都需要从最基本的特征建模开始,在创建完成基本特征后,再通过特征操作来进一步细化设置,包括倒圆角、键槽、抽壳、螺纹以及布尔运算等操作。特征编辑是指对已生成特征的形状、大小、位置或者生成顺序进行修改。此外,UG NX 与其他三维软件一样,还具有曲面造型的功能,并且该功能得到了进一步增强,它不仅可以通过拉伸、旋转等特征操作来创建曲面,而且还可以通过曲面、自由曲面形状和编辑曲面等工具来创建风格多变的自由曲面形状。

本章通过 13 个经典的实例,由浅入深地介绍了 UG NX 7 建模环境中用于创建实体和曲面特征模型工具的作用和具体使用方法,以及各类常见零件结构的分析和创建实体模型的一般创建步骤。

3.1 创建定位架实体

本实例将绘制一个如图 3-1 所示的定位架。对该定位架进行形体分析可知,该定位架主要由圆柱体、长方体通过叠加和切割而成。结合 UG 软件的实体建模方法,可以将该定位架分为由轴孔架和螺栓块两部分组成。创建该实例时,可以先利用"拉伸"工具创建轴孔架的拉伸体。然后创建出螺栓块的基本拉伸体形状,再利用剪切的拉伸方式切割出螺栓块外端的圆角。最后利用"孔"工具创建出两端的孔,即可完成该定位架的创建。

最终文件:	source\chapter3\ch3-example1.prt	
视频文件:	视频教程\第 3 章 几何建模\3.1 创建定位架实体.avi	

3.1.1 相关知识点

1. 创建拉伸体

拉伸特征是将拉伸对象沿所指定的矢量方向拉伸到某一指定位置所形成的实体,该拉伸对象可以是草图、曲线等二维几何元素。在"特征"工具栏中单击"拉伸"按钮,在打开的"拉伸"对话框中可以进行"曲线"和"草图截面"两种拉伸方式的操作。

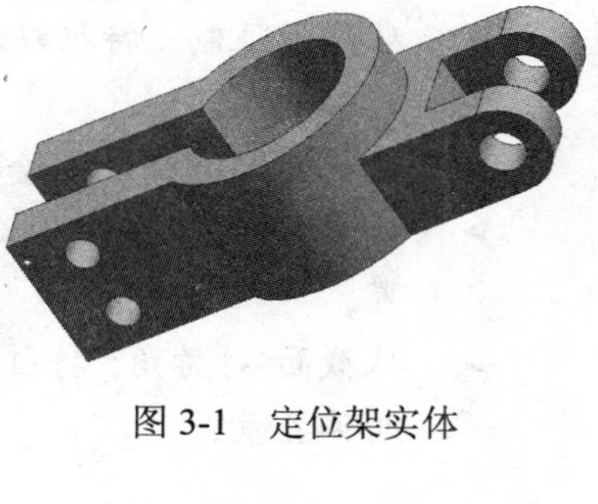

当选择"曲线"拉伸方式时,必须存在已经在草图中绘制出的拉伸对象,对其直接进行拉伸即可。并且所生成的实体不是参数化的数字模型,在对其进行修改时

图 3-1　定位架实体

只可以修改拉伸参数，而无法修改截面参数。如图 3-2 所示，选取工作区现有的曲线为拉伸对象并指定拉伸方向，然后设置拉伸参数，即可创建拉伸实体。

当使用"草图截面"方式进行实体拉伸时，系统将进入草图工作界面，根据需要创建完成草图后切换至拉伸操作，此时即可进行相应的拉伸操作，并且利用该拉伸方法创建的实体模型是具有参数化的数字模型，不仅可以修改其拉伸参数，还可以对其截面参数进行修改。

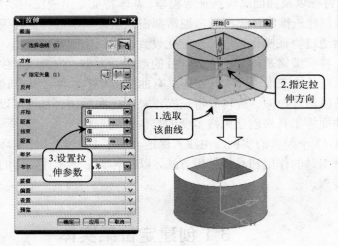

图 3-2   创建拉伸实体

❑   定义拉伸限制方式

在"拉伸"对话框的"限制"面板中，可以选择"开始"下拉列表中的选项，设置拉伸方式。其各选项的含义介绍如下。

➢   值：特征将从草绘平面开始单侧拉伸，并通过所输入的距离定义拉伸时的高度。

➢   对称值：特征将从草绘平面往两侧均匀拉伸。

➢   直至下一个：特征将从草绘平面拉伸至曲面参照。

➢   直至选定对象：特征将从草绘平面拉伸至所选的参照。

➢   直到被延伸：特征将从参照对象拉伸到延伸一段距离。

➢   贯通：特征将从草绘平面并参照拉伸时的矢量方向穿过所有曲面参照。

❑   定义拉伸拔模方式

在"拉伸"对话框的"拔模"面板中可以设置拉伸特征的拔模方式，该面板只有在创建实体特征时才会被激活，其各选项的含义介绍如下。

➢   从起始限制：特征以起始平面作为拔模时的固定平面参照，向模型内侧或外侧进行偏置。

➢   从截面：特征以草绘截面作为固定平面参照，向模型内侧或外侧进行偏置。

➢   从截面-不对称角：特征以草绘截面作为固定平面参照，向模型内侧或外侧进行偏置。

➢   从截面-对称角：特征以草绘截面作为固定平面参照，并可以分别定义拉伸时两侧的偏置量。

➢ 从截面匹配的终止处：特征以草绘截面作为固定平面参照，且偏置特征的终止处与截面相匹配。

2. 创建简单孔

在菜单栏中选择"插入"→"设计特征"→"孔"选项，打开"孔"对话框。该对话框通过指定孔表面的中心点，并指定孔的生成方向，然后设置孔的参数，即可完成孔的创建。选择"成形"下拉列表中的"简单"选项，并选取连杆一端圆柱的端面中心为孔的中心点，指定孔的生成方向为垂直于圆柱端面，然后设置孔的参数，"布尔"生成方式为"求差"，皆可创建简单孔，创建方法如图 3-3 所示。

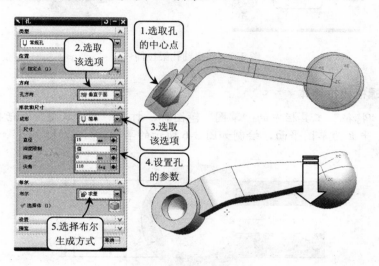

图 3-3　创建简单孔

3.1.2 创建步骤

1. 创建轴孔架拉伸体

(1) 单击"特征"工具栏中的"草图"图标，打开"创建草图"对话框，在工作区中选择 XC-ZC 平面为草图平面，绘制如图 3-4 所示的草图。

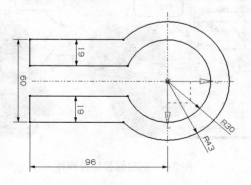

图 3-4　绘制轴孔架草图

（2）在"特征"工具栏中单击"拉伸"图标 ⬛，选择工作区中步骤（1）绘制的草图为截面，选择拉伸方向为-YC方向，设置拉伸距离为52，如图3-5所示。

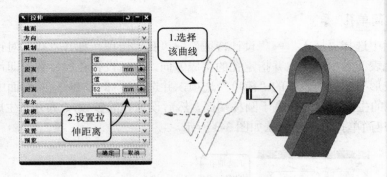

图 3-5　创建轴孔架拉伸体

2. 创建螺栓块拉伸体

（1）单击"特征"工具栏中的"草图" ⬛ 图标，打开"创建草图"对话框，在工作区中选择 XC-ZC 平面为草图平面，绘制如图3-6所示的草图。

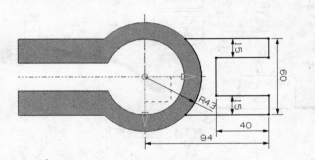

图 3-6　绘制螺栓块草图

（2）在"特征"工具栏中单击"拉伸" ⬛ 图标，在工作区中选择步骤（1）绘制的平面为截面，往-YC方向拉伸距离为32，如图3-7所示。

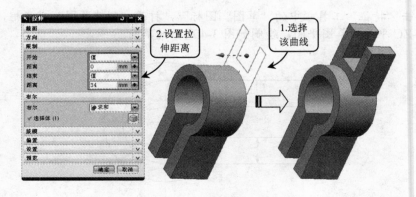

图 3-7　创建螺栓块拉伸体

3. 创建螺栓块剪切圆角

（1）在"特征"工具栏中单击"草图" 图标，打开"创建草图"对话框，在工作区中选择螺栓块侧面为草图平面，绘制如图 3-8 所示的草图。

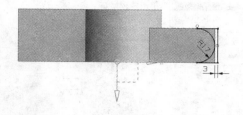

图 3-8　绘制剪切圆角草图

（2）单击"特征"工具栏中"拉伸" 图标，在工作区中选择步骤（1）绘制的平面为截面，选择拉伸方向为 XC，设置拉伸距离为-60，并设置布尔运算为求差，如图 3-9 所示。

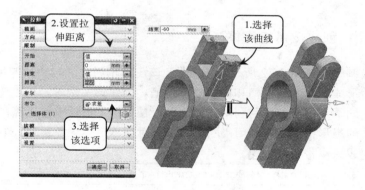

图 3-9　创建剪切圆角

4. 创建孔

（1）在"特征"工具栏中单击"孔" 图标，打开"孔"对话框，在工作区中选择螺栓块的圆角圆心为中心，选择"成形"下拉列表框中的"简单"选项，设置孔直径和深度，如图 3-10 所示。

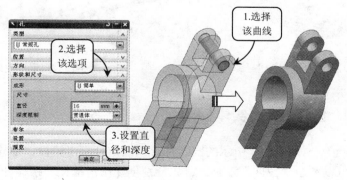

图 3-10　创建简单孔 φ16

（2）单击"特征"工具栏中的"孔" 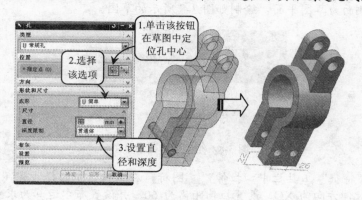 图标，单击"孔"对话框中的"草图" 图标，在草图中定位孔的中心点，完成草图返回"孔"对话框后，选择"成形"下拉列表框中的"简单"选项，设置孔直径和深度，如图 3-11 所示。定位架实体创建完成。

图 3-11　创建简单孔 φ12

3.1.3 扩展实例：创建皮带轮实体

本实例将绘制一个如图 3-12 所示的皮带轮。该皮带轮通过回转和拉伸形成，主要通过剪切拉伸和回转形成中间的扇形槽和柱面的皮带槽。创建该实例时，可以先利用"回转"工具创建皮带轮的基本形状。然后利用"拉伸"工具对基本形体求差运算，剪切出中间的键槽和圆周阵列的扇形槽。最后利用"回转"工具对基本形体求差运算，剪切出柱面上的皮带槽，即可完成该皮带轮的创建。

最终文件：	source\chapter3\ch3-example1-1.prt

图 3-12　皮带轮效果图

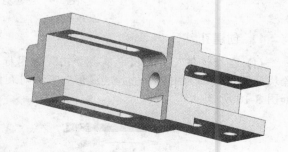

图 3-13　固定杆效果图

3.1.4 扩展实例：创建固定杆实体

本实例将绘制一个如图 3-13 所示的固定杆。该固定杆有滑槽板、螺栓板和底板组成。创建该实例时，可以利用"拉伸"工具，首先分别创建出滑槽杆和螺栓杆的基本形状。然后对滑槽杆和螺栓杆分别求差，剪切拉伸出滑槽和螺栓孔。最后利用"边倒圆"和"倒斜角"工具创建出圆角和斜角，即可创建出固定杆。

最终文件：	source\chapter3\ch3-example1-2.prt

3.2 创建夹紧座实体

本实例将创建一个如图 3-14 所示的夹紧座。该夹紧座由底板、座体、螺孔、槽等结构组成。在创建本实例时，可以先利用"拉伸"工具创建出夹紧座的基本形状。然后利用"孔"、"螺纹"等工具创建出座体上的沉头孔。最后利用"边倒圆"工具创建出连接处的圆角，即可创建出该夹紧座的实体模型。

最终文件：	source\chapter3\ch3-example2.prt
视频文件：	视频教程\第 3 章　几何建模\3.2 创建夹紧座实体.avi

3.2.1 相关知识点

1．矩形阵列

单击"特征操作"工具栏中的"实例特征"按钮，在打开的"实例"对话框中提供了以下 3 种阵列的方式。"矩形阵列"方式用于以矩形阵列的形式来复制所选的实体特征，可以使阵列后的特征成矩形（行数×列数）排列。选择"实例"对话框中的"矩形阵列"选项，在打开的"实例"对话框中选择要阵列的特征，系统将打开"输入参数"对话框。在设置完矩形阵列的阵列参数后，即可对所选特征产生矩形阵列。图 3-15 所示为选择孔特征为阵列的对象并设置矩形阵列参数后所创建的矩形阵列效果。

图 3-14　夹紧座实体模型

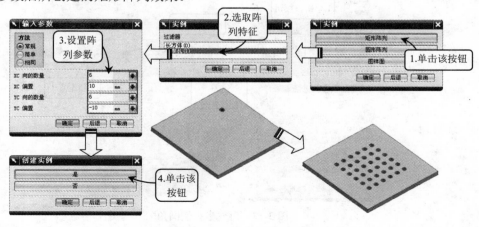

图 3-15　创建矩形阵列特征

2. 创建边倒圆

边倒圆为常用的倒圆类型，它是用指定的倒圆半径将实体的边缘变成圆柱面或圆锥面。既可以对实体边缘进行恒定半径的倒圆角，也可以对实体边缘进行可变半径的倒圆角。单击"特征"工具栏中的"边倒圆"按钮，在打开的"边倒圆"对话框中提供了以下 4 种创建边倒圆的方式。

❑ 固定半径倒圆角

该方式指沿选取实体或片体进行倒圆角，使倒圆角相切于选择边的邻接面。直接选取要倒圆角的边，并设置倒圆角的半径，即可创建指定半径的倒圆角，创建方法如图 3-16 所示。

在用固定半径倒圆角时，对同一倒圆半径的边尽量同时进行倒圆操作，而且尽量不要同时选择一个顶点的凸边或凹边进行倒圆操作。对多个片体进行倒圆角时，必须先把多个片体利用缝合操作使之成为一个片体。

❑ 可变半径点

该方式可以通过修改控制点处的半径，从而实现沿选择边指定多个点，设置不同的半径参数，对实体或片体进

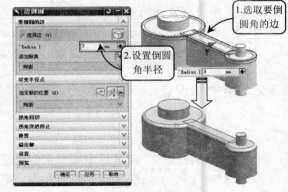

图 3-16 固定半径倒圆角

行倒圆角。创建可变半径的倒圆角，需要先选取要进行倒圆角的边，然后在激活的"可变半径点"面板中利用"点构造器"工具指定该边上不同点的位置，并设置不同的参数值。图 3-17 所示即是指定实体棱边上的多个点，并设置不同的圆角半径所创建的边半径倒圆角特征。

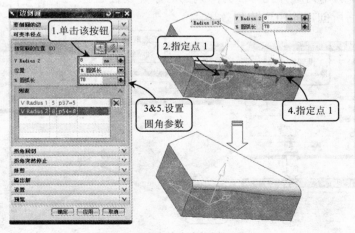

图 3-17 可变半径倒圆角

❑ 拐角回切

拐角回切是相邻 3 个面上的 3 条邻边线的交点处产生的倒圆角，它是从零件的拐角处

去除材料创建而成的。创建该类倒圆角时，需要选取具有交汇顶点的 3 条棱边，并设置倒圆角的半径值，然后利用"点"工具选取交汇顶点，并设置拐角的位置参数，如图 3-18 所示。

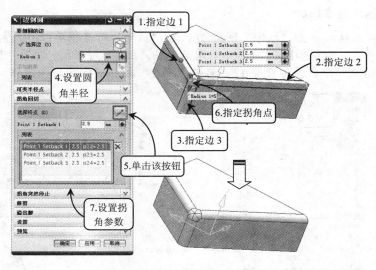

图 3-18　拐角回切倒圆角

❑　拐角突然停止

利用该工具可通过指定点或距离的方式将之前创建的圆角截断。依次选取棱边线，并设置圆角半径值，然后选择"拐角突然停止"面板中的"选择终点"选项，并选取拐角的终点位置，设置停止位置参数，即可完成创建，如图 3-19 所示。

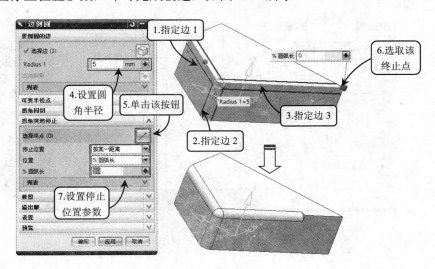

图 3-19　拐角突然停止效果

3.2.2 创建步骤

1. 创建基本形状

（1）在工具栏单击"拉伸"图标，在"拉伸"对话框单击图标，选择 XC-YC 平面为草图平面，绘制如图 3-20 所示矩形后返回"拉伸"对话框，设置"限制"选项组中"开始"和"结束"距离值为 0 和 12，单击"确定"按钮便完成拉伸操作，如图 3-20 所示。

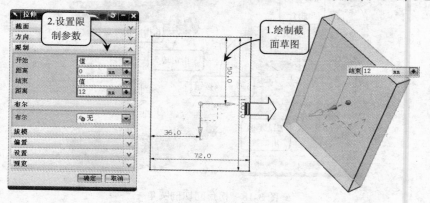

图 3-20　创建底板实体

（2）在工具栏单击"拉伸"图标，在"拉伸"对话框中单击图标，选择 YC-ZC 平面为草图平面，绘制如图 3-21 所示的草图后返回"拉伸"对话框，设置"限制"选项组中"开始"和"结束"的距离值为 28 和-28，布尔运算选择求和，单击"确定"按钮便完成拉伸操作，如图 3-21 所示。

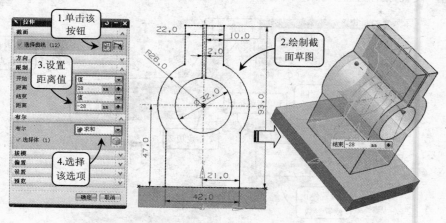

图 3-21　创建座体实体

2. 创建夹紧螺孔

（1）在"特征"工具栏中单击"孔"图标，在"孔"对话框中单击图标，以座体侧面为草图平面绘制孔的中心点，返回"孔"对话框后创建φ7 的简单孔，如图 3-22 所示。

（2）在"特征"工具栏中单击"孔"图标，在"孔"对话框中单击图标，以座体另一侧面为草图平面绘制孔的中心点，返回"孔"对话框后创建φ6的简单孔，如图3-23所示。

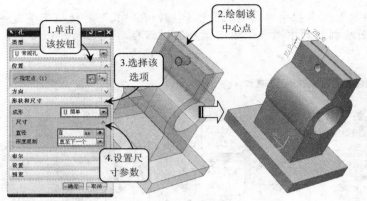

图3-22 创建简单孔1

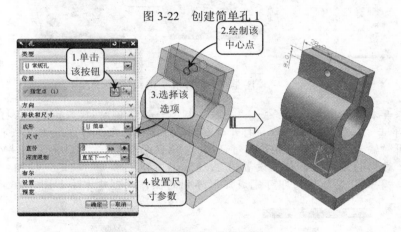

图3-23 创建简单孔2

(3) 选择菜单栏中"插入"→"设计特征"→"螺纹"选项，在"螺纹"对话框中选择"符号"选项，然后在工作区中选择φ6的孔，查阅相关机械手册设置螺纹参数，或直接单击对话框下面的"从表格中选择"按钮，在表格中选择合适的螺纹参数，单击"确定"按钮即可完成螺纹的创建，如图3-24所示。

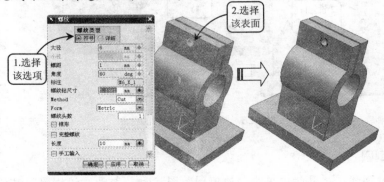

图3-24 创建螺纹

3. 创建底板螺孔

（1）在"特征"工具栏中单击"孔"图标 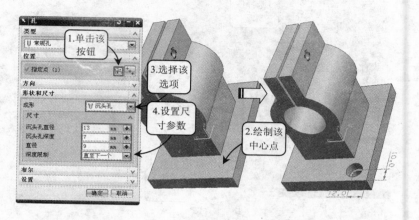，在"孔"对话框中单击 图标，以底板上表面草图平面绘制孔的中心点，返回"孔"对话框后设置沉头孔尺寸参数，如图 3-25 所示。

图 3-25　创建沉头孔

（2）在菜单栏中选择"插入"→"关联复制"→"实例特征"选项，在打开"实例"的对话框中单击"矩形阵列"按钮，打开"实例"对话框，在工作区选中沉头孔，单击"确定"按钮打开"输入参数"对话框，在对话框中"XC 向数量"、"XC 偏置"、"YC 向数量"、"YC 偏置"对应的文本框里分别设置为 2、80、2、48，单击"确定"按钮打开"创建实例"对话框，单击"是"按钮即可完成矩形阵列的操作，创建方法如图 3-26 所示。

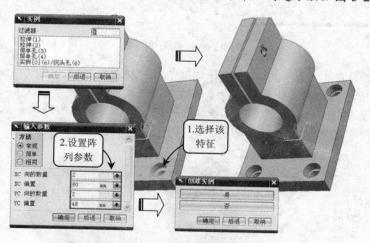

图 3-26　矩形阵列沉头孔

4. 创建边倒圆

（1）在"特征操作"工具栏中单击"边倒圆"图标 ，打开"边倒圆"对话框，在对话框中设置边倒圆半径为 8，在工作区中选择座体中间弧面和平面相交的边缘线，单击"确定"按钮即可完成边倒圆的创建，如图 3-27 所示。

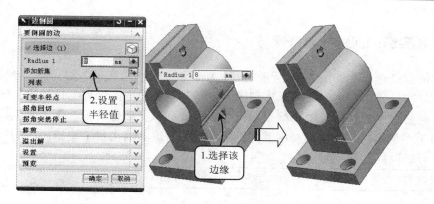

图 3-27　创建边倒圆 1

　　(2) 在 "特征操作" 工具栏中单击 "边倒圆" 图标 ⬚，打开 "边倒圆" 对话框，在对话框中设置边倒圆半径为 3，在工作区中选择座体和底板相交边缘线，单击 "确定" 按钮即可完成边倒圆的创建，如图 3-28 所示。

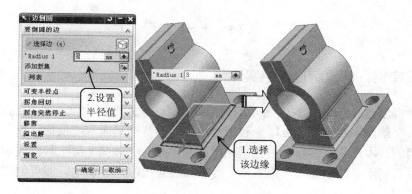

图 3-28　创建边倒圆 2

　　(3) 在 "特征操作" 工具栏中单击 "边倒圆" 图标 ⬚，打开 "边倒圆" 对话框，在对话框中设置边倒圆半径为 8，在工作区中选择底板的 4 个垂直棱边，单击 "确定" 按钮即可完成边倒圆的创建，如图 3-29 所示。夹紧座实体创建完成。

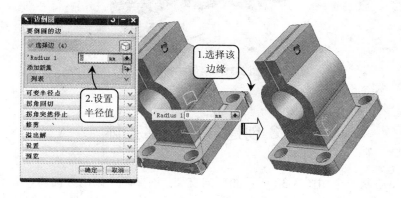

图 3-29　创建边倒圆 3

3.2.3 扩展实例：创建导轨座实体

本实例将创建一个如图 3-30 所示的导轨座。该导轨座由底板、轴孔座、导轨座、定位块等组成。在创建本实体时，可以先利用"拉伸"、"基准平面"等工具创建出导轨座的基本形状。然后利用"拉伸"、"基准平面"、"矩形阵列"、"镜像特征"等工具创建出轴孔、螺栓孔和 T 型槽等特征。最后利用"倒斜角"工具创建出轴孔和 T 型槽上端的倒角，即可创建出该导轨座的实体模型。

最终文件：	source\chapter3\ch3-example2-1.prt

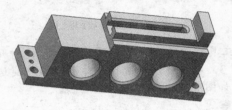

图 3-30　导轨座实体

3.2.4 扩展实例：创建扇形曲柄实体

本实例将创建一个如图 3-31 所示的扇形曲柄。该扇形曲柄由轴孔座、连板、肋板和扇形块组成。在创建本实例时，可以先利用"拉伸"、"基准平面"、"镜像特征"等工具创建出扇形曲柄的基本形状。然后利用"基准平面"、"孔"、"螺纹"等工具创建出中间轴孔座上的孔。最后利用"边倒圆"、"倒斜角"等工具创建出圆角和倒角，即可创建出该扇形曲柄的实体模型。

最终文件：	source\chapter3\ch3-example2-2.prt

图 3-31　扇形曲柄实体

3.3 创建导向支架实体

本实例将绘制一个如图 3-32 所示的导向支架。该导向支架由导向座、左导向块和右导向块组成。在创建本实例时，可以先利用"长方体"工具创建出导向座的基本形状。然后利用"拉伸"或"长方体"工具创建出左导向块和右导向块的基本形状，并对它们分别求差，剪切出导向块的轴孔和导向座底部的槽。最后利用"孔"工具创建导向块和导向座上的孔，并创建导向座轴孔的倒斜角，即可创建出导向支架。

🖼 最终文件：	source\chapter3\ch3-example3.prt	
💿 视频文件：	视频教程\第 3 章 几何建模\3.3 创建导向支架实体.avi	

3.3.1 相关知识点

1. 创建长方体

利用该工具可直接在绘图区创建长方体或正方体等一些具有规则形状特征的三维实体，并且其各边的边长通过具体参数来确定。单击
"特征"工具栏中的"长方体"按钮🔲，在打开的
"长方体"对话框中提供了以下 3 种创建长方体的
方法。

❑   原点和边长

该方式先指定一点作为长方体的原点，并输入
长方体的长、宽、高的数值，即可完成长方体的创
建。选择"类型"面板中的"原点和边长"选项，
并选取现有基准坐标系的基准点为长方体的原点，

图 3-32   导向支架实体

然后输入长、宽、高的数值，即可完成创建，创建方法如图 3-33 所示。

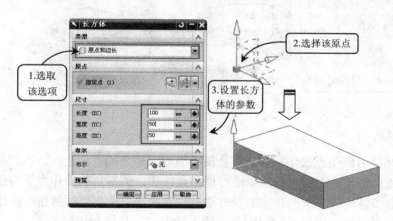

图 3-33   利用原点和边长创建长方体

❑   二点和高度

该方式先指定长方体一个面上的两个对角点，并指定长方体的高度参数，即可完成长方体的创建。选择"类型"面板中的"二点和高度"选项，并选取现有长方体一个顶点为长方体的角点，然后选取上表面一条棱边中心为另一对角点，并输入长方体的高度数值，即可完成该类长方体的创建，创建方法如图 3-34 所示。

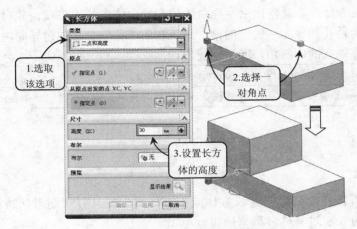

图 3-34 利用二点和高度创建长方体

□ 两个对角点

该方式只需直接在工作区指定长方体的两个对角点，即处于不同长方体面上的两个对角点，即可创建所需的长方体。选择"类型"面板中的"两个对角点"选项，并选取长方体的端点为一个对角点，然后选取另一个长方体边线的中点为另一对角点，创建方法如图 3-35 所示。

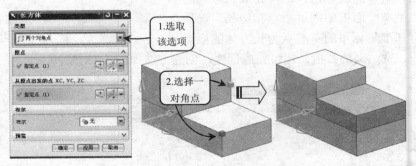

图 3-35 利用对角点创建长方体

2. 创建倒斜角

倒斜角特征又称为倒角或去角特征，是处理模型周围棱角的方法之一。当产品的边缘过于尖锐时，为避免擦伤，需要对其边缘进行倒斜角操作。倒斜角的操作方法与倒圆角极其相似，都是选取实体边缘并按照指定的尺寸进行倒角操作。单击"倒斜角"按钮，在打开的"倒斜角"对话框中提供了创建倒斜角的 3 种方法，具体介绍如下：

□ 对称

该方式是设置与倒角相邻的两个截面，成对偏置一定距离。它的斜角值是固定的 45°，并且是系统默认的倒角方式。选取实体要倒斜角的边，然后选择"横截面"下拉列表中的"对称"选项，并设置倒角距离参数，即可创建对称截面倒斜角特征，如图 3-36 所示。

□ 非对称

该方式与对称倒角方式最大的不同是与倒角相邻的两个截面，通过分别设置不同的偏置距离来创建倒角特征。选取实体中要倒斜角的边，然后选择"横截面"下拉列表中的"非对称"选项，并在两个"距离"文本框中输入不同的距离参数，创建方法如图 3-37 所示。

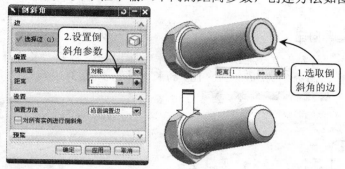

图 3-36　利用对称倒斜角

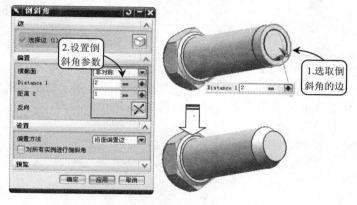

图 3-37　利用非对称倒斜角

❑　偏置和角度

该方式是将倒角相邻的两个截面，分别设置偏置距离和角度来创建倒角特征。其中偏置距离是沿偏置面偏置的距离，旋转的角度是指与偏置面成的角度。选取实体中要倒斜角的边，然后选择"横截面"下拉列表中的"偏置和角度"选项，并分别输入距离和角度参数，创建方法如图 3-38 所示。

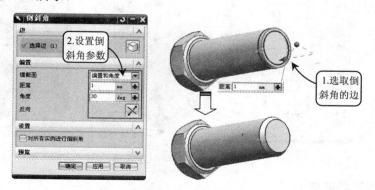

图 3-38　利用偏置和角度倒斜角

3.3.2 创建步骤

1. 创建导向座

(1) 单击"特征"工具栏中的"长方体" ▣图标，打开"长方体"对话框，在工作区中创建长、宽、高分别为 86、64、109 的长方体，如图 3-39 所示。

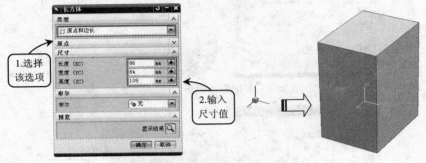

图 3-39　创建长方体

(2) 在"特征"工具栏中单击"草图" 品图标，打开"创建草图"对话框，在工作区中选择长方体前表面为草图平面，绘制如图 3-40 所示的草图。

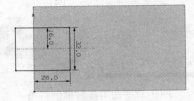

图 3-40　绘制底槽草图

(3) 单击"特征"工具栏中的"拉伸" ▥图标，在工作区中选择步骤（2）绘制的草图为截面，选择拉伸方向为-XC，设置拉伸限制为"直至选定对象"，并设置布尔运算为求差，如图 3-41 所示。

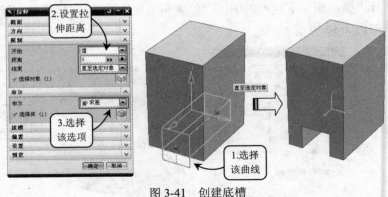

图 3-41　创建底槽

2. 创建导向块

(1) 单击"特征"工具栏中的"草图" 品图标，打开"创建草图"对话框，在工作区中选择长方体上表面为草图平面，绘制如图 3-42 所示的草图。

图 3-42 绘制导向块草图

（2）在 "特征" 工具栏中单击 "拉伸" 图标，在工作区中选择步骤（1）绘制的草图为截面，选择拉伸方向为 ZC，设置拉伸距离为-64，并设置布尔运算为求和，如图 3-43 所示。

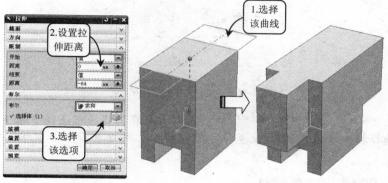

图 3-43 创建导向块拉伸体

（3）单击 "特征" 工具栏中的 "草图" 图标，打开 "创建草图" 对话框，在工作区中选择长方体上表面为草图平面，绘制如图 3-44 所示的草图。

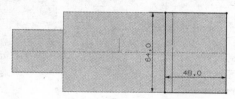

图 3-44 绘制矩形草图

（4）在 "特征" 工具栏中单击 "拉伸" 图标，在工作区中选择步骤（3）绘制的草图为截面，选择拉伸方向为 ZC，设置拉伸距离为-16，并设置布尔运算为求差，如图 3-45 所示。

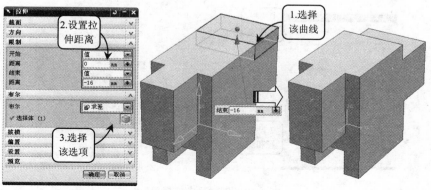

图 3-45 创建剪切拉伸体

3. 创建轴孔

(1) 在"特征"工具栏中单击"草图" 图标，打开"创建草图"对话框，在工作区中选择导向座的侧面为草图平面，绘制如图 3-46 所示的草图。

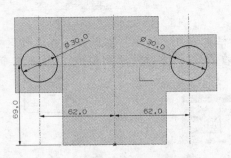

图 3-46　绘制导向块轴孔草图

(2) 单击"特征"工具栏中的"拉伸" 图标，在工作区中选择步骤（1）绘制的草图为截面，选择拉伸方向为 ZC，设置拉伸距离为-64，并设置布尔运算为求差，如图 3-47 所示。

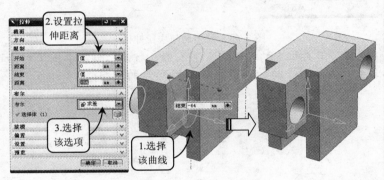

图 3-47　创建轴孔

(3) 在"特征"工具栏中单击"孔" 图标，打开"孔"对话框，在工作区中选择长方体上表面的中心，设置孔直径和深度，如图 3-48 所示。

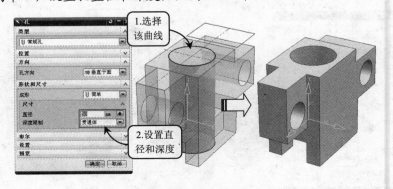

图 3-48　创建导向座轴孔

4．创建孔和倒角

（1）在"特征"工具栏中单击"孔"图标 🔩，单击"孔"对话框中的"草图" 🔳 图标，在草图中定位孔的中心点，完成草图返回"孔"对话框后，设置孔直径为 8，深度为 23，如图 3-49 所示。

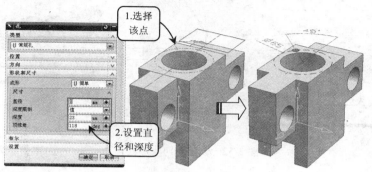

图 3-49　创建导向座螺栓孔

（2）单击"特征"工具栏的"实例体征" 🔳 图标，单击"孔"对话框中的"圆形阵列"按钮，在工作区中选择要阵列的孔，设置阵列的数量为 4、角度为 90，选择轴孔中心轴为阵列中心轴，如图 3-50 所示。

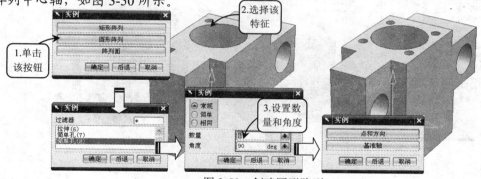

图 3-50　创建圆形阵列

（3）在"特征"工具栏中单击"孔"图标 🔩，单击"孔"对话框中的"草图" 🔳 图标，在草图中定位孔的中心点，完成草图返回"孔"对话框后，设置孔直径和深度，如图 3-51 所示。

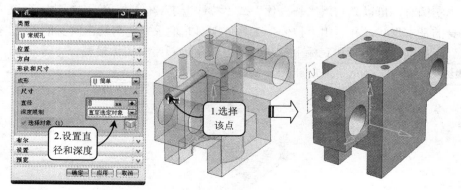

图 3-51　创建导向块螺栓孔 1

（4）按照步骤（3）同样的方法，创建与顶面相距 40 的孔，如图 3-52 所示。

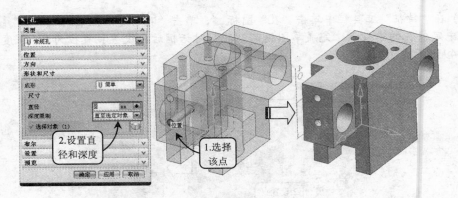

图 3-52　创建导向块螺栓孔 2

（5）在"特征操作"工具栏中单击"倒斜角"图标，打开"倒斜角"对话框，选择"横截面"下拉列表中的"偏置和角度"选项，设置距离为 2，角度为 45，在工作区中选择导向座轴孔上端的边缘线，单击"确定"按钮即可完成倒斜角的创建，如图 3-53 所示。

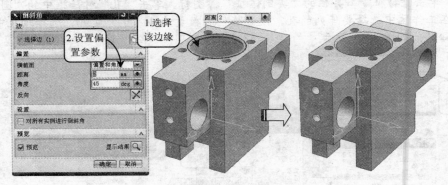

图 3-53　创建倒斜角

3.3.3 扩展实例：创建阀座实体

本实例将创建一个如图 3-54 所示的阀座。该阀座由竖直阀身、垂直阀身和底板组成。在创建本实例时，可以先利用"长方体"或"拉伸"工具创建出阀座的基本形状。然后创建出阀身的基本形状，并利用"拉伸"工具分别对它们求差，剪切出阀身的大孔。最后利用"孔"工具创建出阀身和底板上的孔，即可创建出阀座的实体模型。

最终文件：	source\chapter3\ch3-example3-1.prt

图 3-54　阀座实体

3.3.4 扩展实例：创建盖板零件实体

本实例将创建一个如图 3-55 所示的盖板零件实体模型。该盖板由一个横向的拉伸体，通过纵向剪切拉伸出滑槽、孔等其他特征。在创建本实例时，可以先利用"拉伸"工具创建出底板的基本形状。然后通过纵向剪切拉伸，剪切出盖板轮廓的凸起和中间的滑槽。最后利用"孔"工具创建最左侧的一个孔，并利用"引用几何体"和"镜像特征"工具创建其他的阵列孔，即可创建出盖板的实体模型。

🌀 最终文件：	source\chapter3\ch3-example3-2.prt

图 3-55　盖板零件实体

3.4 创建斜支架实体

本实例将创建一个如图 3-56 所示的斜支架模型。该斜支架由一个 L 型底板、肋板和轴孔筒组成。在创建本实例时，可以先利用"拉伸"工具创建出 L 型底板和轴孔筒的基本形状。然后通过"拉伸"、"回转"等工具创建中间的肋板。最后利用"孔"工具创建出底板和轴孔筒上的孔，并利用"镜像特征"工具创建其他的孔，即可创建出斜支架的实体模型。

🌀 最终文件：	source\chapter3\ch3-example4.prt
🎬 视频文件：	视频教程\第 3 章 几何建模\3.4 创建斜支架实体.avi

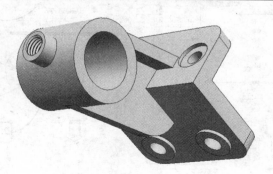

图 3-56　斜支架实体

3.4.1 相关知识点

1. 创建沉头孔

沉头孔是指将紧固件的头部完全沉入的阶梯孔。在菜单栏中选择"插入"→"设计特征"→"孔"选项，打开"孔"对话框。选择"成形"下拉列表中的"沉头孔"选项，并选取连杆一端圆柱的端面中心为孔的中心点，指定孔的生成方向为垂直于圆柱端面，然后设置孔的参数，布尔生成方式为"求差"，即可创建沉头孔，创建方法如图 3-57 所示。

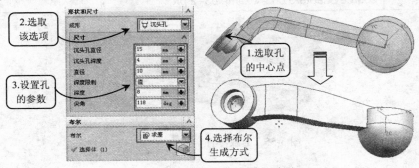

图 3-57　创建沉头孔

2. 创建螺纹

螺纹是指在旋转实体表面上创建的沿螺旋线所形成的具有相同剖面的连续的凸起或凹槽特征。在圆柱体外表面上形成的螺纹称为外螺纹；在圆柱内表面上形成的螺纹称为内螺纹。内外螺纹成对使用，可用于各种机械连接，传递运动和力。单击"螺纹"按钮 ，在打开的"螺纹"对话框中提供了以下两种创建螺纹的方式。

❑ 符号

该方式是指在实体上以虚线来显示创建的螺纹，而不是显示真实的螺纹实体，在工程图中用于表示螺纹和标注螺纹。这种螺纹生成速度快，计算量小。

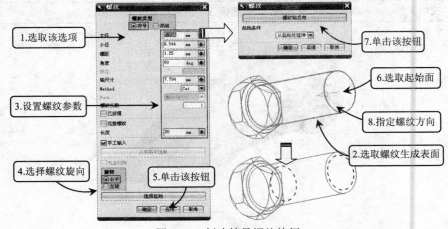

图 3-58　创建符号螺纹特征

选择"螺纹类型"面板中的"符号"单选按钮，并选取要创建螺纹的表面，"螺纹"

对话框被激活。然后设置螺纹的参数和螺纹的旋转方向。接着选择"选择起始"选项，并选取生成螺纹的起始平面。最后指定螺纹生成的方向，创建方法如图 3-58 所示。

在螺纹对话框中包含多个文本框、复选框和单选按钮，这些参数项的含义如**表 3-1** 所示。

表 3-1　"螺纹"对话框各选项的含义

选项和按钮	含　义
大径	用于设置螺纹的最大直径。默认值根据所选圆柱面直径和内外螺纹的形式查找螺纹参数表获得
小径	用于设置螺纹的最小直径。默认值根据所选圆柱面直径和内外螺纹的形式查找螺纹参数表获得
螺距	用于设置螺距，其默认值根据选择的圆柱面查找螺纹参数表获得。对于符号螺纹，当不选取"手工输入"选项时，螺距的值不能修改
角度	用于设置螺纹牙型角，其默认值为螺纹的标准角度 60°。对于符号螺纹，当不选取"手工输入"选项时，角度的值不能修改
标注	用于螺纹标记，其默认值根据选择的圆柱面查找螺纹参数表取得，如 M10_X_0.75。当选取"手工输入"选项时，该文本框不能修改
轴尺寸	用于设置外螺纹轴的尺寸或内螺纹的钻孔尺寸
Method	用于指定螺纹的加工方法。其中包含 Cut（车螺纹）、Rolled（滚螺纹）、Ground（磨螺纹）、Milled（铣螺纹）4 个选项
Form	用于指定螺纹的标准。其中包含同一螺纹、公制螺纹、梯形螺纹和英制螺纹等 11 种标准。当选取"手工输入"选项时，该选项不能更改
螺纹头数	用于设置螺纹的头数，即创建单头螺纹还是多头螺纹
已拔模	用于设置螺纹是否为拔模螺纹
完整螺纹	启用该复选框，则在整个圆柱上创建螺纹，螺纹随圆柱面的改变而改变
长度	用于设置螺纹的长度
手工输入	用于设置是从手工输入螺纹的基本参数还是从螺纹列表框中选取螺纹
从表格中选择	单击该按钮，打开新的"螺纹"对话框，提示用户通过从螺纹列表中选取适合的螺纹规格
包含实例	用于创建螺纹阵列。启用该复选框，当选择了阵列特征中的一个成员时，则该阵列中的所有成员都将被创建螺纹
旋转	用于设置螺纹的旋转方向，其中包含"右手"和"左旋"两个选项
选择起始	用于指定一个实体平面或基准平面作为创建螺纹的起始位置

❑　详细

该方式用于创建真实的螺纹，可以将螺纹的所有细节特征都表现出来。但是，由于螺纹几何形状的复杂性，使该操作计算量大，创建和更新的速度较慢。选择"螺纹类型"面板中的"详细"单选按钮，并选取要创建螺纹的表面，"螺纹"对话框被激活。然后设置螺纹的参数和螺纹的旋转方向。接着选择"选择起始"选项，并选取生成螺纹的起始平面。

最后指定螺纹生成的方向，创建方法如图 3-59 所示。

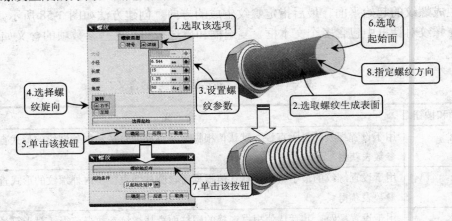

图 3-59　创建符号螺纹特征

3.4.2 创建步骤

1．创建 L 型底板

（1）在"特征"工具栏中单击"草图" 图标，打开"创建草图"对话框，在工作区中选择 XC-ZC 平面为草图平面，绘制如图 3-60 所示的草图。

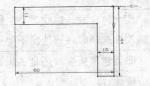

图 3-60　绘制 L 型底板草图

（2）单击"特征"工具栏中的"拉伸" 图标，在工作区中选择步骤（1）绘制的草图为截面，选择拉伸方向为-YC，设置拉伸距离为 74，如图 3-61 所示。

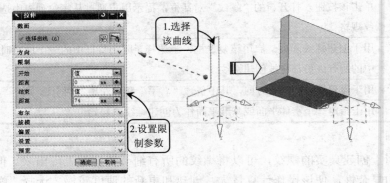

图 3-61　创建 L 型底板

2.　创建轴孔筒

（1）在"特征操作"工具栏中单击"基准平面"图标□，打开"基准平面"对话框，选择 L 型板的两个端面，创建距两端面等距离的参考平面 A，如图 3-62 所示。

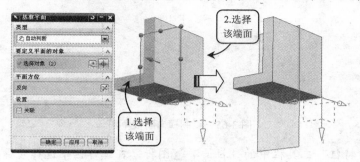

图 3-62　创建参照平面 A

（2）在"特征"工具栏中单击"草图" 图标，打开"创建草图"对话框，在工作区中选择步骤（1）所创建的平面为草图平面，绘制如图 3-63 所示的草图。

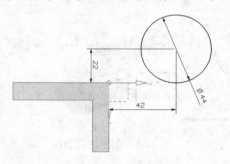

图 3-63　绘制轴孔筒草图

（3）单击"特征"工具栏中的"拉伸" 图标，在工作区中选择步骤（2）绘制的草图为截面，选择拉伸方向为-YC，设置拉伸开始和结束距离为 21 和-21，如图 3-64 所示。

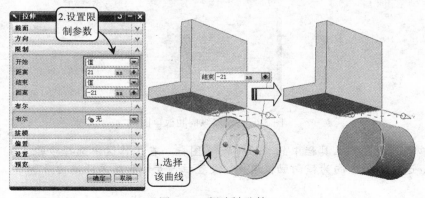

图 3-64　创建轴孔筒

3.　创建肋板

（1）在"特征"工具栏中单击"草图" 图标，打开"创建草图"对话框，在工作区中选择参考平面 A 为草图平面，绘制如图 3-65 所示的草图。

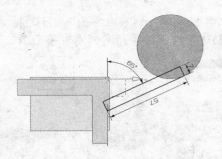

图 3-65　绘制横向肋板草图

（2）单击"特征"工具栏中的"拉伸" 图标，在工作区中选择步骤（1）绘制的草图为截面，选择拉伸方向为-YC，设置拉伸开始和结束距离为 15 和-15，如图 3-66 所示。

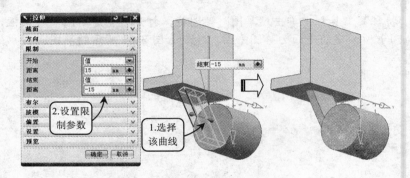

图 3-66　创建横向肋板

（3）在"特征"工具栏中单击"草图" 图标，打开"创建草图"对话框，在工作区中选择横向肋板内侧的表面为草图平面，绘制如图 3-67 所示的草图。

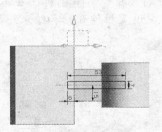

图 3-67　绘制纵向肋板草图

（4）单击"特征"工具栏中的"拉伸" 图标，在工作区中选择步骤（3）绘制的草图为截面，选择拉伸方向为横向肋板内侧，设置拉伸开始和结束距离为 0 和 37，如图 3-68 所示。

（5）在"特征"工具栏中单击"回转" 图标，单击"回转"对话框中的"草图" 图标，在工作区中选择肋板断面为草图平面，绘制一个与断面重合的矩形，完成草图回到"回转"对话框后，在工作区中选择回转中心和回转角度，如图 3-69 所示。

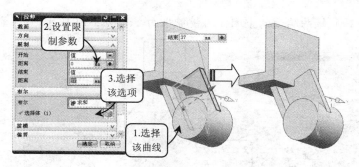

图 3-68　创建纵向肋板

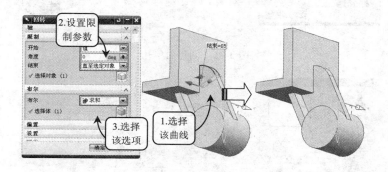

图 3-69　创建回转圆角

4. 创建孔特征

(1) 在"特征"工具栏中单击"拉伸" 图标,单击"拉伸"对话框中的"草图"
图标,在底板平面上绘制并定位 φ20 的圆,完成草图返回"拉伸"对话框后,设置圆台的
高度,如图 3-70 所示。

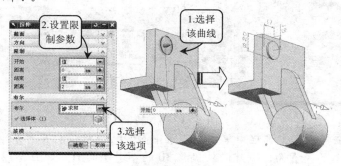

图 3-70　创建圆台

(2) 在"特征"工具栏中单击"孔" 图标,打开"孔"对话框,在工作区中选择圆
台的圆心为中心,选择"成形"下拉列表框中的"简单"选项,设置孔直径和深度,如图
3-71 所示。

(3) 在"特征"工具栏中单击"孔" 图标,打开"孔"对话框,单击其中的"草图"
图标,在草图中定位孔的中心点,完成草图返回"孔"对话框后,选择"成形"下拉列
表框中的"沉头孔"选项,设置孔直径和深度,如图 3-72 所示。

(4) 在"特征操作"工具栏中单击"镜像特征"图标 ,在工作区中选中圆台、简单

孔和沉头孔，选择底板两端面的中间面为镜像平面，如图 3-73 所示。

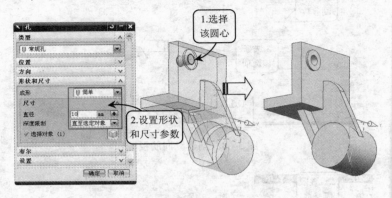

图 3-71　创建简单孔

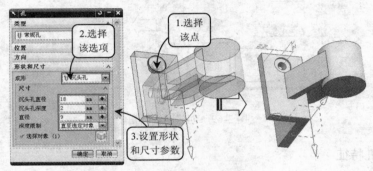

图 3-72　创建沉头孔

图 3-73　镜像特征

　　(5) 在"特征操作"工具栏中单击"基准平面" □ 图标，打开"基准平面"对话框，选择过轴孔筒中心的竖直面，创建向外偏移 30 的参考平面 B，如图 3-74 所示。

　　(6) 在"特征"工具栏中单击"拉伸"图标 █，单击"拉伸"对话框中的"草图" ██ 图标，在参照平面 B 上绘制并定位 φ16 的圆，完成草图返回"拉伸"对话框后，设置圆台的高度，如图 3-75 所示。

　　(7) 在"特征"工具栏中单击"孔"图标 █，打开"孔"对话框，在工作区中分别选择圆台和轴孔筒的中心，创建 φ30 和 φ10 的 2 个简单孔，如图 3-76 所示。

5. 创建边倒圆和螺纹

　　(1) 在"特征操作"工具栏中单击"边倒圆"图标 █，打开"边倒圆"对话框，在对话框中设置边倒圆半径为 10，在工作区中选择 L 型底板的 4 个边缘线，单击"确定"按钮即可完成边倒圆的创建，如图 3-77 所示。

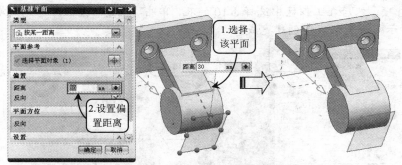

图 3-74 创建参照平面 B

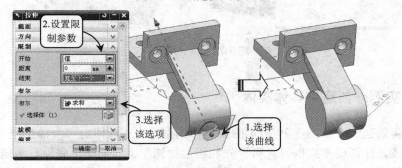

图 3-75 创建圆台

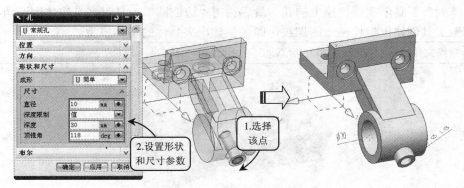

图 3-76 创建轴孔筒上的孔

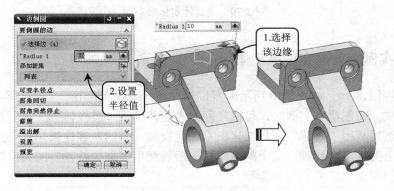

图 3-77 创建边倒圆

（2）选择菜单栏中"插入"→"设计特征"→"螺纹"选项，在"螺纹"对话框中选择"详细"选项，然后在工作区中选择 ϕ 10 的孔，单击"确定"按钮即可完成螺纹的创建，如图 3-78 所示。斜支架实体创建完成。

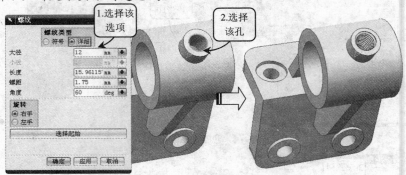

图 3-78　创建螺纹

3.4.3 扩展实例：创建夹具体实体

本实例将创建一个如图 3-79 所示的夹具体模型。该夹具体由一个轴孔座、螺栓座、底板和挡板组成。在创建本实例时，可以先利用"拉伸"工具创建出底板、两侧挡板和轴孔座的基本形状。然后利用"拉伸"或"圆柱体"工具创建中间的螺栓座，并利用"孔"和"圆形阵列"工具创建螺栓座上的孔。最后利用"边倒圆"工具对夹具实体倒圆角，以及"螺纹"工具创建出螺栓座上的螺纹，即可创建出夹具体的实体模型。

最终文件：	source\chapter3\ch3-example4-1.prt

图 3-79　夹具体实体效果图

3.4.4 扩展实例：创建定位板实体

本实例将创建一个如图 3-80 所示的定位板模型。该定位板由一个轴孔筒、左螺栓板和右螺栓板组成。在创建本实例时，可以先利用"拉伸"或"圆柱体"工具创建出轴孔筒的基本形状。然后利用"拉伸"工具创建出右螺栓板和一侧的左螺栓板，并利用"孔"工具创建螺栓座上的沉头孔和轴孔筒上的简单孔。最后利用"镜像特征"工具镜像另一侧左螺栓板，即可创建出定位板的实体模型。

最终文件：	source\chapter3\ch3-example4-2.prt

图 3-80　定位板实体效果图

图 3-81　活塞零件实体

3.5 创建活塞零件

本实例将创建一个如图 3-81 所示的活塞零件。该活塞由空腔、轴孔、凸台、槽等结构组成。在创建本实体时，可以先利用"圆柱"、"拉伸"工具创建出活塞的基本形状。然后利用"拉伸""抽壳"等工具创建出活塞的空腔，并利用"回转"、"拉伸"等工具创建槽及其他特征。最后利用"边倒圆"创建出凸台连接处的圆角，即可创建出活塞零件模型。

最终文件：	source\chapter3\ch3-example5.prt
视频文件：	视频教程\第 3 章 几何建模\3.5 创建活塞零件.avi

3.5.1 相关知识点

1. 创建圆柱体

圆柱体可以看作是以长方形的一条边为旋转中心线，并绕其旋转 360°所形成的实体。此类实体特征比较常见，如机械传动中最常用的轴类、销钉类等零件。单击"特征"工具栏中的"圆柱体"按钮 ，在打开的"圆柱"对话框中提供了两种创建圆柱体的方式，具体介绍如下。

❑　轴、直径和高度

该方法通过指定圆柱体的矢量方向和底面中心点的位置，并设置其直径和高度，即可完成圆柱体的创建。选择"类型"面板中的"轴、直径和高度"选项，并选取现有的基准点为圆柱底面的中心，指定 ZC 轴方向为圆柱的生成方向，然后设置圆柱的参数，创建方法如图 3-82 所示。

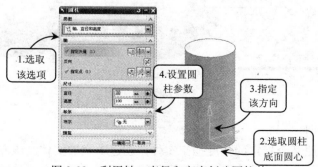

图 3-82　利用轴、直径和高度创建圆柱体

❑ 圆弧和高度

该方法需要首先在绘图区创建一条圆弧曲线，然后以该圆弧曲线为所创建圆柱体的参照曲线，并设置圆柱体的高度，即可完成圆柱体的创建。选择"类型"面板下拉列表框中的"圆弧和高度"选项，并选取图中的圆弧曲线，该圆弧的半径将作为创建圆柱体的底面圆半径，然后输入高度数值，创建方法如图 3-83 所示。

图 3-83　利用圆弧和高度创建圆柱体

2. 抽壳

该工具是指从指定的平面向下移除一部分材料而形成的具有一定厚度的薄壁体。它常用于将成形实体零件掏空，使零件厚度变薄，从而大大节省了材料。单击"抽壳"按钮，在打开的"壳单元"对话框中提供了以下两种抽壳的方式。

❑ 移除面 然后抽壳

该方式是以选取实体一个面为开口的面，其他表面通过设置厚度参数形成具有一定壁厚的腔体薄壁。选择"类型"面板中的"移除面，然后抽壳"选项，并选取实体中的一个表面为移除面，然后设置拔模厚度参数，创建方法如图 3-84 所示。

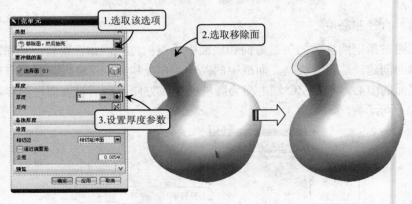

图 3-84　移除面抽壳

❑ 抽壳所有面

该方式是指按照某个指定的厚度抽空实体，创建中空的实体。该方式与移除面抽壳的不同之处在于：移除面抽壳是选取移除面进行抽壳操作，而该方式是选取实体直接进行抽壳操作。选择"类型"面板中的"抽壳所有面"选项，并选取图中的实体特征，然后设置抽壳厚度参数，创建方法如图 3-85 所示。

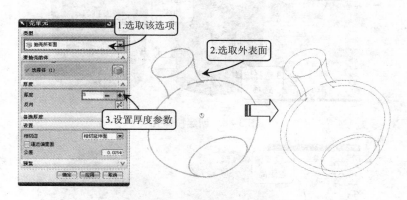

图 3-85　抽壳所有面

3.5.2 创建步骤

1.　创建基本形状

（1）在"特征"工具栏中单击"圆柱"图标█，打开"圆柱"对话框，选择"类型"下拉列表中的"轴，直径和高度"选项，在尺寸选项组中设置直径和高度均为 80，如图 3-86 所示。

（2）在"特征"工具栏中单击"草图"图标█，打开"创建草图"对话框，在工作区中选择 YC-ZC 平面为草图平面，绘制如图 3-87 所示的草图。

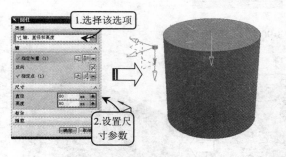

图 3-86　创建圆柱

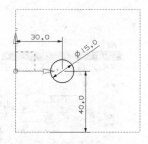

图 3-87　绘制孔截面草图

（3）单击"特征"工具栏中的"拉伸"图标█，在工作区中选择步骤（2）绘制的草图为截面，设置拉伸开始和结束距离为-50 和 50，布尔运算选择求差，如图 3-88 所示。

（4）在"特征操作"工具栏中单击"基准平面"█图标，打开"基准平面"对话框，在工作区中选中 YC-ZC 平面，创建向外偏移 20 的参考平面 B，如图 3-89 所示。

（5）在"特征"工具栏中单击"草图"█图标，打开"创建草图"对话框，在工作区中选择步骤（4）创建的平面为草图平面，绘制如图 3-90 所示的草图。

（6）单击"特征"工具栏中的"拉伸"█图标，在工作区中选择步骤（5）绘制的草图为截面，设置拉伸开始和结束距离为 0 和 50，布尔运算选择求差，如图 3-91 所示。

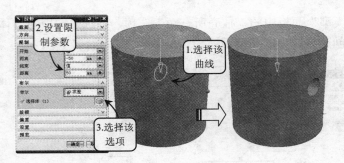

图 3-88　创建拉伸孔

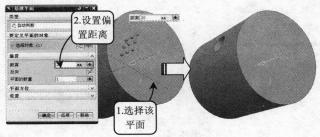

图 3-89　创建基准平面

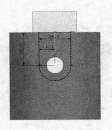

图 3-90　绘制侧槽草图

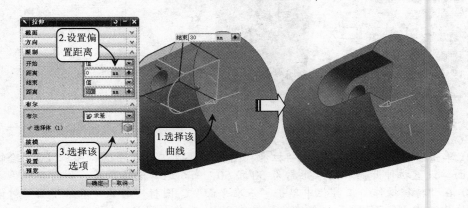

图 3-91　创建侧槽

　　(7) 在 "特征操作" 工具栏中单击 "镜像特征" 图标，在工作区中选中侧槽特征，选择 YC-ZC 平面为镜像平面，如图 3-92 所示。

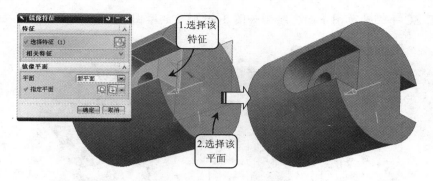

图 3-92　创建镜像特征

2．创建壳体

（1）在"特征操作"工具栏中单击"抽壳"图标，在工作区中选中活塞端面为要穿透的面，设置壳体厚度为 5，如图 3-93 所示。

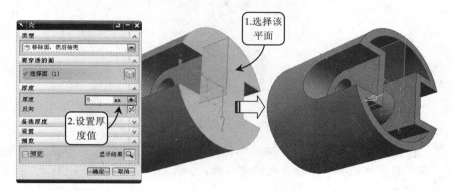

图 3-93　创建壳体

（2）在"特征"工具栏中单击"草图"图标，打开"创建草图"对话框，在工作区中选择 YC-ZC 平面为草图平面，绘制如图 3-94 所示的草图。

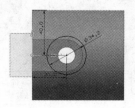

图 3-94　绘制剪切拉伸截面

（3）单击"特征"工具栏中的"拉伸"图标，在工作区中选择步骤（2）绘制的草图为截面，设置拉伸开始和结束距离为 -10 和 10，布尔运算选择求差，如图 3-95 所示。

3．创建其他特征

（1）在"特征"工具栏中单击"草图"图标，打开"创建草图"对话框，在工作区中选择 YC-ZC 平面为草图平面，绘制如图 3-96 所示的草图。

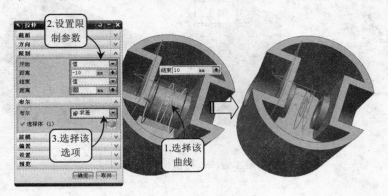

图 3-95　创建剪切拉伸

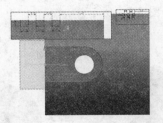

图 3-96　绘制密封槽草图

（2）在"特征"工具栏中单击"回转"图标 ，在工作区中选中步骤（1）绘制的草图为截面，在工作区中选择 ZC 轴为旋转中心轴，如图 3-97 所示。

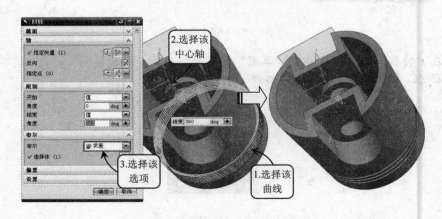

图 3-97　创建密封槽

（3）在"特征"工具栏中单击"草图"图标 ，打开"创建草图"对话框，在工作区中选择 XC-YC 平面为草图平面，绘制如图 3-98 所示的草图。

（4）单击"特征"工具栏中的"拉伸" 图标，在工作区中选择步骤（3）绘制的草图为截面，设置拉伸开始和结束距离为-50 和 50，布尔运算选择求差，如图 3-99 所示。

（5）在"特征操作"工具栏中单击"边倒圆" 图标，打开"边倒圆"对话框，在对话框中设置边倒圆半径为 2，在工作区中选择活塞内部凸台和侧槽的相交线，单击"确定"按钮即可完成边倒圆的创建，如图 3-100 所示。

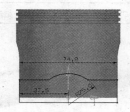

图 3-98　创建活塞端面草图

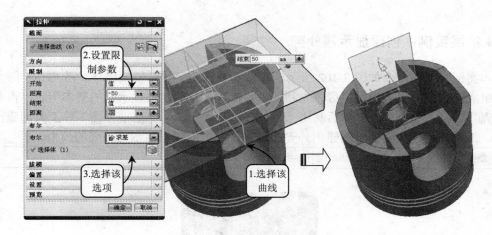

图 3-99　剪切活塞端面

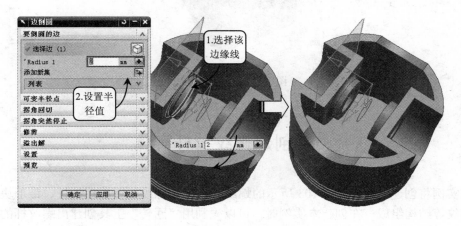

图 3-100　创建边倒圆

3.5.3　扩展实例：创建阶梯轴零件

本实例将创建一个如图 3-101 所示的阶梯轴零件。该阶梯轴由轴段、键槽、退刀槽、倒角等组成。在创建本实例时，可以先利用"拉伸"、"圆柱体"或"回转"工具创建出轴段的基本形状。然后利用"拉伸"或"键槽"工具创建出轴段上的键槽。最后利用"倒斜角"创建出轴段上的倒角,即可创建出阶梯轴的实体模型。

最终文件:	source\chapter3\ch3-example5-1.prt

图 3-101　阶梯轴零件

3.5.4 扩展实例:创建显示器外壳

本实例将创建一个如图 3-102 所示的显示器外壳。该显示器由壳体、散热孔、圆角等结构组成。在创建本实例时,可以先利用"拉伸"工具创建出显示器的基本形状,再利用"抽壳"工具创建出空腔。然后利用"拉伸"、"移动对象"、"基准平面"等工具创建出散热孔。最后利用"边倒圆"创建出外壳的圆角,即可创建出显示器外壳的模型。

最终文件:	source\chapter3\ch3-example5-2.prt

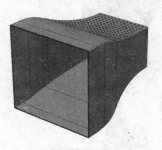

图 3-102　显示器外壳

3.6 创建螺纹拉杆实体

本实例将创建一个如图 3-103 所示的螺纹拉杆。该螺纹拉杆由螺纹杆、锥形块、定位板、螺纹等结构组成。在创建本实例时,可以先利用"回转"工具创建出螺纹杆的基本形状。然后利用"拉伸"工具创建出其中的一块定位板,并利用"圆形阵列"工具阵列其他两个定位板。最后利用"螺纹"、"倒斜角"、"边倒圆"工具创建出其他特征,即可创建出螺纹拉杆的实体模型。

最终文件:	source\chapter3\ch3-example6.prt
视频文件:	视频教程\第 3 章 几何建模\3.6 创建螺纹拉杆实体.avi

图 3-103　螺纹拉杆实体

3.6.1 相关知识点

1. 创建回转体

回转操作是将草图截面或曲线等二维对象绕所指定的旋转轴线旋转一定的角度而形成的实体模型，如带轮、法兰盘和轴类等零件。在"特征"工具栏中单击"回转"按钮，打开"回转"对话框，然后绘制回转的截面曲线或直接选取现有的截面曲线，并选取旋转中心轴和旋转基准点，设置旋转角度参数，即可完成回转特征的创建，创建方法如图 3-104 所示。

该对话框中同样也包括"草图截面"和"曲线"两种方法，其操作方法和"拉伸"工具的操作方法相似，不同之处在于：当利用"回转"工具进行实体操作时，所指定的矢量是对象的旋转中心；所设置的旋转参数是旋转的开始角度和结束角度。

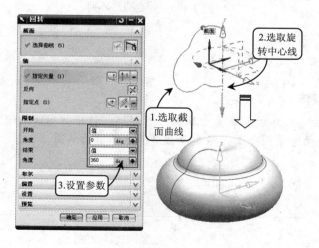

图 3-104　创建回转实体

2. 圆形阵列

该陈列方式常用于以圆形阵列的方式来复制所选的实体特征，使阵列后的特征成圆周排列。该方式常用于盘类零件上重复性特征的创建。

在菜单栏中选择"插入"→"关联复制"→"实例特征"选项，在打开的"实例"对话框中单击"圆形阵列"按钮，选中工作区中要阵列的特征，即可打开圆形阵列对应的"实例"对话框。在该对话框中的 3 种阵列方法与矩形阵列中介绍的方法相同。其中"数字"

文本框用于设置圆周上复制特征的数量，"角度"文本框用于设置圆周方向上复制特征之间的角度。选择"实例"对话框中的"圆形阵列"选项，在打开的"实例"对话框中选择要阵列的特征，并指定阵列的基准轴，设置圆形阵列的参数，即可完成圆形阵列的创建。图 3-105 所示即是选择孔特征为阵列的对象，并指定 ZC 轴为阵列的基准轴，设置圆形阵列的参数后创建的圆形阵列特征。

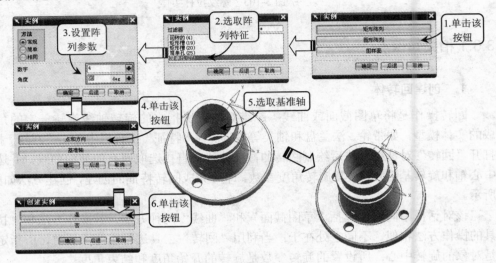

图 3-105　创建圆形阵列

3.6.2 创建步骤

1．创建回转体

（1）在"特征"工具栏中单击"草图"图标，打开"创建草图"对话框，在工作区中选择 YC-ZC 平面为草图平面，绘制如图 3-106 所示的草图。

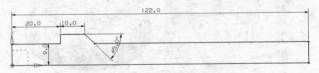

图 3-106　绘制回转体草图

（2）在菜单栏中选择"插入"→"设计特征"→"回转"选项，打开"回转"对话框，在工作区中选择步骤（1）绘制的草图为截面，选择 YC 方向为旋转轴，单击"确定"即可完成回转体的创建，创建方法如图 3-107 所示。

（3）在"特征"工具栏中单击"孔"图标，打开"孔"对话框，在工作区中选择拉杆端面圆中心，选择"成形"下拉列表框中的"简单"选项，设置孔的直径和深度，如图 3-108 所示。

（4）在"特征"工具栏中单击"孔"图标，打开"孔"对话框，在工作区中选择拉杆另一端面圆中心，选择"成形"下拉列表框中的"简单"选项，设置孔的直径和深度，如图 3-109 所示。

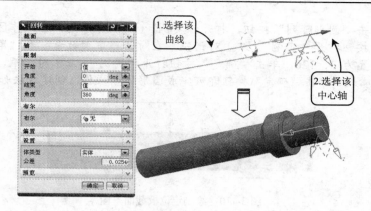

图 3-107 创建回转体

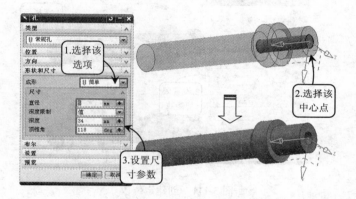

图 3-108 创建简单孔 1

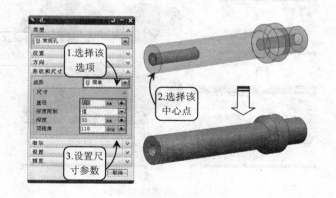

图 3-109 创建简单孔 2

2. 创建圆形阵列

（1）在"特征"工具栏中单击"草图"图标，打开"创建草图"对话框，在工作区中选择 YC-ZC 平面为草图平面，绘制如图 3-110 所示的草图。

（2）单击"特征"工具栏中的"拉伸"图标，在工作区中选择步骤（1）绘制的草图为截面，设置拉伸开始和结束距离为-1.5 和 1.5，布尔运算选择求和，如图 3-111 所示。

（3）在菜单栏中选择"插入"→"关联复制"→"实例特征"选项，在打开"实例"

的对话框中单击"圆形阵列"按钮，打开"实例"（一）对话框，在工作区选中定位板，单击"确定"按钮打开"实例"（二）对话框，在对话框中"数量"和"角度"对应的文本框里分别设置为 3、120，单击"确定"按钮打开"实例"（三）对话框，在工作区中选择 YC 轴为中心轴，单击"确定"按钮即可完成圆形阵列操作，创建方法如图 3-112 所示。

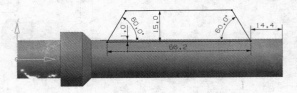

图 3-110　绘制定位板截面草图

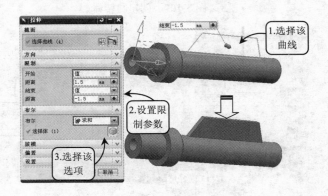

图 3-111　创建定位板

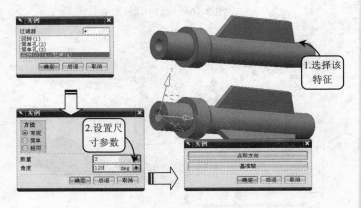

图 3-112　创建圆形阵列

3.　创建其他特征

（1）选择菜单栏中"插入"→"设计特征"→"螺纹"选项，在"螺纹"对话框中选择"符号"选项，然后在工作区中选择 φ8 和 φ7.5 的孔，查阅相关机械手册设置螺纹参数，或直接单击对话框下面的"从表格中选择"按钮，在表格中选择合适的螺纹参数，单击"确定"按钮即可完成螺纹的创建，如图 3-113 所示。

（2）在"特征操作"工具栏中单击"倒斜角" 图标，打开"倒斜角"对话框，选择"横截面"下拉列表中的"偏置和角度"选项，设置距离为 1，角度为 45，在工作区中选择两个螺孔的边缘线，单击"确定"按钮即可完成倒斜角的创建，如图 3-114 所示。

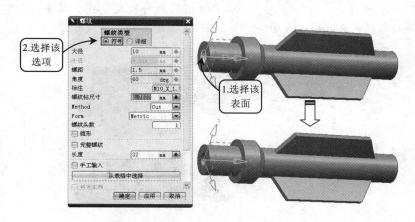

图 3-113 创建螺纹符号

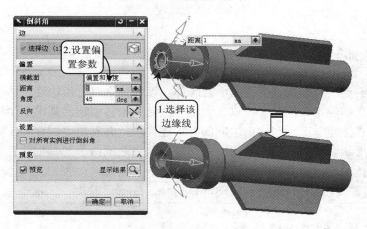

图 3-114 创建倒斜角 1

（3）在"特征操作"工具栏中单击"倒斜角" 图标，打开"倒斜角"对话框，选择"横截面"下拉列表中的"偏置和角度"选项，设置距离为 1，角度为 45，在工作区中选择拉杆端面的边缘线，单击"确定"按钮即可完成倒斜角的创建，如图 3-115 所示。

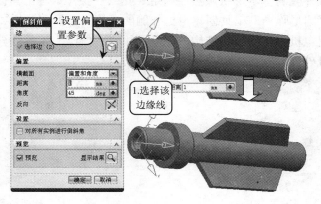

图 3-115 创建倒斜角 2

（4）在"特征操作"工具栏中单击"边倒圆" 图标，打开"边倒圆"对话框，在对话框中设置边倒圆半径为 1，在工作区中选择定位板和拉杆的相交线，单击"确定"按钮即可完成边倒圆的创建，如图 3-116 所示。

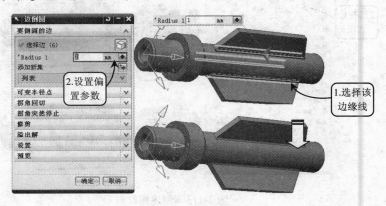

图 3-116　创建倒圆角

3.6.3 扩展实例：创建阀体实体模型

本实例将创建一个如图 3-117 所示的阀体。该阀体通过方形块连接两个垂直相交的连接头而形成。在创建本实例时，可以先利用"回转"工具创建出其中一个连接头的基本形状。然后利用"拉伸"工具创建出中间的方形连接块，并利用"回转"工具创建出另一个连接头的基本形状。最后利用"孔"、"圆形阵列"、"边倒圆"工具创建孔和倒圆特征，即可创建出该阀体的实体模型。

最终文件：	source\chapter3\ch3-example6-1.prt

3.6.4 扩展实例：创建电机外壳

本实例将创建一个如图 3-118 所示的电机外壳。该电机外壳由空腔、轴孔、肋板、凸台、螺孔等结构组成。在创建本实例时，可以先利用"回转"、"拉伸"、"边倒圆"、"拔模"等工具创建出电机外壳的基本形状。然后利用"孔"、"拉伸"等工具创建出电机的内腔，并利用"拉伸"、"圆形阵列"工具创建电机外侧的螺栓固定板和肋板。最后利用"拉伸"、"矩形阵列"创建电机壳上的散热结构，以及利用"边倒圆"工具创建出连接处的圆角，即可创建出该电机外壳的实体模型。

图 3-117　阀体实体模型

图 3-118　电机外壳实体模型

最终文件：	source\chapter3\ch3-example6-2.prt

3.7 创建连接架的实体

本实例将创建一个如图 3-119 所示的连接架。该连接架由 L 型连接座、轴架、肋板、轴孔等结构组成。在创建本实例时，可以先利用"拉伸"、"基准平面"等工具创建出 L 型连接座。然后利用"孔"、"拉伸"等工具创建一侧轴架，并利用"镜像特征"工具镜像出另一侧的轴架。最后利用"孔"、"三角形加强筋"创建轴孔和加强筋，以及利用"边倒圆"工具创建出连接处的圆角，即可创建出该连接架的实体模型。

最终文件：	source\chapter3\ch3-example7.prt
视频文件：	视频教程\第 3 章 几何建模\3.7 创建连接架实体.avi

3.7.1 相关知识点

1. 创建三角形加强筋

利用该工具可以完成机械设计中的加强筋以及支撑肋板的创建，它是通过在两个相交的面组内添加三角形实体而形成的。单击"三角形加强筋"按钮 ，在打开的"三角形加强筋"对话框的"方法"下拉列表中包括"沿曲线"和"位置"两个选项，当选择"沿曲线"选项时，可以按圆弧长度或百分比确定加强筋位于平面相交曲线的位置；当选择"位置"选项时，可以通过指定加强筋的绝对坐标值确定其位置。一般情况下"沿曲线"选项是比较常用的，效果如图 3-120 所示。

图 3-119 连接架实体

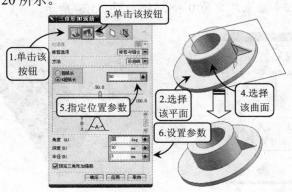

图 3-120 创建三角加强筋特征

2. 镜像特征

镜像特征就是复制指定的一个或多个特征，并根据平面（基准平面或实体表面）将其镜像到该平面的另一侧。单击"镜像特征"按钮 ，打开"镜像特征"对话框，然后选取图中的支架特征为镜像对象，并选取基准平面为镜像平面，创建镜像特征，效果如图 3-121 所示。

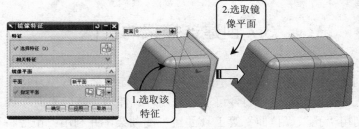

图 3-121　创建镜像特征

3.7.2 创建步骤

1.　创建 L 形连接座

（1）在"特征"工具栏中单击"草图" 图标，打开"创建草图"对话框，在工作区中选择 XC-YC 平面为草图平面，绘制如图 3-122 所示的草图。

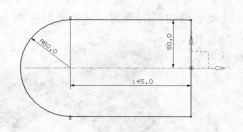

图 3-122　绘制横板截面

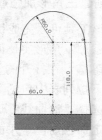

图 3-123　绘制立板截面

（2）单击"特征"工具栏中的"拉伸" 图标，在工作区中选择步骤（1）绘制的草图为截面，设置拉伸开始和结束距离为 0 和 25，如图 3-124 所示。

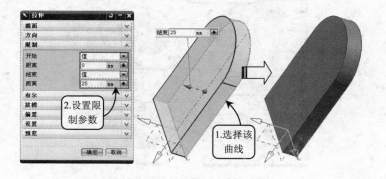

图 3-124　创建横板

（3）单击"特征"工具栏中的"拉伸" 图标，在"拉伸"对话框中单击 图标，以横板端面为草图平面绘制如图 3-123 所示的草图，返回"拉伸"对话框后，设置拉伸开始和结束距离为 0 和 20，布尔运算选择求和，如图 3-125 所示。

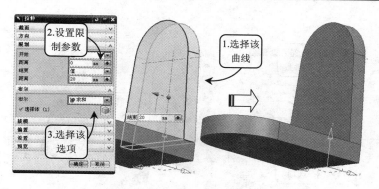

图 3-125　创建立板

　　（4）在工具栏里单击"拉伸"图标 📖，在"拉伸"对话框中单击 🔀 图标，选择横板外侧面为草图平面，绘制 φ70 的圆后返回"拉伸"对话框，设置"限制"选项组中"开始"和"结束"的距离值为 0 和 35，布尔选择"求和"，单击"确定"按钮便完成拉伸操作，如图 3-126 所示。

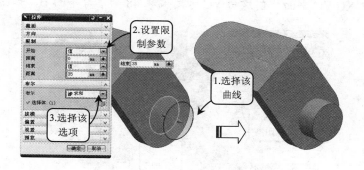

图 3-126　创建凸台 1

　　（5）在"特征操作"工具栏中单击"基准平面" ▢ 图标，打开"基准平面"对话框，在工作区中选中立板内侧表面，创建向外偏移 5 的参考平面 A，如图 3-127 所示。

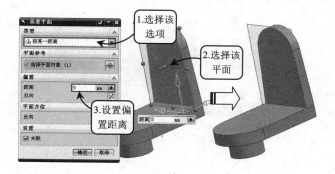

图 3-127　创建基准平面 A

　　（6）在工具栏里单击"拉伸"图标 📖，在"拉伸"对话框中单击 🔀 图标，选择步骤（5）创建的平面草图平面，绘制 φ100 的圆后返回"拉伸"对话框，设置"限制"选项组中"结束"的距离值为 70，布尔选择"求和"，单击"确定"按钮便完成拉伸操作，如图 3-128

所示。

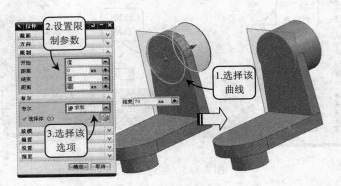

图 3-128　创建凸台 2

2．创建轴架

（1）在"特征操作"工具栏中单击"基准平面" □ 图标，打开"基准平面"对话框，在工作区中选中 XC-ZC 平面，创建向 YC 方向偏移 48 的参考平面 B，如图 3-129 所示。

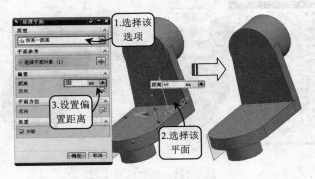

图 3-129　创建基准平面 B

（2）在"特征"工具栏中单击"草图" 图标，打开"创建草图"对话框，在工作区中选择基准平面 B 为草图平面，绘制如图 3-130 所示的草图。

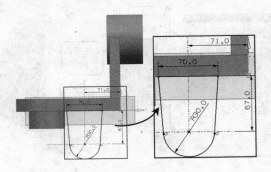

图 3-130　绘制轴架草图

（3）单击"特征"工具栏中的"拉伸" 图标，在工作区中选择步骤（2）绘制的草图为截面，设置拉伸开始和结束距离为 7.5 和-7.5，布尔运算选择求和，如图 3-131 所示。

（4）在工具栏里单击"拉伸"图标 ，在"拉伸"对话框中单击 图标，选择基准平面 B 为草图平面，绘制 φ60 的圆后返回"拉伸"对话框，设置"限制"选项组中"开始"和"结束"的距离值为 12 和-12，布尔选择"求和"，单击"确定"按钮便完成拉伸操作，如图 3-132 所示。

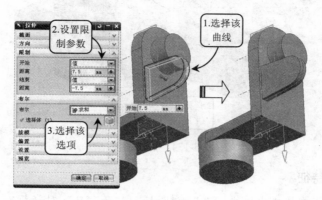

图 3-131 创建轴架

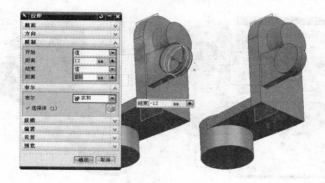

图 3-132 创建凸台 3

（5）在"特征"工具栏中单击"孔" 图标，打开"孔"对话框，在工作区中分别选择凸台 3 底面的圆心，创建 φ30 的简单孔，如图 3-133 所示。

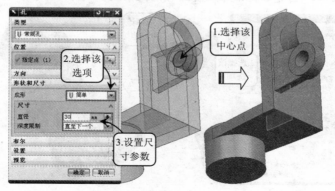

图 3-133 创建轴孔

（6）在"特征操作"工具栏中单击"镜像特征" 图标，在工作区中选中轴架，选择 XC-ZC 平面为镜像平面，如图 3-134 所示。

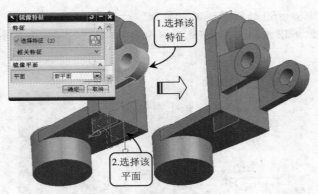

图 3-134　镜像轴架

3.　创建其他特征

（1）在"特征"工具栏中单击"孔" 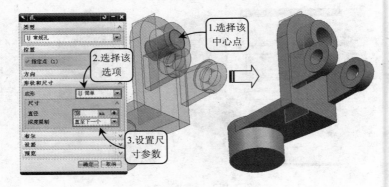 图标，打开"孔"对话框，在工作区中分别选择凸台 1 底面的圆心，创建 ϕ40 的简单孔，如图 3-135 所示。

图 3-135　创建轴孔 1

（2）在"特征"工具栏中单击"孔" 图标，打开"孔"对话框，在工作区中分别选择凸台 2 底面的圆心，创建 ϕ68 的简单孔，如图 3-136 所示。

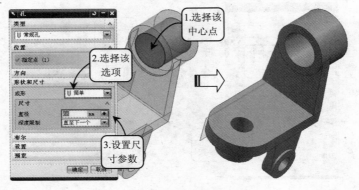

图 3-136　创建轴孔 2

（3）选择菜单栏中"插入"→"设计特征"→"三角形加强筋"选项，在工作区中选择第一组和第二组面，在对话框中设置"角度"、"深度"、"半径"参数，如图 3-137 所示。

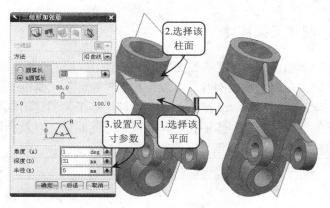

图 3-137　创建三角形加强筋

　　（4）在"特征操作"工具栏中单击"边倒圆" 图标，打开"边倒圆"对话框，在对话框中设置边倒圆半径为 2，在工作区中选择凸台、肋板和连接座的相交边缘线，单击"确定"按钮即可完成边倒圆的创建，如图 3-138 所示。连接架实体创建完成。

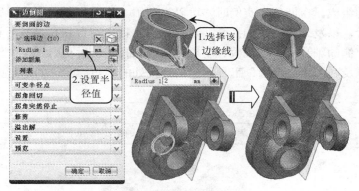

图 3-138　创建边倒圆

3.7.3 扩展实例：创建机箱盖实体

　　本实例将创建一个如图 3-139 所示的机箱盖。该机箱盖由空腔、轴孔、凸台、螺孔等结构组成。在创建本实例时，可以先利用"拉伸"、"边倒圆"等工具创建出机箱盖的基本形状，并对其抽壳。然后利用"拉伸"、"孔"等工具创建出一侧的轴承座、螺栓座，并利用"镜像特征"工具创建另一侧的轴承座和螺栓座。最后利用"基准平面"、"拉伸"、"孔"等工具创建出机箱顶部的凸台和孔，即可创建出该机箱盖的实体模型。

最终文件：	source\chapter3\ch3-example7-1.prt

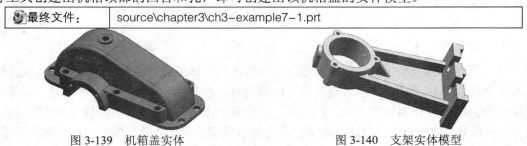

图 3-139　机箱盖实体　　　　　　　　图 3-140　支架实体模型

3.7.4 扩展实例：创建支架实体

本实例将创建一个如图 3-140 所示的支架。该支架由底板、立板、轴孔、肋板、凸台、螺孔、槽等结构组成。在创建本实例时，可以先利用"拉伸"、"基准平面"、"孔"等工具创建出轴孔座的实体。然后利用"基准平面"、"拉伸"等工具创建出底板、立板和槽的结构。最后利用"三角形加强筋"创建轴孔座和立板之间的肋板，以及利用"边倒圆"工具创建出连接处的圆角，即可创建出该支架的实体模型。

🎬 最终文件：	source\chapter3\ch3-example7-2.prt

3.8 创建轴架实体

本实例将创建一个如图 3-141 所示的轴架。该轴架由轴孔套、连接板、肋板、圆台、埋头螺孔等结构组成。在创建本实例时，可以先利用"拉伸"、"基准平面"、"孔"等工具创建出长轴孔套，以及一侧的短轴孔套、连接板、肋板、圆台和孔。然后利用"镜像体"工具创建出另一侧的轴孔套、连接板、肋板、圆台和孔。最后利用"螺纹"创建出短轴孔套上的螺纹，以及利用"边倒圆"工具创建出连接处的圆角，即可创建出该轴架的实体模型。

🎬 最终文件：	source\chapter3\ch3-example8.prt
🎬 视频文件：	视频教程\第 3 章 几何建模\3.8 创建轴架实体.avi

图 3-141 轴架实体模型

3.8.1 相关知识点

1. 镜像体

该工具可以以基准平面为镜像平面，镜像所选的实体或片体。其镜像后的实体或片体和原实体或片体相关联，但其本身没有可编辑的特征参数。与镜像特征不同的是，镜像体不能以自身的表面作为镜像平面，只能以基准平面作为镜像平面。单击"镜像体"按钮🔧，打开"镜像体"对话框，然后选取图中的实体为镜像对象，并选取基准平面作为镜像平面，系统将执行镜像体的操作，效果如图 3-142 所示。

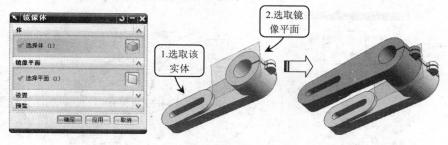

图 3-142　创建镜像体特征

2．创建埋头孔

埋头孔是指将紧固件的头部不完全沉入的阶梯孔。该方式通过指定孔表面的中心点，并指定孔的生成方向，然后设置孔的参数，即可完成孔的创建。单击"孔"按钮，在打开的"孔"对话框中选择"成形"下拉列表中的"埋头孔"选项，并选取连杆一端圆柱的端面中心为孔的中心点，指定孔的生成方向为垂直于圆柱端面，然后设置孔的参数，"布尔"生成方式为"求差"，即可创建埋头孔，创建方法如图 3-143 所示。

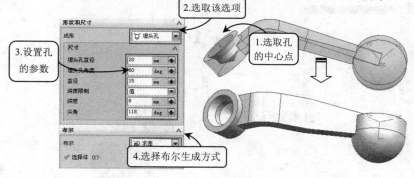

图 3-143　创建埋头孔

注　意：埋头孔直径必须大于它的孔直径，埋头孔角度必须在 0~180°之间，顶锥角必须在 0~180°之间。

3.8.2　创建步骤

1．创建轴孔套

（1）单击"特征"工具栏中"拉伸"图标，在"拉伸"对话框中单击图标，选择 XC-ZC 平面为草图平面，绘制 φ24 和 φ14 的两个圆后返回"拉伸"对话框，设置"限制"选项组中"开始"和"结束"的距离值为 30 和-30，单击"确定"按钮便完成拉伸操作，如图 3-144 所示。

（2）单击"特征"工具栏中"拉伸"图标，在"拉伸"对话框中单击图标，选择步骤（1）创建的轴孔套端面为草图平面，绘制 φ32 的圆后返回"拉伸"对话框，设置"限制"选项组中"开始"和"结束"的距离值为 0 和 20，如图 3-145 所示。

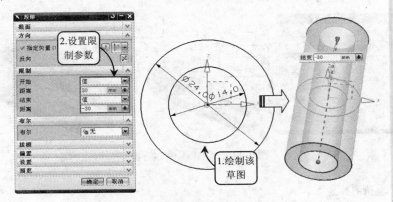

图 3-144　创建长轴孔套

2. 创建连接板和肋板

（1）在"特征操作"工具栏中单击"基准平面"□图标，打开"基准平面"对话框，在工作区中选中短轴孔套端面，创建向外偏移 3 的基准平面 A，如图 3-146 所示。

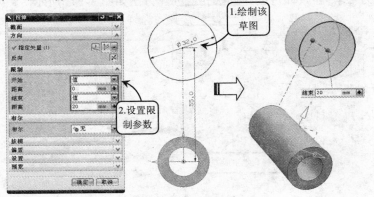

图 3-145　创建短轴孔套

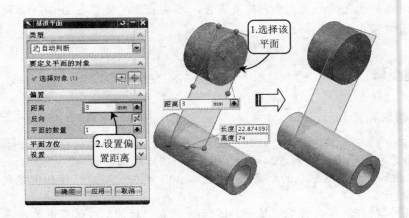

图 3-146　创建基准平面 A

(2) 单击"特征"工具栏中"拉伸"图标🔳，在"拉伸"对话框中单击🎛图标，选择步骤（1）创建的基准平面 A 为草图平面，绘制如图 3-147 所示的草图后返回"拉伸"对话框，设置"限制"选项组中"开始"和"结束"的距离值为 0 和 6，选中工作区中短轴孔套并对其布尔求和，如图 3-147 所示。

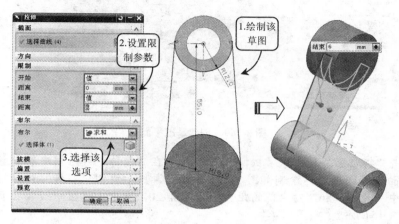

图 3-147　创建连接板

(3) 单击"特征"工具栏中"拉伸"图标🔳，在"拉伸"对话框中单击🎛图标，选择 XC-YC 平面为草图平面，绘制如图 3-148 所示的草图后返回"拉伸"对话框，设置"限制"选项组中"开始"和"结束"的距离值为 3 和-3，选中工作区中短轴孔套并对其布尔求和，如图 3-148 所示。

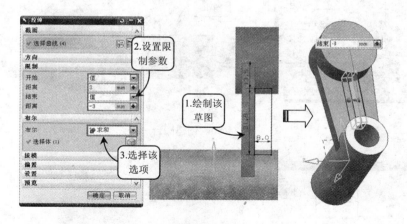

图 3-148　创建肋板

3. 创建螺孔和螺纹

(1) 在"特征操作"工具栏中单击"基准平面"图标📄，打开"基准平面"对话框，在工作区中选中 XC-YC 平面，创建向 ZC 方向偏移 20 的基准平面 B，如图 3-149 所示。

(2) 单击"特征"工具栏中"拉伸"图标🔳，在"拉伸"对话框中单击🎛图标，选择基准平面 B 为草图平面，绘制如图 3-150 所示的草图后返回"拉伸"对话框，设置"限制"选项组中"开始"和"结束"的距离值为 0 和 6，选中工作区中短轴孔套并对其布尔求和，如图 3-150 所示。

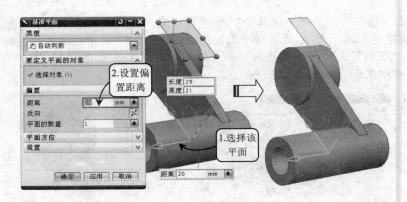

图 3-149　创建基准平面 B

（3）单击"特征"工具栏中"拉伸"图标，在"拉伸"对话框中单击图标，选择短轴孔套端面为草图平面，绘制如图 3-151 所示的草图后返回"拉伸"对话框，设置"限制"选项组中"开始"和"结束"的距离值为 0 和 20，选中工作区中短轴孔套并对其布尔求差，如图 3-151 所示。

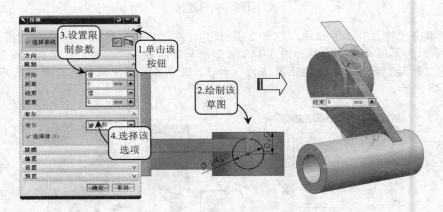

图 3-150　创建圆台

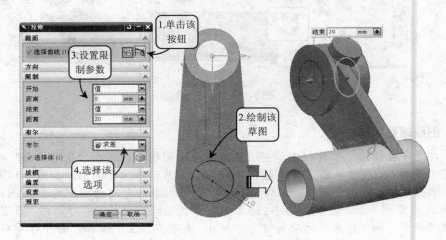

图 3-151　创建轴孔

（4）在"特征"工具栏中单击"孔" 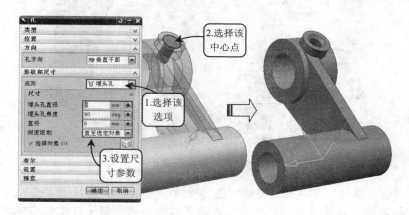 图标，选择"成形"下拉列表中的"埋头孔"选项，在工作区中选中圆台顶面的圆心，并在对话框中设置尺寸参数，如图 3-152 所示。

图 3-152　创建埋头螺孔

（5）在"特征操作"工具栏中单击"基准平面"图标，选择"类型"下拉列表中的"成一角度"选项，在工作区中选中 XC-YC 平面和短轴孔套的中心轴，创建旋转角度为 30 度的基准平面 C，如图 3-153 所示。

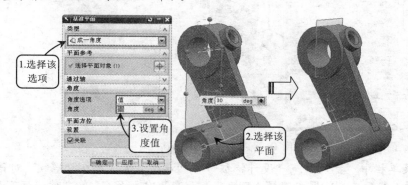

图 3-153　创建基准平面 C

（6）在"特征"工具栏中单击"草图"图标，打开"创建草图"对话框，在工作区中选择基准平面 C 为草图平面，绘制如图 3-154 所示的草图。

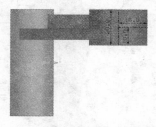

图 3-154　绘制孔中心轴草图

（7）在"特征"工具栏中单击"孔"图标，选择"成形"下拉列表中的"简单"选项，在工作区中选中步骤（6）绘制中心轴的端点，并在对话框中设置直径为 5，如图 3-155 所示。

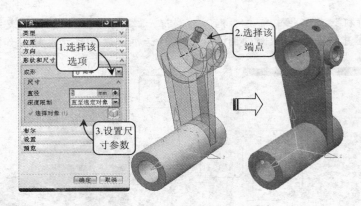

图 3-155　创建简单孔 1

（8）在"特征操作"工具栏中单击"基准平面"图标 □，选择"类型"下拉列表中的"点和方向"选项，在工作区中选中 φ5 孔的中心轴端点，创建用于创建螺纹的基准平面 C，如图 3-156 所示。

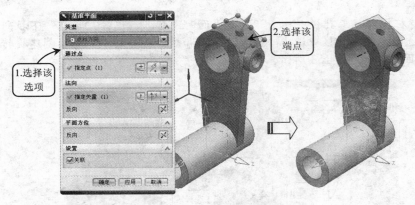

图 3-156　创建基准平面 C

（9）选择菜单栏中"插入"→"设计特征"→"螺纹"选项，在"螺纹"对话框中选择"符号"选项，然后在工作区中选择 φ5 的孔表面和基准平面 C，单击对话框下面的"从表格中选择"按钮，在表格中选择合适的螺纹参数，单击"确定"按钮即可完成螺纹的创建，如图 3-157 所示。

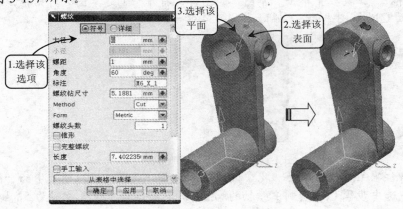

图 3-157　创建螺纹

（10）单击"特征"工具栏中"拉伸"图标，在"拉伸"对话框中单击图标，选择 XC-YC 平面为草图平面，绘制如图 3-158 所示的草图后返回"拉伸"对话框，设置"限制"选项组中"开始"和"结束"的距离值为-15 和 15，选中工作区中长轴孔套并对其布尔求差，如图 3-158 所示。

4．创建镜像体和倒角

（1）选择菜单栏中"插入"→"关联复制"→"镜像体"选项，在工作区中选择短轴孔套、圆台、简单孔、埋头孔、连接板和肋板，选择 XC-ZC 平面为镜像平面，单击"确定"按钮即可完成镜像体的创建，如图 3-159 所示。

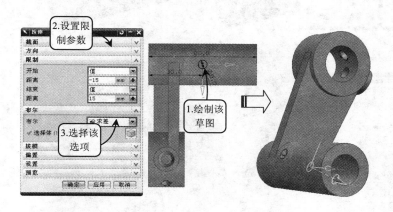

图 3-158　创建简单孔 2

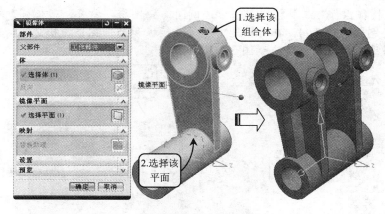

图 3-159　创建镜像体

（2）在"特征操作"工具栏中单击"边倒圆"图标，打开"边倒圆"对话框，在对话框中设置边倒圆半径为 4，在工作区中选择短轴孔套和连接板的相交线，单击"确定"按钮即可完成边倒圆 1 的创建，如图 3-160 所示。

（3）在"特征操作"工具栏中单击"边倒圆"图标，打开"边倒圆"对话框，在对话框中设置边倒圆半径为 3，在工作区中选择短轴孔套和圆台的相交线，单击"确定"按钮即可完成边倒圆 2 的创建，如图 3-161 所示。

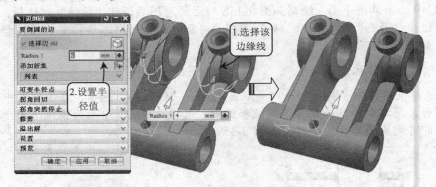

图 3-160　创建边倒圆 1

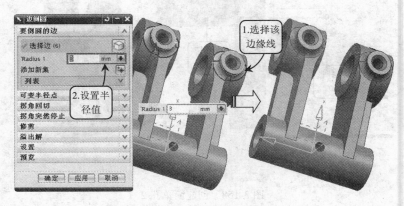

图 3-161　创建边倒圆 2

（4）在"特征操作"工具栏中单击"边倒圆" 图标，打开"边倒圆"对话框，在对话框中设置边倒圆半径为 4，在工作区中选择连接板和长轴孔套的相交线，单击"确定"按钮即可完成边倒圆 3 的创建，如图 3-162 所示。

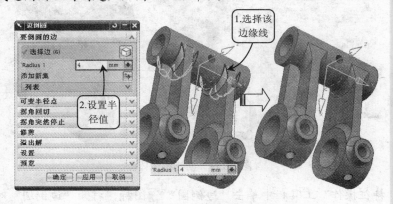

图 3-162　创建边倒圆 3

（5）在"特征操作"工具栏中单击"边倒圆" 图标，打开"边倒圆"对话框，在对话框中设置边倒圆半径为 4，在工作区中选择连接板和肋板的相交线，单击"确定"按钮即可完成边倒圆 4 的创建，如图 3-163 所示。

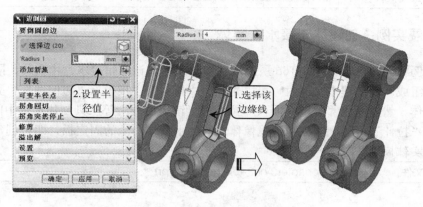

图 3-163　创建边倒圆 4

（6）在"特征操作"工具栏中单击"倒斜角" 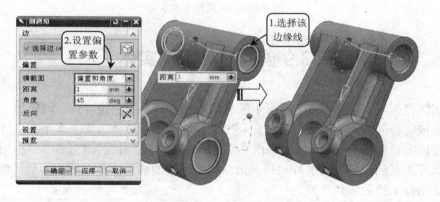 图标，打开"倒斜角"对话框，选择"横截面"下拉列表中的"偏置和角度"选项，设置距离为 1，角度为 45，在工作区中选择轴孔端面的内边缘线，单击"确定"按钮即可完成倒斜角的创建，如图 3-164 所示。轴架实体创建完成。

图 3-164　创建倒斜角

3.8.3 扩展实例：创建弧形连杆实体

本实例将创建一个如图 3-165 所示弧形连杆。该连杆由弧形杆、轴孔座、夹紧座组成。在创建本实体时，可以先利用"拉伸"、"镜像特征"等工具创建出弧形连杆的基本形状。然后利用"孔"工具创建出两端轴孔座上的简单孔和埋头孔。最后利用"倒斜角"和"边倒圆"工具创建出轴孔内侧的倒角和连接处的圆角，即可创建出该弧形连杆的实体模型。

图 3-165　弧形连杆实体

最终文件：	source\chapter3\ch3-example8-1.prt

3.8.4 扩展实例：创建冰箱接水盒实体

本实例将创建一个如图 3-166 所示的冰箱接水盒。该冰箱接水盒由盒体、隔板、固定板等结构组成。在创建本实例时，可以先利用"拉伸"、"拔模"、"边倒圆"、"壳"等工具创建出盒体。然后利用"基准平面"、"拉伸"、"镜像特征"等工具创建水盒中间的隔板。最后利用"拉伸"、"边倒圆"和"镜像体"创建水盒端面上的固定板，即可创建出该冰箱接水盒的实体模型。

最终文件：	source\chapter3\ch3-example8-2.prt

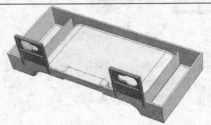

图 3-166　冰箱接水盒实体

3.9 创建时尚木梳实体

本实例将创建一个如图 3-167 所示的时尚木梳。该木梳由拉伸体、回转体、槽、圆角等结构形成。在创建本实例时，可以先利用"拉伸"、"回转体"、"基本平面"、"草图"等工具创建出木梳的基本形状。然后利用"基准平面"、"投影曲线"、"拉伸"、"引用几何体"、"求差"等工具创建出中间的阵列槽。最后利用"边倒圆"工具创建出木梳外侧的圆角，即可创建出该木梳的实体模型。

最终文件：	source\chapter3\ch3-example9.prt
视频文件：	视频教程\第 3 章　几何建模\3.9 创建时尚木梳.avi

图 3-167　时尚木梳实体

3.9.1 相关知识点

1. 引用几何体

该工具可以对所选实体特征进行三维复制操作，即利用该工具对所选对象进行三维操作后，在保留原对象的基础上创建出与原对象形状相同的新对象。单击"引用几何体"按

钮 ，在打开的"引用几何体"对话框中提供了以下 5 种类型的引用几何体操作。

❑ 来源/目标

该选项的作用是可以将选取的实体特征以源位置点和目标位置点的距离为移动距离，以两点连线的方向为移动方向进行复制操作。选择"类型"面板中的"来源/目标"选项，并选择图中的实体特征为复制的对象，然后依次指定源位置点和目标位置点并设置副本数，即可完成复制操作，效果如图 3-168 所示。

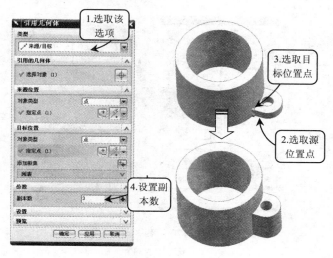

图 3-168 来源/目标操作效果

❑ 反射

该选项的作用和操作方法与草图中"镜像"工具类似，不同之处在于：草图中的镜像对象都是二维图形，并且都是以镜像线进行镜像，镜像得到的图形都在一个平面上；而这里的镜像对象则是实体或片体特征，并且都是以镜像平面进行镜像操作的，所镜像出来的图形根据镜像平面的不同所在位置而不同。选择"类型"面板中的"反射"选项，并选取图中的实体特征为镜像对象，然后选取基准平面为镜像平面，即可创建反射实体特征，效果如图 3-169 所示。

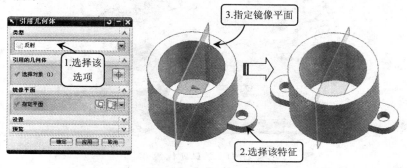

图 3-169 反射实体效果

❑ 平移

该选项可以将实体沿指定的矢量方向、移动距离和副本数进行移动复制。其成形原理和"来源/目标"选项相似，不同之处在于：利用该工具进行几何体的平移操作时，可以通过矢量构造器指定副本的移动方向，并且具体的移动距离可以通过"距离"文本框输入。选择"类型"面板中的"平移"选项，并选取图中的实体特征，然后指定矢量方向和设置参数，即可完成平移几何体的操作，效果如图 3-170 所示。

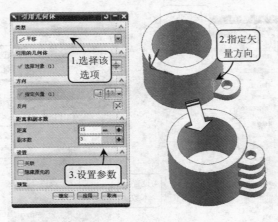

图 3-170　平移实体效果

❑ 旋转

该选项可以将几何体沿指定的旋转轴、旋转角度、移动距离以及副本数进行旋转操作。选择"类型"面板中的"旋转"选项，并选取图中的实体对象为旋转对象，然后指定旋转轴和旋转基准点，利用"角度"和"距离"文本框设置复制副本的数量，效果如图 3-171 所示。

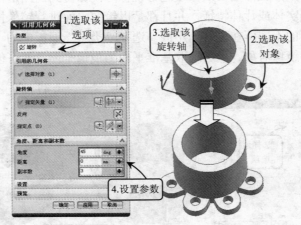

图 3-171　旋转实体效果

❑ 沿路径

该选项的操作可以看作是"平移"和"旋转"选项的组合，不同之处在于：该操作需要指定运动路径（可以是直线、圆弧、样条曲线等类型的曲线），并且所创建的新几何体的方位随所在路径位置处的矢量方向的变化而变化。

选择"类型"面板中的"沿路径"选项，并选取图中的实体对象，然后选取圆弧为路径曲线并设置相应参数，即可创建沿路径的几何体，效果如图 3-172 所示。

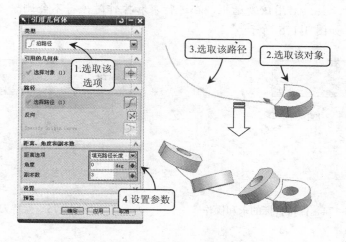

图 3-172　沿路径复制几何体

2. 布尔运算

布尔运算通过对两个以上的物体进行并集、差集、交集运算，从而得到新实体特征，用于处理实体造型中多个实体的合并关系。在 UG NX 中，系统提供了 3 种布尔运算方式，即求和、求差、求交。布尔运算隐含在许多特征中，如建立孔、凸台和腔体等特征均包含布尔运算，另外，一些特征在建立的最后都需要指定布尔运算方式。

❑　求和

该方式是指将两个或多个实体合并为单个实体，也可以认为是将多个实体特征叠加变成一个独立的特征，即求实体与实体间的和集。单击"特征"工具栏中的"求和"按钮，打开"求和"对话框，依次选取目标体和刀具体进行求和操作，创建方法如图 3-173 所示。

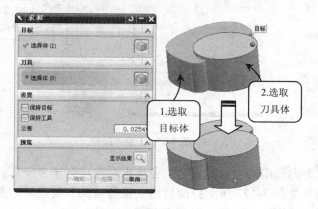

图 3-173　求和操作

该对话框中目标体是首先选择的需要与其他实体进行合并的实体；刀具体是参与运算的实体。在进行求和操作时，保持目标或者保持工具产生的效果均不同，简要介绍如下。

> 保持目标：在"求和"对话框的"设置"面板中启用该复选框进行求和操作时，将不会删除之前选取的目标特征，如图 3-174 所示；

> 保持工具：启用该复选框，在进行求和操作时，将不会删除之前选取的刀具体特征，如图 3-175 所示。

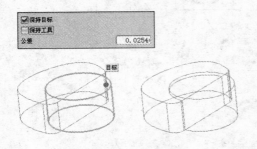

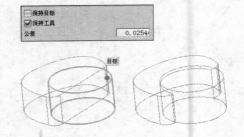

图 3-174　保持目标的求和操作　　　　图 3-175　保持刀具的求和操作

提　示：在进行布尔运算时，目标体只能有一个，而刀具体可以有多个。加运算不适用于片体，片体和片体只能进行减运算和相交运算。

❑　求差

该方式是指从目标实体中去除刀具实体，在去除的实体特征中不仅包括指定的刀具特征，还包括目标实体与刀具实体相交的部分，即实体与实体间的差集。单击"求差"按钮，打开"求差"对话框，依次选取目标体和刀具体进行求差操作，创建方法如图 3-176 所示。

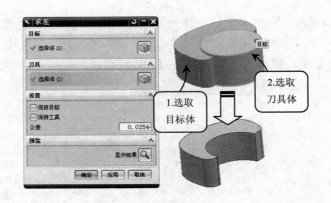

图 3-176　求差操作

启用"设置"面板中的"保持目标"复选框，在进行求差操作后，目标体特征依然显示在工作区，效果如图 3-177 所示；而启用"保持工具"复选框，在进行求差操作后，刀具特征依然显示在绘图区，效果如图 3-178 所示。

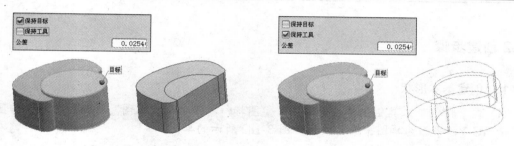

图 3-177 保持目标的求差操作   图 3-178 保持刀具的求差操作

❑ 求交

该方式可以得到两个相交实体特征的共有部分或者重合部分，即求实体与实体间的交集。它与"求差"工具正好相反，得到的是去除材料的那一部分实体。单击"求交"按钮，打开"求交"对话框，依次选取目标体和刀具体进行求交操作，创建方法如图 3-179 所示。

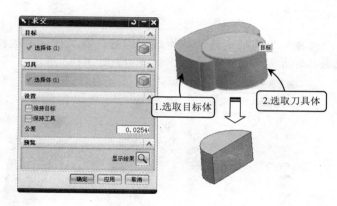

图 3-179 求交操作

启用"设置"面板中的"保持目标"复选框，在进行求交操作后，目标体特征依然显示在工作区，效果如图 3-180 所示；而启用"保持工具"复选框，在进行求交操作后，刀具特征依然显示在绘图区，效果如图 3-181 所示。

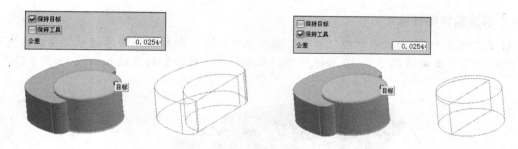

图 3-180 保持目标的求交操作   图 3-181 保持刀具的求交操作

3.9.2 创建步骤

1. 创建基本形状

（1）在"特征"工具栏中单击"草图" 图标，打开"创建草图"对话框，在工作区中选择 XC-YC 平面为草图平面，绘制如图 3-182 所示的草图。

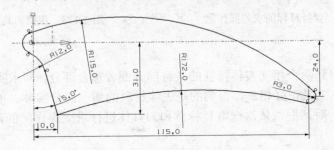

图 3-182 绘制木梳截面草图

（2）单击"特征"工具栏中的"拉伸" 图标，在工作区中选择步骤（1）绘制的草图为截面，设置拉伸开始和结束距离为 3 和-3，如图 3-183 所示。

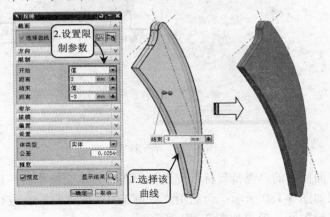

图 3-183 创建木梳基本形状

2. 创建剪切回转体

（1）在"特征"工具栏中单击"草图" 图标，打开"创建草图"对话框，在工作区中选择 XC-YC 平面为草图平面，在木梳内侧的弧面任意点处绘制该点的相切线，如图 3-184 所示。

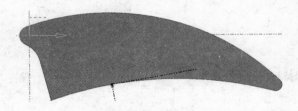

图 3-184 绘制相切线

（2）在"特征操作"工具栏中单击"基准平面"图标，选择"类型"下拉菜单中的"点和方向"选项，在工作区中选中步骤（3）绘制的相切线端点，创建垂直相切线的基准平面 A，如图 3-185 所示。

图 3-185　创建基准平面 A

（3）在"特征"工具栏中单击"草图"图标，打开"创建草图"对话框，以基准平面 A 为草图平面，绘制如图 3-186 所示的回转体截面草图。

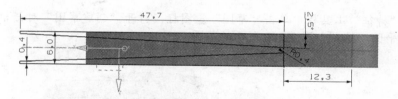

图 3-186　绘制回转体截面草图

（4）在菜单栏中选择"插入"→"设计特征"→"回转"选项，打开"回转"对话框，在工作区中选择步骤（3）绘制的草图为截面，选择木梳内侧弧面的中心轴为旋转轴，单击"确定"即可完成回转体的创建，创建方法如图 3-187 所示。

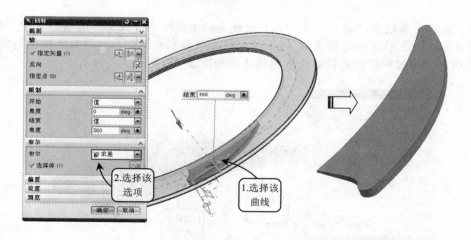

图 3-187　创建剪切回转体

3．创建阵列槽

（1）在"特征操作"工具栏中单击"基准平面"图标□，在工作区中选中木梳的侧面，系统会自动生成一个相切的基准平面 B，如图 3-188 所示。

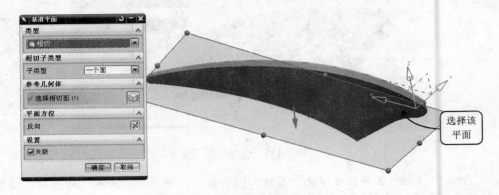

图 3-188　创建基准平面 B

（2）在"特征"工具栏中单击"草图"图标，打开"创建草图"对话框，以基准平面 B 为草图平面，绘制如图 3-189 所示的草图。

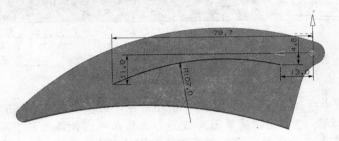

图 3-189　绘制引导线

（3）选择菜单栏中"插入"→"来自曲线集的曲线"→"投影"选项，打开"投影曲线"对话框，在工作区中选择步骤（2）绘制的曲线和木梳的侧面，将曲线投影到侧面上，单击"确定"按钮即可完成投影曲线的创建，如图 3-190 所示。

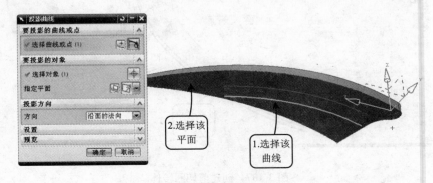

图 3-190　投影曲线

(4) 在"特征"工具栏中单击"草图"  图标，打开"创建草图"对话框，以 XC-YC 平面为草图平面，绘制如图 3-191 所示的草图。

图 3-191 绘制剪切槽的截面

(5) 单击"特征"工具栏中的"拉伸" 图标，在工作区中选择步骤（4）绘制的草图为截面，设置拉伸开始和结束距离为 5 和-5，如图 3-192 所示。

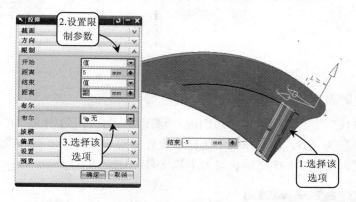

图 3-192 创建剪切槽实体

(6) 选择菜单栏中"插入"→"关联复制"→"引用几何体"选项，打开"实例几何体"对话框，在工作区中选择剪切槽实体和引导线，设置距离、角度和副本数参数，单击"确定"按钮即可完成引用几何体的创建，如图 3-193 所示。

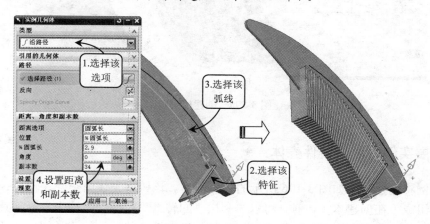

图 3-193 引用几何体

(7) 选择菜单栏中"插入"→"组合体"→"求差"选项，打开"求差"对话框，在工作区中选择木梳基本形体为目标，依次逐个选择引用几何体为刀具，单击"确定"按钮即可完成求差运算，如图 3-194 所示。

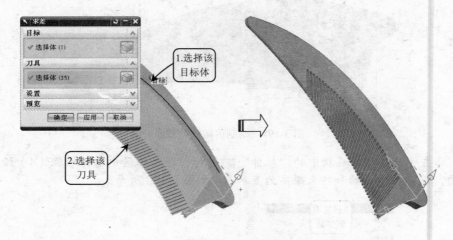

图 3-194　求差运算

4. 创建边倒圆

在"特征操作"工具栏中单击"边倒圆" 图标，打开"边倒圆"对话框，在对话框中设置边倒圆半径为 0.5，在工作区中选择木梳外侧的边缘线，单击"确定"按钮即可完成边倒圆的创建，如图 3-195 所示。时尚木梳实体创建完成。

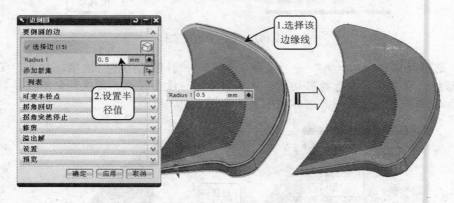

图 3-195　创建边倒圆

3.9.3 扩展实例：创建铸件壳体

本实例将创建一个如图 3-196 所示的铸件壳体。该铸件壳体由空腔、轴孔、凸台、螺孔等结构组成。在创建本实体时，可以先利用"回转"、"拉伸"、"抽壳"等工具创建出铸件的基本形状。然后利用"拉伸"、"引用几何体"、"镜像特征"等工具创建出凸台、轴孔和螺孔。最后利用"扫掠"工具创建出壳体断面的弧形体，以及利用"边倒圆"工具创建出连接处的圆角，即可创建出该铸件壳体的实体模型。

最终文件：	source\chapter3\ch3-example9-1.prt

图 3-196　铸件壳体实体

3.9.4 扩展实例：创建托架实体模型

本实例将创建一个如图 3-197 所示的托架。该托架由底板、轴孔套、支架等结构组成。在创建本实体时，可以先利用"拉伸"、"基准平面"等工具创建出托架的基本形状。然后利用"拉伸"、"孔"等工具创建出轴孔和底板上的螺孔。最后利用"边倒圆"工具创建出底板四条棱边和其他连接处的圆角，即可创建出该托架的实体模型。

最终文件：	source\chapter3\ch3-example9-2.prt

图 3-197　托架实体模型

3.10 创建键盘按键

本实例将创建一个如图 3-198 所示的键盘按键。该键盘按键由壳体、导向管、标识符等组成。在创建本实例时，可以先利用"长方体"、"拔模"、"扫掠"、"修剪体"、"抽壳"等工具创建出按键壳体的基本形状。然后利用"拉伸"、"加厚"、"拔模"等工具创建出壳体内的导向管。最后利用"直线"、"投影曲线"、"文本"等工具创建出按键表面的标识符，并利用"倒圆角"工具创建出按键顶面边缘线的倒圆角，即可创建出该键盘按键的实体模型。

最终文件：	source\chapter3\ch3-example10.prt
视频文件：	视频教程\第 3 章　几何建模\3.10 创建键盘按键.avi

图 3-198 键盘按键实体模型

3.10.1 相关知识点

1. 修剪体

该工具是利用平面、曲面或基准平面对实体进行修剪操作。其中这些修剪面必须完全通过实体，否则无法完成修剪操作。修剪后仍然是参数化实体，并保留实体创建时的所有参数。在菜单栏中选择"插入"→"修剪"→"修剪体"选项，打开"修剪体"对话框，选取要修剪的实体对象，并利用"选择面或平面"工具指定基准面和曲面。该基准面或曲面上将显示绿色矢量箭头，矢量所指的方向就是要移除的部分，可单击"方向"按钮⊠，反向选择要移除的实体，效果如图 3-199 所示。

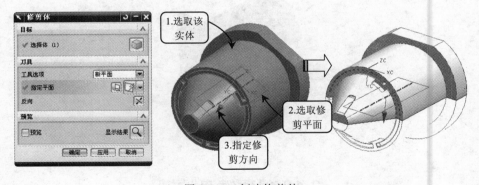

图 3-199 创建修剪体

2. 拔模

注塑件和铸件往往需要一个拔模斜面才能顺利脱模，这就是所谓的拔模处理。拔模特征是通过指定一个拔模方向的矢量，输入一个沿拔模方向的拔模角度，使要拔模的面按照这个角度值进行向内或向外的变化。单击"特征操作"工具栏中"拔模"按钮，在打开的"拔模"对话框中提供了 4 种创建拔模特征的方式，简要介绍如下。

❑ 从平面

该方式是指以选取的平面为参考平面，并与所指定的拔模方向成一定角度来创建拔模特征。选择"类型"面板中的"从平面"选项并指定拔模方向，然后选取拔模的固定平面，并选取要进行拔模的曲面和设置拔模角度值，创建方法如图 3-200 所示。

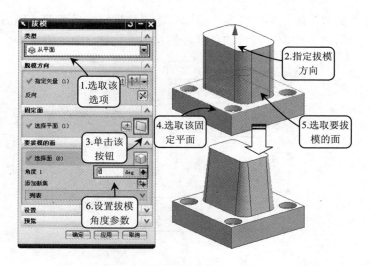

图 3-200　从平面拔模

❑　从边

该方式常用于从一系列实体的边缘开始，与拔模方向成一系列的拔模角度对指定的实体进行拔模操作。选择"类型"面板中的"从边"选项并指定拔模方向，然后选取拔模的固定边并设置拔模角度，创建方法如图 3-201 所示。

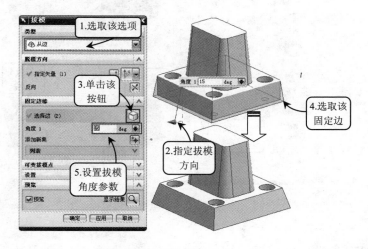

图 3-201　从边拔模

❑　与多个面相切

该方式用于对相切表面拔模后仍保持相切的情况。选择"类型"面板中的"与多个面相切"选项并指定拔模方向，然后选取要拔模的平面，并选取与其相切的平面，设置拔模角度，创建方法如图 3-202 所示。

❑　至分型边

该方式是沿指定的分型边缘，并与指定的拔模方向成一定拔模角度对实体进行的拔模操作。选择"类型"面板中的"至分型边"选项并指定拔模方向，然后选取拔模的固定平面和拔模的分型边，并设置拔模的角度，创建方法如图 3-203 所示。

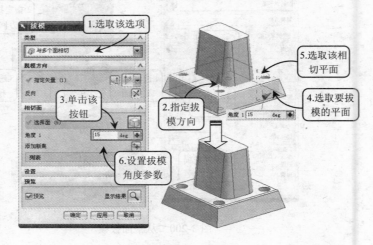

图 3-202　与多个面相切拔模

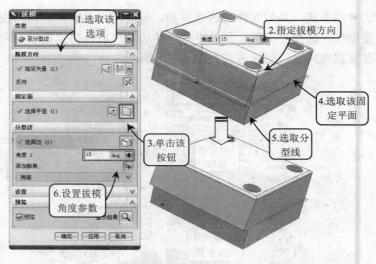

图 3-203　至分型边拔模

3.10.2 创建步骤

1. 创建按键壳体

（1）单击"特征"工具栏中的"长方体"图标，打开"长方体"对话框，选择"类型"下拉列表中的"原点和边长"选项，设置长、宽、高分别为 18、18、15 的长方体，如图 3-204 所示。

（2）单击"特征操作"工具栏中的"拔模"图标，打开"拔模"对话框，选择"类型"下拉列表中的"从边"选项，设置拔模方向为 ZC 正向，选择长方体的底边为固定边，并设置拔模角度为 15 度，如图 3-205 所示。

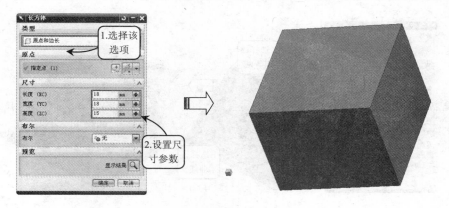

图 3-204　创建长方体

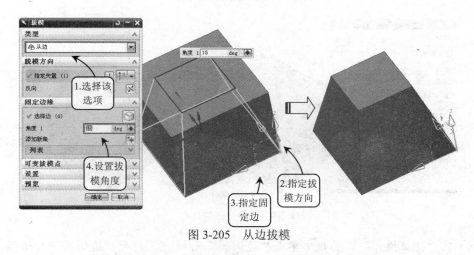

图 3-205　从边拔模

（3）在"特征"工具栏中单击"草图" 图标，打开"创建草图"对话框，以 YC-ZC 平面为草图平面，绘制如图 3-206 所示的截面曲线，以与 YC-ZC 平面垂直且过长方体垂直中心轴的平面为草图平面，绘制如图 3-207 所示的引导线。

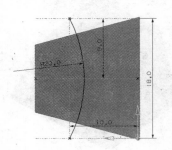

图 3-206　绘制截面曲线

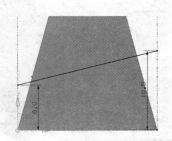

图 3-207　绘制引导线

（4）选择菜单栏中"插入"→"扫掠"→"沿引导线扫掠"选项，打开"沿引导线扫掠"对话框，在工作区中选择截面曲线和引导线，如图 3-208 所示。

（5）在菜单栏中选择"插入"→"修剪"→"修剪体"选项，打开"修剪体"对话框，在工作区中选择拔模的长方体为目标，选择扫掠曲面为刀具，如图 3-209 所示。

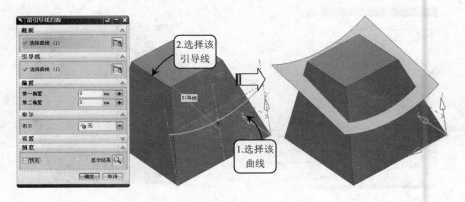

图 3-208　创建扫掠曲面

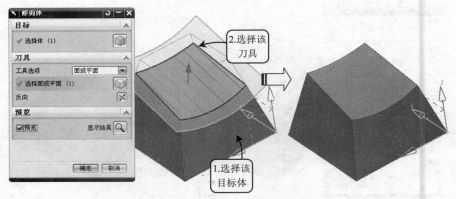

图 3-209　修剪体

　　(6) 在"特征操作"工具栏中单击"边倒圆"图标，打开"边倒圆"对话框，在对话框中设置边倒圆半径为 1.5，在工作区中选择拔模体的 4 个棱边，单击"确定"按钮即可，如图 3-210 所示。

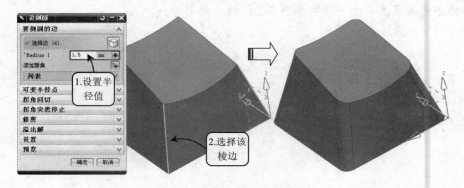

图 3-210　创建边倒圆

　　(7) 在"特征操作"工具栏中单击"抽壳"图标，在工作区中选中按键的底面，设置壳体厚度为 0.5，单击"确定"按钮即可完成抽壳操作，如图 3-211 所示。

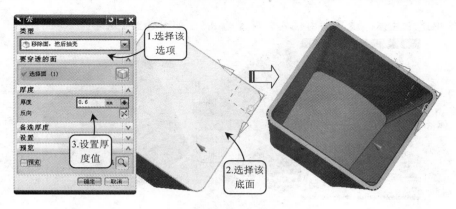

图 3-211　创建壳体

2．创建导向管

（1）在"特征操作"工具栏中单击"基准平面"图标▢，在工作区中选中按键的底面，创建向外偏置距离为 3 的基准平面，如图 3-212 所示。

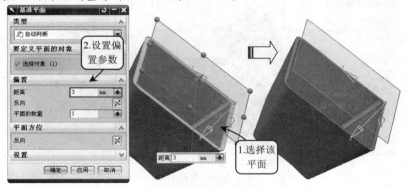

图 3-212　创建基准平面

（2）在工具栏里单击"拉伸"图标▥，在"拉伸"对话框中单击▦图标，选择步骤（1）创建的平面草图平面，以按键底面中心为圆心绘制 φ5.5 的圆后返回"拉伸"对话框，设置"限制"选项组中的参数，选择"体类型"下拉列表中的"片体"选项，单击"确定"按钮即可完成拉伸操作，如图 3-213 所示。

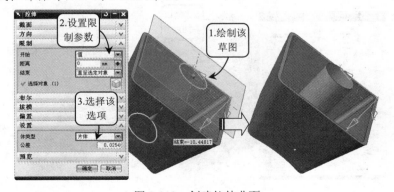

图 3-213　创建拉伸曲面

（3）在菜单栏中选择"插入"→"偏置/缩放"→"加厚"选项，打开"加厚"对话框，在工作区中选中片体,设置向内偏置的厚度为 0.6,如图 3-214 所示。

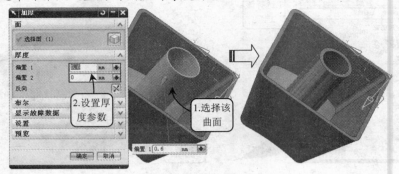

图 3-214　加厚曲面

(4) 单击"特征操作"工具栏中的"拔模"图标，打开"拔模"对话框,选择"类型"下拉列表中的"从边"选项,设置拔模方向为 ZC 方向,选择片体上端的边缘线为固定边,并设置拔模角度为 3°,如图 3-215 所示。

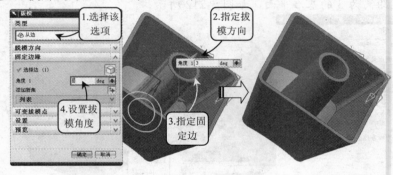

图 3-215　拔模柱体

3. 创建标识符

(1) 单击"曲线"工具栏中的"直线"图标，打开"直线"对话框,在工作区中绘制按键顶面两侧的 2 条直线,然后连接这两条直线的中点,如图 3-216 所示。

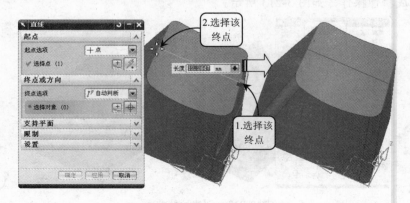

图 3-216　绘制投影直线

（2）在菜单栏中选择"插入"→"来自曲线集的曲线"→"投影"选项，打开"投影曲线"对话框，在工作区中选中要投影的直线和投影的对象曲面，如图 3-217 所示。

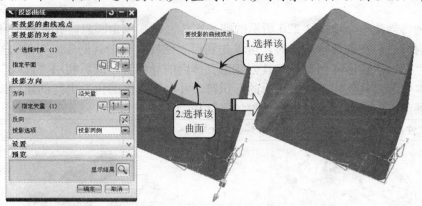

图 3-217　创建投影曲线

（3）在菜单栏中选择"插入"→"曲线"→"文本"选项，选择"类型"下拉列表中的"在面上"选项，在工作区中选中文本放置面和面上位置（上步骤的投影曲线），在"文本属性"选项组的文本框中输入：Ctrl，设置"文本框"选项组中的尺寸参数，并启用"连结曲线"和"投影曲线"选项，单击"确定"按钮即可完成文本的创建，如图 3-218 所示。

（4）在"特征操作"工具栏中单击"边倒圆"图标，打开"边倒圆"对话框，设置边倒圆半径为 0.3，在工作区中按键顶面的边缘线，单击"确定"按钮完成边倒圆的创建，如图 3-219 所示。

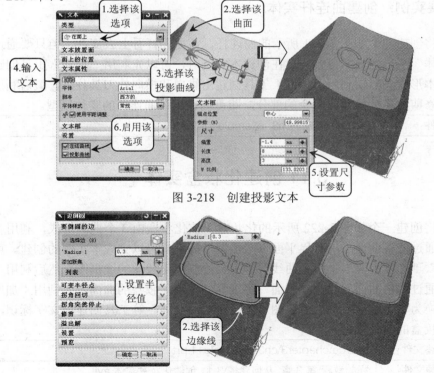

图 3-218　创建投影文本

图 3-219　创建边倒圆

3.10.3 扩展实例：创建端盖实体

本实例将创建一个如图 3-220 所示的端盖实体。该端盖由圆盘、孔、轴孔套、拔模、圆角等结构组成。在创建本实体时，可以先利用"回转"等工具创建出端盖的基本形状。然后利用"孔"、"圆形阵列"等工具创建出壳体内的导向管。最后利用"直线"、"投影曲线"、"文本"等工具创建出按键表面的标识符，并利用"倒圆角"工具创建处按键顶面边缘线的倒圆角，即可创建出该键盘按键的实体模型。

| 最终文件： | source\chapter3\ch3-example10-1.prt |

图 3-220　端盖实体模型

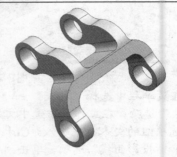

图 3-221　曲连杆实体模型

3.10.4 扩展实例：创建曲连杆实体

本实例将创建一个如图 3-221 所示的曲连杆。该曲连杆看上去复杂，但只要通过"拉伸"、"修剪体"两个工具即可完成。在创建本实例时，可以先利用"拉伸"工具创建出连杆纵向的基本形状。然后利用"拉伸"工具创建出纵向和横向的刀具片体。最后利用"修剪体"工具修剪掉连杆拉伸体多余的部分，即可创建出该曲连杆的实体模型。

| 最终文件： | source\chapter3\ch3-example10-2.prt |

3.11 创建化妆盒实体

本实例将创建一个如图 3-222 所示的化妆盒。该化妆盒由 3 个曲面构成，利用"通过曲线组"、"通过网格曲面"、"有界平面"、"加厚"等工具可以完成本实例的创建。可以先利用"草图"、"基准平面"、"偏置曲线"等工具绘制出化妆盒的线框图。然后利用"通过曲线组"、"通过网格曲面"、"有界平面"等工具创建出化妆盒的曲面，并利用"加厚"工具将曲面转换为实体。最后利用"草图"、"文本"、"拉伸"等工具创建出文字标识，即可创建出该化妆盒的实体模型。

| 最终文件： | source\chapter3\ch3-example11.prt |
| 视频文件： | 视频教程\第 3 章　几何建模\3.11 创建化妆盒实体.avi |

图 3-222　化妆盒实体模型

3.11.1　相关知识点

1.　通过曲线组

通过曲线组方法可以使一系列截面线串（大致在同一方向）建立片体或者实体。截面线串定义了曲面的 U 方向，截面线可以是曲线、体边界或体表面等几何体。此时直纹形状改变以穿过各截面，所生成的特征与截面线串相关联，当截面线串编辑修改后，特征自动更新。通过曲线创建曲面与直纹面的创建方法相似，区别在于：直纹面只使用两条截面线串，并且两条线串之间总是相连的，而通过曲线组最多可允许使用 150 条截面线串。

在"曲面"工具栏中单击"通过曲线组"按钮 ，打开"通过曲线组"对话框，如图 3-223 所示，该对话框中常用面板及选项的功能如下叙述。

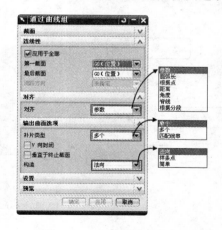

图 3-223　"通过曲线组"对话框

图 3-224　"设置"面板

❑　连续性

该面板中可以根据生成的片体的实际意义，来定义边界约束条件，以让它在第一条截面线串处和一个或多个被选择的体表面相切或者等曲率过渡。

❑　输出曲面选项

在"输出曲面选项"面板中可设置补片类型、构造方式、V 向封闭和其他参数设置。

➢　补片类型：用来设置生成单面片、多面片或者匹配类型的片体。其中选择"单个"

类型，则系统会自动计算 V 向阶次，其数值等于截面线数量减 1；选择"多个"类型，则用户可以自己定义 V 向阶次，但所选择的截面数量至少比 V 向的阶次多一组。

- ➢ V 向封闭：启用该复选框，并且选择封闭的截面线，则系统自动创建出封闭的实体。
- ➢ 垂直于终止截面：启用该复选框后，所创建的曲面会垂直于终止截面。
- ➢ 构造：该选项用来设置生成的曲面符合各条曲线的程度，具体包括"正常"、"样条点"和"简单" 3 种类型。其中"简单"是通过对曲线的数学方程进行简化，以提高曲线的连续性。

❑ 设置

该面板如图 3-224 所示，用来设置生成曲面的调整方式，同直纹面基本一样。

❑ 公差

该选项组主要用来控制重建曲面相对于输入曲线的精度的连续性公差。其中 G0（位置）表示用于建模预设置的距离公差；G1(相切)表示用于建模预设置的角度公差；G2(曲率)表示相对公差 0.1 或 10%。

❑ 对齐

通过曲线组创建曲面与直纹面方法类似，这里以"参数"方式为例进行说明。在绘图区依次选取第一条截面线串和其他截面线串，并选择"参数"对齐方式，接受默认的其他设置，单击"确定"按钮，如图 3-225 所示。

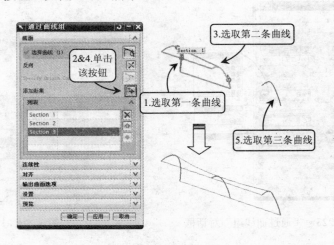

图 3-225　通过曲线组创建曲面

2. 有界平面

使用"有界平面"工具可以将在一个平面上封闭曲线生成片体特征，所选取的曲线其内部不能相互交叉。在菜单栏中选择"插入"→"曲面"→"有界平面"选项，将打开"有界平面"对话框，该对话框中包含"平面截面"和"预览"两个选项组，选择"平面截面"选项组，在工作区中选取要创建片体的曲线对象，然后单击"确定"按钮即可生成有界平面，效果如图 3-226 所示。

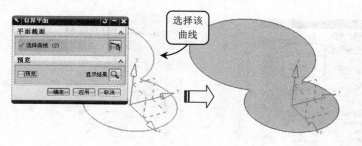

图 3-226　有界平面

3.11.2　创建步骤

1.　创建化妆盒线框

（1）在"特征"工具栏中单击"草图"图标，打开"创建草图"对话框，以 XC-YC 平面为草图平面，绘制如图 3-227 所示的外轮廓草图。

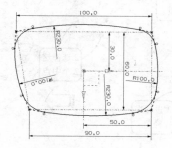

图 3-227　绘制外轮廓草图

（2）在"特征操作"工具栏中单击"基准平面"图标，在工作区中选中 XC-YC 平面，创建向 ZC 方向偏置距离为 10 的基准平面 A，如图 3-228 所示。

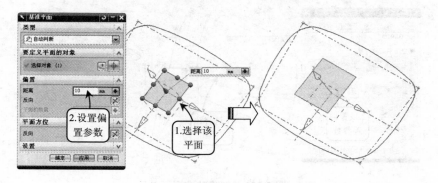

图 3-228　创建基准平面 A

（3）在"特征"工具栏中单击"草图"图标，以基准平面 A 为草图平面进入草绘环境，单击草图工具栏中的"偏置曲线"图标，选择工作区中的外轮廓线向内偏置 10，如图 3-229 所示。

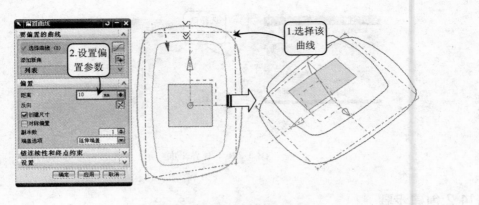

图 3-229　偏置外轮廓曲线

　　(4) 在"曲线"工具栏中单击"圆弧/圆"图标 ，打开"圆弧/圆"对话框，连接两轮廓线中间圆弧的中点，设置半径值为 10，同样的方法绘制另一侧圆弧，如图 3-230 所示。

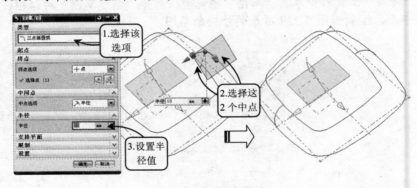

图 3-230　创建圆弧

　　(5) 在"特征操作"工具栏中单击"基准平面"图标 ，在工作区中选中 XC-YC 平面，创建向 ZC 方向偏置距离为 8.5 的基准平面 B，如图 3-231 所示。

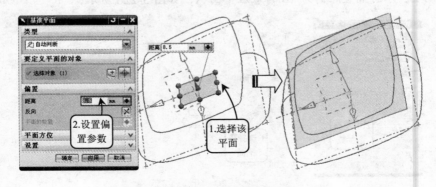

图 3-231　创建基准平面 B

　　(6) 在"特征"工具栏中单击"草图"图标 ，以基准平面 B 为草图平面进入草绘环境，单击草图工具栏中的"偏置曲线"图标 ，选择工作区中的内轮廓线向内偏置 2，如

图 3-232 所示。

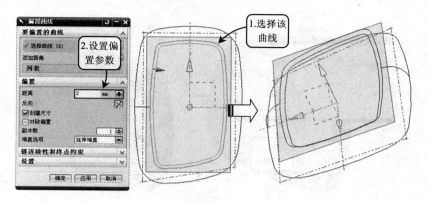

图 3-232　偏置曲线

2. 创建盒体

(1) 选择"插入" → "网格曲面" → "通过曲线组"选项, 打开"通过曲线组"对话框, 在工作区中依次选择曲线组, 创建方法如图 3-233 所示。

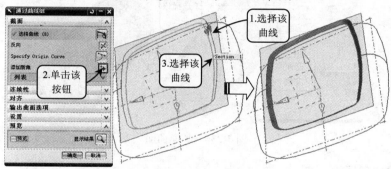

图 3-233　通过曲线组创建曲面

(2) 在"曲面"工具栏中单击"通过曲线网格"图标, 打开"通过曲线网格"对话框, 在工作区中依次选择轮廓线为主曲线, 选择圆弧为交叉曲线, 创建方法如图 3-234。

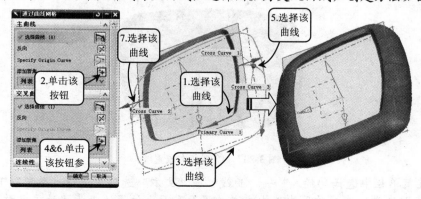

图 3-234　通过曲线网格创建曲面

(3) 在菜单栏中选择"插入" → "曲面" → "有界平面"选项, 将打开"有界平面"

对话框，在工作区中最内侧的轮廓线，单击"确定"按钮即可创建有界平面，如图 3-235 所示。

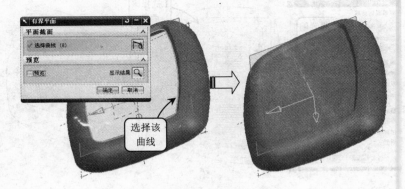

图 3-235　创建有界平面

（4）在菜单栏中选择"插入"→"偏置/缩放"→"加厚"选项，打开"加厚"对话框，在工作区中选中所有曲面，设置向内偏置的厚度为 1，如图 3-236 所示。

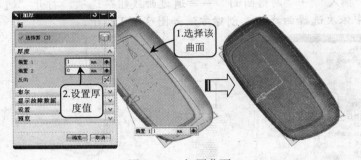

图 3-236　加厚曲面

3. 创建文字标识

（1）在"特征"工具栏中单击"草图"图标，打开"创建草图"对话框，盒体中间的平面为草图平面，绘制如图 3-237 所示的文本放置线。

图 3-237　绘制文本放置线

（2）在菜单栏中选择"插入"→"曲线"→"文本"选项，选择"类型"下拉列表中的"在面上"选项，在工作区中选中文本放置面和面上位置（上步骤的文本放置线），在"文本属性"选项组的文本框中输入：V，设置"文本框"选项组中的尺寸参数，单击"确定"按钮即可完成文本的创建，如图 3-238 所示。

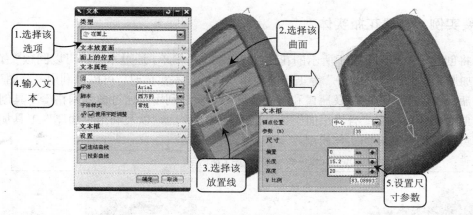

图 3-238　创建文本 1

（3）按照上步骤同样的方法打开"文本"对话框，设置对话框中的参数，创建方法如图 3-239 所示。

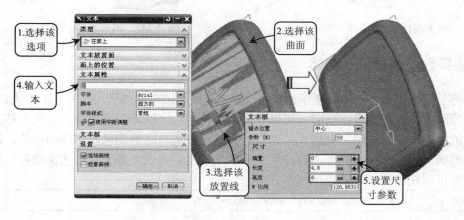

图 3-239　创建文本 2

（4）单击"特征"工具栏中的"拉伸" 图标，在工作区中选择步骤（2）和步骤（3）创建的文本为截面，设置拉伸开始和结束距离为 0 和-0.1，如图 3-240 所示。

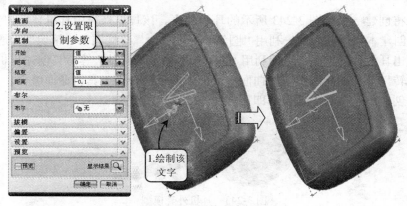

图 3-240　拉伸文本标识

3.11.3 扩展实例：创建花瓶实体

本实例将创建一个如图 3-241 所示的花瓶。该花瓶比较简单，通过本实例可以回顾"有界平面"、"加厚"、"通过曲线网格"等工具的使用。在创建本实体时，可以先利用"草图"工具创建出瓶身的 4 条轮廓线以及瓶口和瓶底的椭圆。然后利用"通过曲线网格"工具创建出瓶身的曲面。最后利用"有界平面"工具创建瓶底的平面，以及利用"加厚"工具加厚曲面，即可创建出该花瓶的实体模型。

最终文件：	source\chapter3\ch3-example11-1.prt

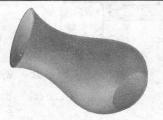 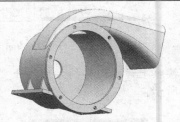

图 3-241　花瓶实体　　　　　　　　图 3-242　风机壳体

3.11.4 扩展实例：创建风机壳体

本实例将创建一个如图 3-242 所示的风机壳体。该风机该电机外壳由风叶箱、出风口、肋板、底板等组成。在创建本实体时，可以先利用"拉伸"、"回转"、"通过曲线组"等工具创建出风机的基本形状。然后利用"抽壳"工具选择出风口端面和风叶箱端面移除，创建风机壳体形状。最后利用"孔"、"拉伸"、"求和"、"镜像特征"等工具创建出肋板、螺孔和底板，即可创建出该风机的壳体模型。

最终文件：	source\chapter3\ch3-example11-2.prt

3.12 创建耳机外壳模型

本实例将创建一个如图 3-243 所示的耳机外壳。该耳机外壳由耳机体、出音罩、耳机柄等组成。创建本实体时，首先利用"圆"、"基准平面"、"椭圆"、"镜像"、"通过曲线组"等工具创建出耳机体的曲面。然后利用"回转"、"修剪的片体"等工具创建耳机柄的曲面，并利用"回转"工具创建出出音罩曲面。最后利用"缝合"工具将曲面缝合，并利用"边倒圆"工具创建出连接处的圆角，即可创建出该耳机外壳模型。

图 3-243　耳机外壳模型

最终文件：	source\chapter3\ch3-example12.prt	
视频文件：	视频教程\第 3 章　几何建模\3.12 创建耳机外壳模型.avi	

3.12.1 相关知识点

1. 通过曲线网格

使用"通过曲线网格"工具可以使一系列在两个方向上的截面线串建立片体或实体。

截面线串可以由多段连续的曲线组成。这些线串可以是曲线、体边界或体表面等几何体。其中构造曲面时应该将一组同方向的截面线串定义为主曲线，而另一组大致垂直于主曲线的截面线串则为形成曲面的交叉线。由通过曲线网格生成的体相关联（这里的体可以是实体也可以是片体），当截面线边界修改后，特征会自动更新。

在"曲面"工具栏中单击"通过曲线网格"按钮，打开"通过曲线网格"对话框，如图 3-244 所示。该对话框主要选项的含义及功能如下所述。

❑　指定主曲线

首先展开该对话框中的"主曲线"面板中的列表框，选取一条曲线作为主曲线。然后依次单击"添加新集"按钮，选取其他主曲线，创建方法如图 3-245 所示。

❑　指定交叉曲线

选取主曲线后，展开"交叉曲线"面板中的列表框，并选取一条曲线作为交叉曲线。然后依次单击该面板中的"添加新集"按钮，选取其他交叉曲线将显示曲面创建效果，创建方法如图 3-245 所示。

图 3-244　"通过曲线网格"对话框

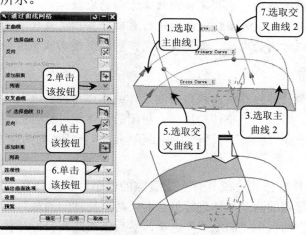

图 3-245　指定主曲线与交叉曲线创建曲面

- □ 着重

该选项用来控制系统在生成曲面时更靠近主曲线还是交叉曲线，或者在两者中间它只有在主曲线和交叉曲线不相交的情况下才有意义，具体包括以下 3 种方式。

- ➢ 两者皆是：完成主曲线，交叉曲线选取后，如果选择该方式，则生成的曲面会位于主曲线和交叉曲线之间，如图 3-246 所示。
- ➢ 主线串：如果选择"主线串"方式创建曲面，则生成的曲面仅通过主曲线，效果如图 3-247 所示。
- ➢ 十字：如果选择"十字"方式创建曲面，则生成的曲面仅通过交叉曲线，效果如图 3-248 所示。

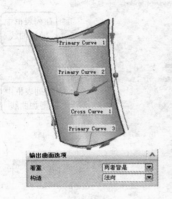　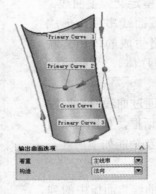　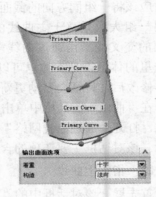

图 3-246　"两者皆是"生成　　　图 3-247　"主线串"生成　　　图 3-248　"十字"生成

- □ 重新构建

该选项用于重新定义曲线和交叉曲线的次数，从而构建与周围曲面光顺连接的曲面，包括以下 3 种方式。

- ➢ 无：在曲面生成时不对曲面进行指定次数。
- ➢ 手工：在曲面生成时对曲面进行指定次数，如果是主曲线，则指定主曲线方向的次数，如果是横向，则指定横向线串方向的次数。
- ➢ 高级：在曲面生成时系统对曲面进行自动计算指定最佳次数，如果是主曲线，则指定主曲线方向的次数，如果是横向，则指定横向线串方向的次数。

2. 片体的缝合

缝合都是将多个片体修补从而获得新的片体或实体特征。该工具是将具有公共边的多个片体缝合在一起，组成一个整体的片体。封闭的片体经过缝合能够变成实体。单击"缝合"按钮，在打开的"缝合"对话框中提供了创建缝合特征的两种方式，具体介绍如下。

- □ 图纸页

该方式是指将具有公共边或具有一定缝隙的两个片体缝合在一起组成一个整体的片体。当对具有一定缝隙的两个片体进行缝合时，两个片体间的最短距离必须小于缝合的公差值。选择"类型"面板中"图纸页"选项，然后依次选取目标片体和刀具片体进行缝合操作，创建方法如图 3-249 所示。

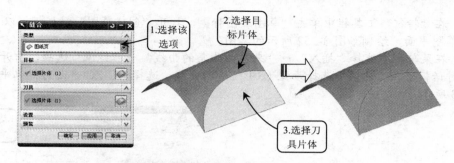

图 3-249　利用图纸页创建缝合特征

❑　实线

该方式用于缝合选择的实体。要缝合的实体必须是具有相同形状、面积相近的表面。该方式尤其适用于无法用"求和"工具进行布尔运算的实体。选择"类型"面板中的"实线"选项，然后依次选取目标平面和刀具进行缝合操作，创建方法如图 3-250 所示。

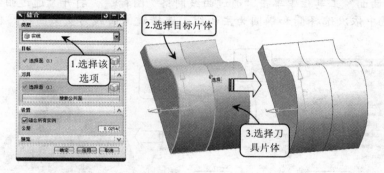

图 3-250　利用实线创建缝合特征

3.12.2 创建步骤

1.　创建耳机体

（1）在"特征"工具栏中单击"草图"图标，打开"创建草图"对话框，以 XC-YC 平面为草图平面，绘制 φ14 的圆。

（2）先创建 XC-YC 平面往 ZC 方向偏移 8 的基准平面，然后以该平面为草图平面绘制大半径为 4，小半径为 2 的椭圆，如图 3-251 所示。

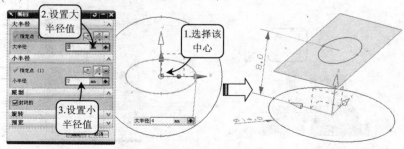

图 3-251　绘制椭圆

（3）在"特征"工具栏中单击"草图"图标，打开"创建草图"对话框，以 YC-ZC 平面为草图平面，绘制如图 3-252 所示的草图。

（4）在菜单栏中选择"插入"→"来自曲线集的曲线"→"镜像"选项，打开"镜像曲线"对话框，在工作区中选择步骤（3）绘制的曲线，选择 XC-ZC 平面为镜像平面，如图 3-253 所示。

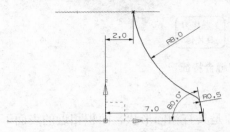

图 3-252　绘制机体截面轮廓

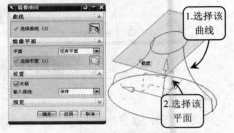

图 3-253　镜像曲线

（5）在"曲面"工具栏中单击"通过曲线网格"图标，打开"通过曲线网格"对话框，在工作区中依次选择圆和椭圆为主曲线，选择镜像曲线为交叉曲线，创建方法如图 3-254 所示。

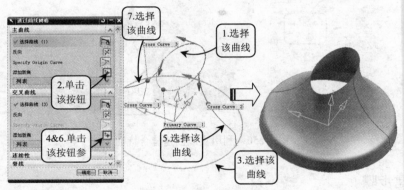

图 3-254　通过曲线网格创建曲面

2．创建耳机柄

（1）在"特征"工具栏中单击"草图"图标，打开"创建草图"对话框，以 XC-ZC 平面为草图平面，在工作区中绘制半个椭圆，如图 3-255 所示。

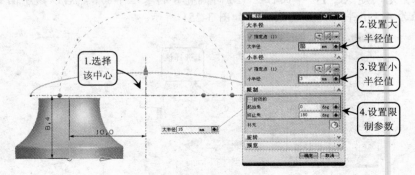

图 3-255　绘制椭圆

（2）在菜单栏中选择"插入"→"设计特征"→"回转"选项，打开"回转"对话框，在工作区中选择步骤（1）绘制的草图为截面，指定回转的矢量轴，并设置体类型为片体，创建方法如图 3-256 所示。

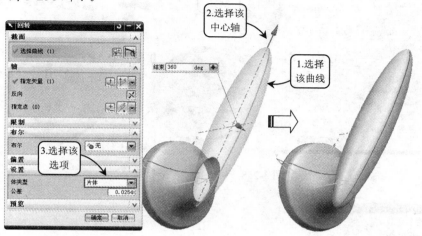

图 3-256　创建回转体 1

（3）在菜单栏中选择"插入"→"修剪"→"修剪的片体"选项，打开"修剪的片体"对话框，在工作区中选择耳机柄为目标，选择耳机体为刀具，单击"确定"按钮即可完成修剪，如图 3-257 所示。

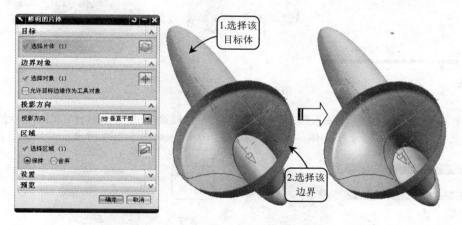

图 3-257　修剪耳机柄多余片体

（4）在菜单栏中选择"插入"→"修剪"→"修剪的片体"选项，打开"修剪的片体"对话框，在工作区中选择耳机体为目标，选择耳机柄为刀具，单击"确定"按钮即可完成修剪，如图 3-258 所示。

3．创建其他特征

（1）在菜单栏中选择"插入"→"设计特征"→"回转"选项，单击对话框中的"草图"图标，以 XC-ZC 平面为草图平面，绘制回转体 2 的截面曲线，完成草图后在工作区中指定回转轴，并设置体类型为片体，如图 3-259 所示。

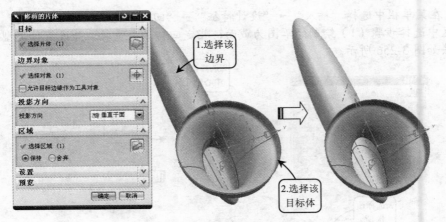

图 3-258　修剪机体多余片体

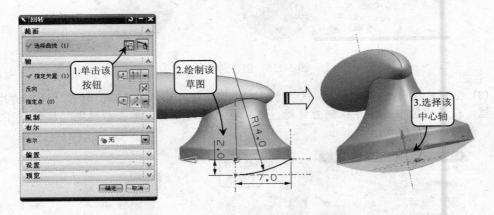

图 3-259　创建回转体 2

（2）在菜单栏中选择"插入"→"组合体"→"缝合"选项，打开"缝合"对话框，在工作区中选中耳机柄为目标体，选择耳机体为刀具，如图 3-260 所示。

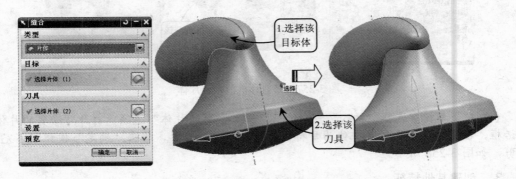

图 3-260　缝合片体

（3）在"特征操作"工具栏中单击"边倒圆"图标 ，打开"边倒圆"对话框，在对话框中设置边倒圆半径为 0.5，在工作区中选中耳机柄和耳机体的相交线，单击"确定"按钮即可完成边倒圆的创建，如图 3-261 所示。

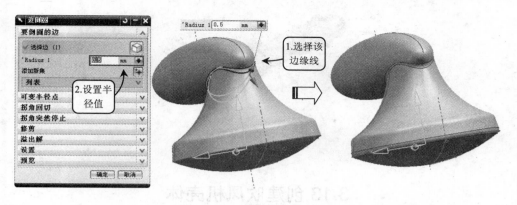

图 3-261　创建边倒圆

3.12.3 扩展实例：创建翻盖手机外壳

本实例将创建如图 3-262 所示的翻盖手机外壳。该手机属于普通的翻盖手机，由上下壳体组成，其结构比较简单。创建该手机壳体的实体模型时，可以按照先总后分的思路创建。先利用"拉伸"工具创建出手机的整体模型，然后利用"边倒圆"工具依次创建出圆角特征，并利用"拉伸"、"修剪的片体"和"缝合"工具创建出分型面。最后利用"修剪体"工具修剪掉上壳或下壳，即可完成该手机壳体模型的创建。

📄 最终文件：	source\chapter3\ch3-example12-1.prt

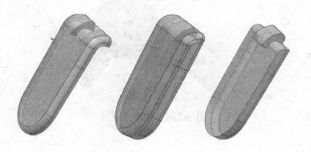

图 3-262　翻盖手机外壳

3.12.4 扩展实例：创建香水瓶实体

本实例将创建一个如图 3-263 所示的香水瓶。该香水瓶由瓶体、瓶盖、文字标识等组成。在创建本实体时，可以先利用"草图"工具创建出瓶身的 4 条轮廓线以及瓶口的圆。然后利用"通过曲线网格"工具创建出瓶身的曲面，以及利用"回转"工具创建出瓶盖。最后利用"直线"、"投影曲线""文字"等工具创建出瓶身的文字，即可创建出该香水瓶的实体模型。

📄 最终文件：	source\chapter3\ch3-example12-2.prt

图 3-263 香水瓶实体

3.13 创建吹风机壳体

本实例将创建一个如图 3-264 所示的吹风机壳体。该吹风机由机体、出风口、散热罩、手柄等组成。在创建本实例时，可以先利用"基准平面"、"草图""通过曲线组"等工具创建机体和出风口的组合体。然后利用"球"、"修剪体"、"求和"、"抽壳"等工具创建出机体和散热罩的组合体，并利用"拉伸"、"矩形阵列"工具创建出散热槽。最后利用"基准平面"、"草图"、"投影"等工具创建出手柄的线框轮廓，利用"扫掠"、"有界平面"、"缝合"、"边倒圆"、"加厚"等工具创建出手柄壳体，即可创建出该吹风机壳体模型。

🎮 最终文件：	source\chapter3\ch3—example13.prt
🎞 视频文件：	视频教程\第 3 章 几何建模\2.13 创建吹风机壳体.avi

图 3-264 吹风机壳体

3.13.1 相关知识点

1. 创建球体

球体是三维空间中到一个点的距离相同的所有点的集合所形成的实体，广泛应用于机械、家具等结构设计中，如创建球轴承的滚子、球头螺栓、家具拉手等。单击"球"按钮 ⬤，在打开的"球"对话框中提供了两种创建球体的方法，具体介绍如下。

❑ 中心点和直径

使用此方法创建球体特征时，先指定球体的球径，然后利用"点"对话框选取或创建球心，即可创建所需球体。选择"类型"面板中的"中心点和直径"选项，并选取图中圆台顶面的中心为球心，然后输入球体的球径，创建方法如图 3-265 所示。

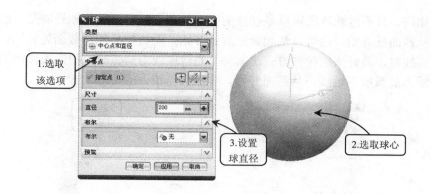

图 3-265　利用中心和直径创建球体

❑　圆弧

利用该方式创建球体时，只需在图中选取现有的圆或圆弧曲线为参考圆弧，即可创建出球体特征，创建方法如图 3-266 所示。

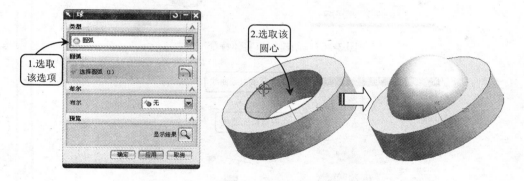

图 3-266　利用圆弧创建球体

2.　扫掠和沿引导线扫掠

❑　扫掠

扫掠操作是将一个截面图形沿指定的引导线运动，从而创建出三维实体或片体，其引导线可以是直线、圆弧、样条等曲线。在创建具有相同截面轮廓形状并具有曲线特征的实体模型时，可以先在两个互相垂直或成一定角度的基准平面内分别创建具有实体截面形状特征的草图轮廓线和具有实体曲率特征的扫掠路径曲线，然后利用"扫掠"工具即可创建出所需的实体。在特征建模中，拉伸和选择特征都算是扫掠特征。

单击"特征"工具栏中的"扫掠"按钮 ，在打开的"扫掠"对话框中需要指定扫掠的截面曲线和扫掠的引导线，其中截面曲线只能选择一条，而引导线最多可以指定 3 条。当截面曲线为封闭的曲线时，扫掠生成实体特征，如图 3-267 所示。

当截面曲线为不封闭的曲线时，扫掠生成曲面特征。依次选取图中的两条曲线分别作为截面曲线和引导曲线，创建扫掠曲面特征，创建方法如图 3-268 所示。

扫掠操作与拉伸既有相似之处，也有差别：利用"扫掠"和"拉伸"工具拉伸对象的结果完全相同，只不过轨迹线可以是任意的空间链接曲线，而拉伸轴只能是直线；而且拉伸既可以从截面处开始，也可以从起始距离处开始，而扫掠只能从截面处开始。因此，在轨迹线为直线时，最好采用拉伸方式。另外，当轨迹线为圆弧时，扫掠操作相当于旋转操作，旋转轴为圆弧所在轴线，从截面开始，到圆弧结束。

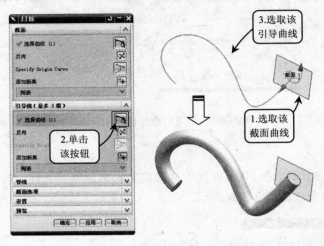

图 3-267 创建扫掠实体特征

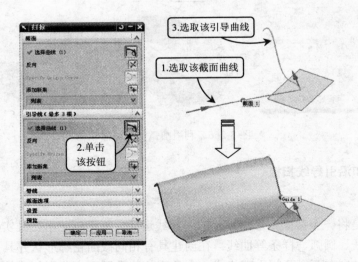

图 3-268 创建扫掠曲面特征

❑ 沿引导线扫掠

沿引导线扫掠是沿着一定的引导线进行扫描拉伸，将实体表面、实体边缘、曲线或者链接曲线生成实体或者片体。该方式同"扫掠"工具创建方法类似，不同之处在于该方式可以设置截面图形的偏置参数，并且扫掠生成的实体截面形状与引导线相应位置法向平面的截面曲线形状相同。

单击"沿引导线扫掠"按钮，打开"沿引导线扫掠"对话框，然后依次选取图中的曲线分别作为扫掠截面曲线和扫掠引导曲线，并设置偏置参数，即可完成扫掠操作，创建方法如图 3-269 所示。

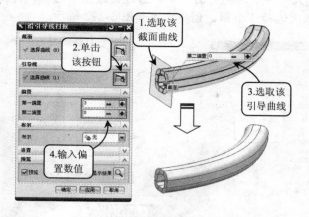

图 3-269　创建引导线扫掠

3.13.2 创建步骤

1. 创建机体壳

（1）先利用"基准平面"工具创建与 XC-YC 平面分别相距-10、40、50、120 的基准平面，然后在各个基准平面上创建草图，绘制如图 3-270 所示尺寸的圆和椭圆。

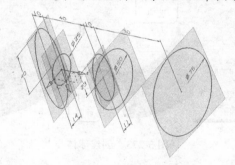

图 3-270　绘制机体轮廓曲线

（2）选择"插入"→"网格曲面"→"通过曲线组"选项，打开"通过曲线组"对话框，在工作区中依次选择两个椭圆为曲线组，创建方法如图 3-271 所示。

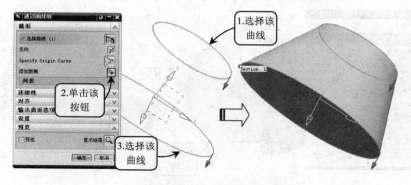

图 3-271　创建机体出风口

（3）选择"插入"→"网格曲面"→"通过曲线组"选项，打开"通过曲线组"对话框，在工作区中依次选择 3 个圆，创建方法如图 3-272 所示。

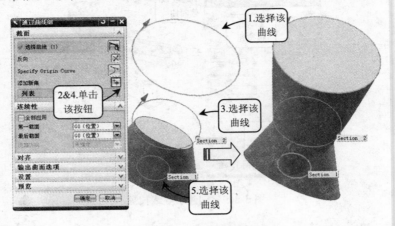

图 3-272　创建机体腰部

（4）选择"插入"→"设计特征"→"球"选项，在对话框的"类型"下拉菜单中选择"圆弧"选项，选中工作区中 φ75 的圆，创建方法如图 3-273 所示。

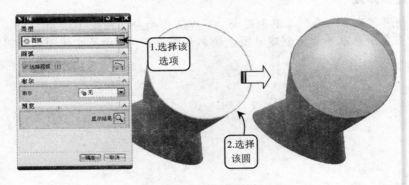

图 3-273　创建球体

（5）在"特征操作"工具栏中单击"基准平面"图标□，在对话框的"类型"下拉菜单中选择"通过对象"选项，在工作区中选中 φ75 的圆，单击"确定"按钮即可创建基准平面 A，如图 3-274 所示。

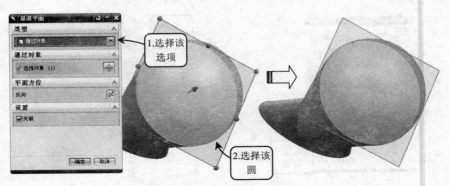

图 3-274　创建基准平面 A

(6) 在菜单栏中选择"插入"→"修剪"→"修剪体"选项，打开"修剪体"对话框，在工作区中选择球体为目标，选择基准平面 A 为刀具，如图 3-275 所示。

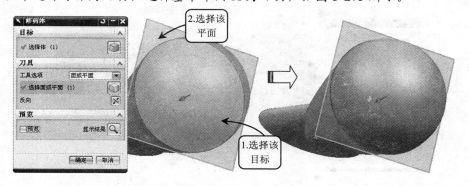

图 3-275　修剪球体

(7) 在"特征操作"工具栏中单击"求和"图标，在工作区中选择半球体为目标，选择其他实体为刀具，单击"确定"按钮即可完成求和运算，如图 3-276 所示。

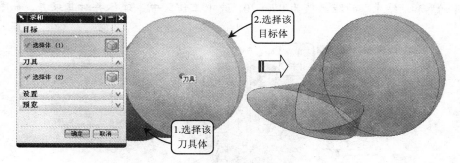

图 3-276　求和运算

(8) 在"特征操作"工具栏中单击"抽壳"图标，在工作区中选中出风口底面，设置壳体厚度为 1，单击"确定"按钮即可完成抽壳操作，如图 3-277 所示。

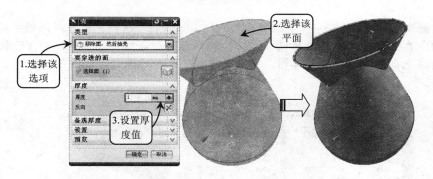

图 3-277　抽壳

2. 创建散热槽

(1) 在"特征操作"工具栏中单击"基准平面"图标，在对话框的"类型"下拉菜单中选择"按某一距离"选项,在工作区中选中基准平面 A,设置偏置距离为 20,单击"确定"按钮即可创建基准平面 B,如图 3-278 所示。

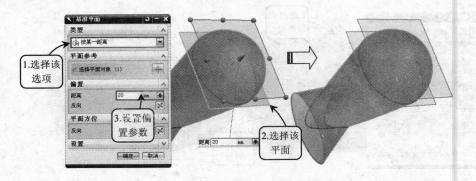

图 3-278 创建基准平面 B

(2) 单击"特征"工具栏中"拉伸"图标 █，在"拉伸"对话框中单击 █ 图标,选择基准平面 B 为草图平面,绘制如图所示的草图后返回"拉伸"对话框,设置"限制"选项组中"开始"和"结束"的距离值为 0 和 20,选中工作区中半球体并对其求差,如图 3-279 所示。

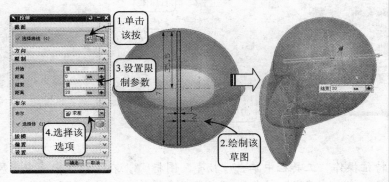

图 3-279 创建散热槽

(3) 选择菜单栏中"插入"→"关联复制"→"实体特征"选项,单击对话框中的"矩形阵列"按钮,在工作区中选择散热槽,在"输入参数"对话框中设置 XC 和 YC 轴的数量和偏置参数,先创建-XC 方向的阵列,然后创建 XC 方向的阵列,如图 3-280 所示。

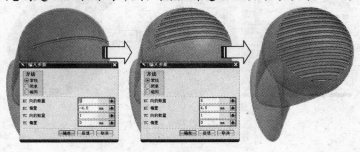

图 3-280 矩形阵列散热槽

3. 创建手柄壳体

(1) 先利用"基准平面"工具创建与 XC-ZC 平面分别相距 40、55、122 的基准平面，然后在各个基准平面上创建草图，绘制如图 3-281 所示尺寸圆角矩形。

图 3-281　绘制手柄轮纵向廓线

(2) 在菜单栏中选择"插入"→"来自曲线集的曲线"→"投影"选项，打开"投影曲线"对话框，在工作区中选中要投影的直线和投影的对象曲面，并设置对话框中的参数，如图 3-282 所示。

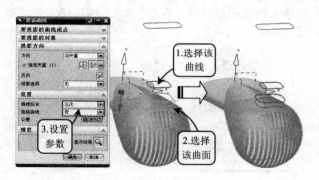

图 3-282　投影曲线

(3) 在"特征"工具栏中单击"草图"图标，打开"创建草图"对话框，以 YC-ZC 平面为草图平面，绘制如图 3-283 所示的样条曲线。

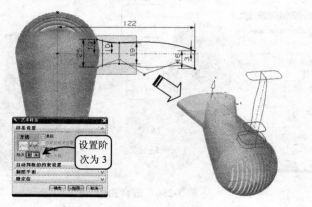

图 3-283　绘制手柄横向轮廓线

(4) 选择菜单栏中"插入"→"扫掠"→"扫掠"选项，打开"扫掠"对话框，在工作区中选择纵向的轮廓线为截面，选择艺术样条为引导线，并设置相关参数，如图 3-284 所示。

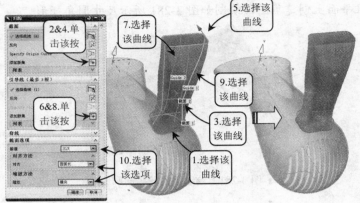

图 3-284 扫掠手柄曲面

(5) 在菜单栏中选择"插入"→"曲面" →"有界平面"选项，将打开"有界平面"对话框，在工作区中选择手柄端面边缘线，单击"确定"按钮即可创建有界平面，如图 3-285 所示。

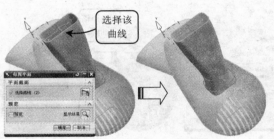

图 3-285 创建有界平面

(6) 在菜单栏中选择"插入"→"组合体"→"缝合"选项，打开"缝合"对话框，在工作区中选中手柄为目标体，选择手柄底面为刀具，如图 3-286 所示。

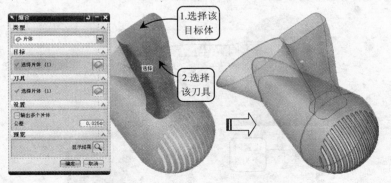

图 3-286 缝合曲面

(7) 在"特征操作"工具栏中单击"边倒圆"图标，打开"边倒圆"对话框，在对话框中设置边倒圆半径为 2，在工作区中选中手柄底面边缘线，单击"确定"按钮即可完成边倒圆的创建，如图 3-287 所示。

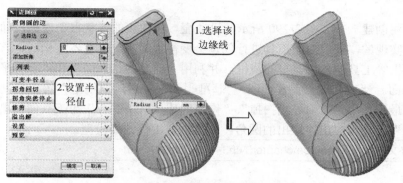

图 3-287　创建边倒圆角

（8）在菜单栏中选择"插入"→"偏置/缩放"→"加厚"选项，打开"加厚"对话框，在工作区中选中手柄曲面，设置向内偏置的厚度为 1，如图 3-288 所示。

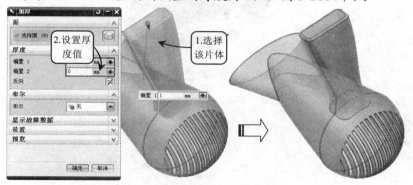

图 3-288　加厚曲面

3.13.3　扩展实例：创建麦克风外壳

本实例将创建一个如图 3-289 所示的麦克风外壳。该麦克风由吸音罩、手柄、导线管等组成。在创建本实体时，可以先利用"圆锥"、"球"工、"圆柱"等工具创建出麦克风的基本形状。然后利用"抽壳"工具创建出麦克风的壳体空腔，并利用"基准平面"、"拉伸"等工具剪切出吸音罩上的阵列孔。最后利用"回转"等工具创建出吸音罩和手柄中间的固定环，即可创建出该麦克风的外壳模型。

最终文件：	source\chapter3\ch3-example13-1.prt

图 3-289　麦克风外壳

3.13.4 扩展实例：创建机油壶模型

本实例将创建一个如图 3-290 所示的机油壶。机油壶的形状很不规则，如果利用实体建模是很难实现的，使用曲面工具进行创建会变得很简单。创建本实例时，首先利用"直线"、"圆弧"等工具创建出壶身的线框，并利用"通过网格曲面"和"有界平面"工具创建出壶身曲面。然后利用"偏置曲线""基准平面"、"通过曲线组"等工具创建出壶的上身和壶嘴。最后利用"沿引导线扫掠"、"修剪的片体"、"缝合"等工具创建出手柄，并利用"边倒圆"工具创建出连接出的圆角，即可创建出机油壶模型。

最终文件：	source\chapter3\ch3-example13-2.prt

图 3-290　机油壶模型

第4章 装配设计

装配设计是 UG NX 7 中集成的一个重要的应用模块，它不仅能将零部件快速地装配成产品，而且在装配过程中，可以参考其他部件进行部件关联设计，并可以对装配模型进行间隙分析和重量管理等。在完成装配模型后，还可以建立爆炸视图和装配顺序动画，并将其导入到装配工程图中。

本章将通过 6 个典型的产品设计实例，介绍使用该软件进行装配设计的基本方法，包括装配约束、编辑组件、组件阵列、组件镜像等方法和技巧，同时还介绍爆炸视图和装配顺序动画等操作方法。

4.1 三星 i908E 手机装配

本实例将装配三星 i908E 手机，效果如图 4-1 所示。该手机由机体、下壳体、上壳体、上壳保护壳、芯片主板、屏幕保护片等组成。装配该实例时，可以先将机体和下壳体通过绝对原点的方式定位在工作区中。然后通过约束的方式约束装配其他的部件，依次接触对齐约束芯片主板、上壳体和屏幕保护片。最后通过胶合的约束方式装配上壳保护壳，即可完成三星 i908E 手机外壳的装配。

原始文件：	source\chapter4\ch4-example1\
最终文件：	source\chapter4\ch4-example1\Samsung Moblie.prt
视频文件：	视频教程\第 4 章 装配设计\4.1 三星 i908E 手机装配.avi

图 4-1　三星 i908E 手机外壳装配效果

4.1.1 相关知识点

1. 添加组件

装配的首要工作是将现有的组件导入装配环境，才能进行必要的约束设置，从而完成组件定位效果。在 UG NX 中提供多种添加组件方式和放置组件的方式，并对于装配体所需相同组件可采用多重添加方式，避免繁琐的添加操作。

单击"装配"工具栏中的"添加组件"按钮，打开"添加组件"对话框，如图 4-2 所示。该对话框的"部件"面板中，可通过 4 种方式指定现有组件，第一种是单击"选择部件"按钮，直接在绘图区选取组件执行装配操作；第二种是选择"已加载的部件"列表框中的组件名称执行装配操作；第三种是选择"最近访问的部件"列表框的组件名称执行装配操作；第四种是单击"打开"按钮，然后在打开的"部件名"对话框中指定路径选择部件。

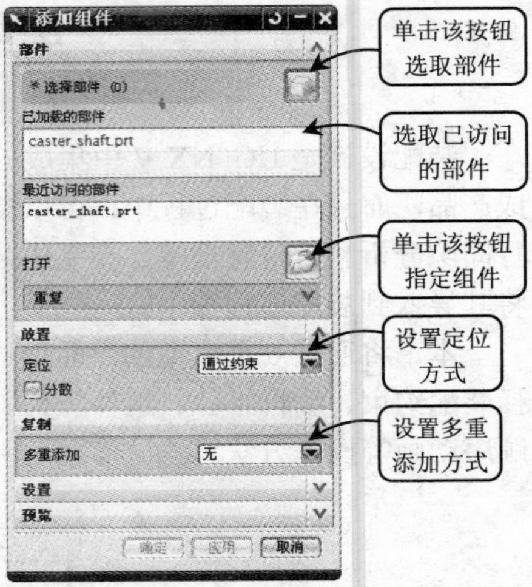

2. 组件定位

在"添加组件"对话框的"放置"面板中，可指定组件在装配中的定位方式。其设置方法是：单击"定位"列表框右方的小三角按钮，弹出的下拉列表框中包含以下 4 种定位操作。

图 4-2 "添加组件"对话框

❑ 绝对原点

使用绝对原点定位，是指执行定位的组件与装配环境坐标系位置保持一致，也就是说按照绝对原点定位的方式确定组件在装配中的位置。通常将执行装配的第一个组件设置为"绝对定位"方式，其目的是将该基础组件"固定"在装配体环境中，这里所讲的固定并非真正的固定，仅仅是一种定位方式。

❑ 选择原点

使用选择原点定位，系统将通过指定原点定位的方式确定组件在装配中的位置，这样该组件的坐标系原点将与选取的点重合。通常情况下添加第一个组件都是通过选择该选项确定组件在装配体中的位置，即选择该选项并单击"确定"按钮，然后在打开的"点"对话框中指定点位置，如图 4-3 所示。

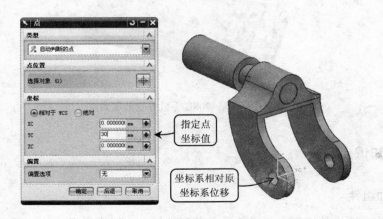

图 4-3 设置原点定位组件

❑　通过约束

通过约束方式定位组件就是选取参照对象并设置约束方式，即通过组件参照约束来显示当前组件在整个装配中的自由度，从而获得组件定位效果。其中约束方法包括接触对齐、中心、平行和距离等。

❑　移动

将组件加到装配中后，需要相对于指定的基点移动，以将其定位。选择该选项，将打开"点"对话框，此时指定移动基点，单击"确定"按钮确认操作。在打开的对话框中进行组件移动定位操作，其设置方法将在实例中具体介绍。

4.1.2 装配步骤

1．定位机体

（1）新建一个名为 Samsung Mobile 的装配文件，进入装配界面，系统自动弹出"添加组件"对话框，在弹出的对话框中单击"打开文件"按钮，打开"部件名"对话框。

（2）浏览本书的配套光盘，选择 D_63_36.prt 文件，返回"添加组件"对话框后，指定定位方式为"绝对原点"，如图 4-4 所示。

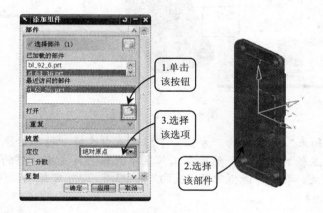

图 4-4　定位机体

2．装配下壳体

（1）单击"装配"工具栏中的"添加组件"按钮，在弹出的对话框中单击"打开文件"按钮，打开"部件名"对话框。

（2）选择本书配套光盘中的 DCG_15_12.prt 文件，指定定位方式为"绝对原点"，单击"确定"按钮即可，如图 4-5 所示。

3．装配芯片主板

（1）单击"装配"工具栏中的"添加组件"按钮，在对话框中单击"打开文件"按钮，选择本书配套光盘中的 PM_28_1.prt 文件，指定定位方式为"通过约束"，如图 4-6 所示。

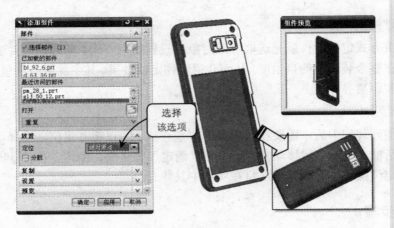

图 4-5　装配下壳体

图 4-6　添加芯片主板

（2）在"装配约束"对话框的"方位"下拉列表中选择"对齐"选项，选择"组件预览"对话框中芯片主板的上表面，然后在工作区中选取芯片主板对应的贴合面，如果工作区中显示与预装相反，单击对话框中的"反向"按钮⊠，即可定位两组件的接触对齐约束，如图 4-7 所示。

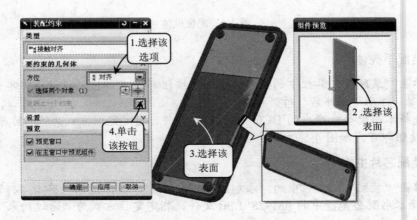

图 4-7　装配芯片主板

4．装配上壳体

（1）单击"装配"工具栏中的"添加组件"按钮，在对话框中单击"打开文件"按钮，选择本书配套光盘中的 GLJ_50_12.prt 文件，指定定位方式为"通过约束"，单击"确定"按钮。

（2）在"装配约束"对话框的"类型"下拉列表中选择"接触对齐"选项，选择"组件预览"对话框上壳体螺孔套的端面，然后在工作区中选取对应的贴合面，如果工作区中显示与预装相反，单击对话框中的"反向"按钮，即可定位两组件的接触对齐约束，如图 4-8 所示。

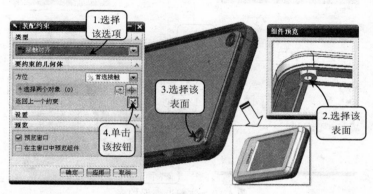

图 4-8　装配上壳体

5．装配屏幕保护片

（1）单击"装配"工具栏中的"添加组件"按钮，在对话框中单击"打开文件"按钮，选择本书配套光盘中的 BL_92_6.prt 文件，指定定位方式为"通过约束"，单击"确定"按钮。

（2）在"装配约束"对话框的"类型"下拉列表中选择"接触对齐"选项，选择"组件预览"对话框中屏幕保护片的内侧表面，然后在工作区中选取对应的贴合面，如果工作区中显示与预装相反，单击对话框中的"反向"按钮，即可定位两组件的接触对齐约束，如图 4-9 所示。

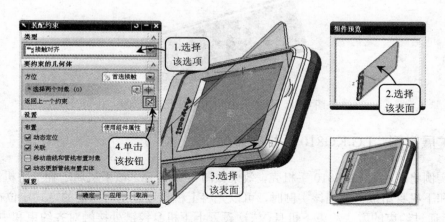

图 4-9　装配屏幕保护片

6. 装配上壳保护壳

（1）单击"装配"工具栏中的"添加组件"按钮，在对话框中单击"打开文件"按钮，选择本书配套光盘中的 S_83_4.prt 文件，指定定位方式为"通过约束"，单击"确定"按钮。

（2）在"装配约束"对话框的"类型"下拉列表中选择"胶合"选项，选择"组件预览"对话框中的上壳保护壳，然后在工作区中选取上壳保护壳对应的贴合面，单击对话框中的"确定"按钮即可定位两组件的胶合约束，如图 4-10 所示。三星手机装配完成。

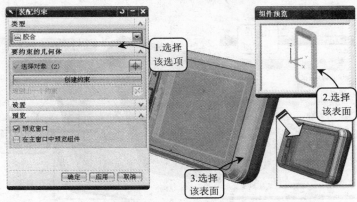

图 4-10　装配上壳保护壳

4.1.3 扩展实例：诺基亚 6300 手机外壳装配

本实例将装配诺基亚 6300 手机外壳，效果如图 4-11 所示。该手机由机身、上壳体、电池盖、显示屏、键盘和屏幕保护片组成。装配该实例时，可以先将机身通过绝对原点的方式定位在工作区中。然后通过约束的方式约束装配其他的组件，依次接触对齐约束电池盖、上壳体、键盘和屏幕保护片，即可完成诺基亚 6300 手机的装配。

原始文件：	source\chapter4\ch4-example1-1\
最终文件：	source\chapter4\ch4-example1-1\ NOKIA6300. prt

图 4-11　诺基亚 6300 手机外壳装配效果

4.1.4 扩展实例：LG KG810 手机壳装配

本实例将装配 LG KG810 手机壳，效果如图 4-12 所示。该手机属于翻盖手机，主要由上机身和下机身组成。装配该实例时，可以先将上机身通过绝对原点的方式定位在工作区中。然后通过约束的方式约束下机身，依次设置上下机身铰链处接触对齐约束和中心约束。最后，设置上下机身角度约束，使上下机身展开即可完成 LG KG810 手机壳的装配。

原始文件：	source\chapter4\ch4-example1-2\
最终文件：	source\chapter4\ch4-example1-2\LGKG810. prt

图 4-12　LG KG810 手机壳装配效果　　　　图 4-13　时尚台灯装配效果

4.1.5 扩展实例：台灯外壳的装配

　　本实例将装配一台时尚台灯，效果如图 4-13 所示。该时尚台灯由底座、支撑杆、灯罩、固定旋钮等组成。在装配该实例时，可以首先将底座和支撑杆固定在工作区中。然后以底座和支撑杆为工作部件，通过接触约束、对齐约束和距离约束依次装配灯罩和固定旋钮，即可完成时尚台灯外壳的装配。

原始文件：	source\chapter4\ch4-example1\
最终文件：	source\chapter4\ch4-example1-3\FAN.prt

4.2 经典 MP3 的装配

　　本实例将装配市场上比较流行的一款 MP3，效果如图 4-14 所示。该 MP3 由机身、上壳体、下壳体、LCD 屏幕、PCB 板、MPU 芯片、FM 芯片、FLASH 芯片、电池、USB 接口、耳机接口、按键等组成。在装配该实例时，可以先将 PCB 板上的全部电子元件装配到一个组件上。然后以机身为工作部件，通过接触约束、平行约束和距离约束依次装配 PCB 板组件、开关和上下壳体，即可完成这款 MP3 的装配。

原始文件：	source\chapter4\ch4-example2\
最终文件：	source\chapter4\ch4-example2\MP3_ASM. prt
视频文件：	视频教程\第 4 章 装配设计\4.2 经典 MP3 的装配.avi

4.2.1 相关知识点

1. 平行约束

　　在设置组件和部件、组件和组件之间的约束方式时，为定义两个组件保持平行对立的关系，可选取两组件对应参照面，使其面与面平行；为更准确显示组件间的关系可定义面与面之间的距离参数，从而显示组件在装配体中的自由度。

　　在"装配约束"对话框的"类型"下拉列表中选择"平行"选项，设置平行约束使两组件的装配对象的方向矢量彼此平行。该约束方式与对齐约束相似，不同之处在于：平行装配操作使两平面的法矢量同向，但对齐约束对其操作不仅使两平面法矢量同向，并且能够使两平面位于同一个平面上，如图 4-15 所示。

图 4-14　经典 MP3 装配效果

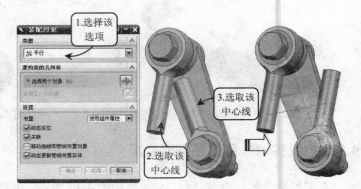

图 4-15　设置平行约束

2．距离约束

在"装配约束"对话框的"类型"下拉列表中选择"距离"选项，该约束类型用于指定两个组件对应参照面之间的最小距离，距离可以是正值也可以是负值，正负号确定相配组件在基础组件的哪一侧，如图 4-16 所示。

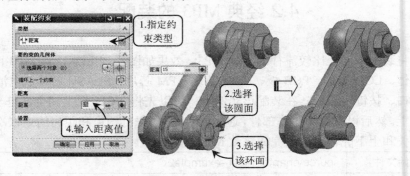

图 4-16　设置距离约束

4.2.2 装配步骤

1．装配 PCB 板子组件

（1）新建一个名为 pcb_asm 的装配文件，在弹出的"添加组件"对话框中单击"打开文件"按钮，选择本书配套光盘中的 pcb.prt 文件，返回"添加组件"对话框后，指定定位方式为"绝对原点"，如图 4-17 所示。

（2）单击"装配"工具栏中的"添加组件"按钮，选择本书配套光盘中的 mp3_small_usb.prt 文件，指定定位方式为"通过约束"，单击"确定"按钮即可，如图 4-18 所示。

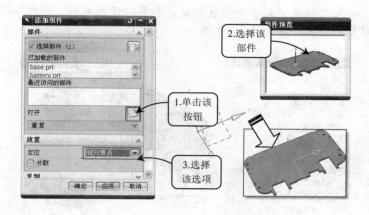

图 4-17　定位 PCB 板

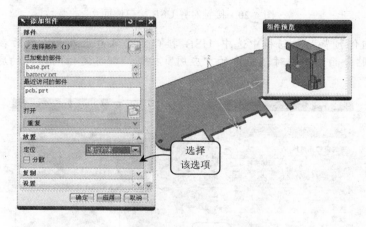

图 4-18　添加 USB 接口部件

（3）在"装配约束"对话框的"类型"下拉列表中选择"接触对齐"选项，选择"组件预览"对话框中选中 USB 接口的侧面 1，然后在工作区中选取 PCB 板对应的贴合面，单击对话框中的"应用"按钮即可定位两组件侧面对齐，如图 4-19 所示。

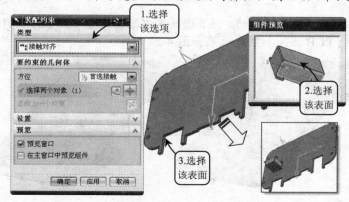

图 4-19　接触对齐 USB 接口侧面 1

（4）在"组件预览"对话框中选中 USB 接口的侧面 2，然后在工作区中选取 PCB 板对应的贴合面，如果工作区中显示与预装相反，单击对话框中的"反向"按钮⊠，即可定位两组件的接触对齐约束，如图 4-20 所示。

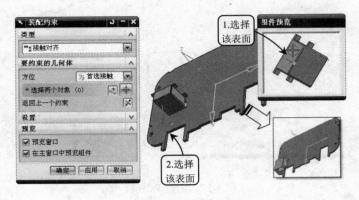

图 4-20　接触对齐 USB 接口侧面 2

(5) 在"组件预览"对话框中选中 USB 接口的安装片上表面，然后在工作区中选取 PCB 板对应的贴合面，单击对话框中的"应用"按钮，即可定位两组件的底面对齐，如图 4-21 所示。

图 4-21　接触对齐 USB 接口底面

(6) 按照 USB 接口装配同样的方法，选择本书配套光盘中的 mic_st019.prt 文件，将耳机接口接触对齐到 PCB 板上，装配效果如图 4-22 所示。

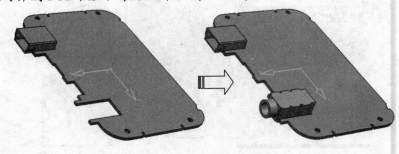

图 4-22　装配耳机接口效果

(7) 单击"装配"工具栏中的"添加组件"按钮，在对话框中单击"打开文件"按钮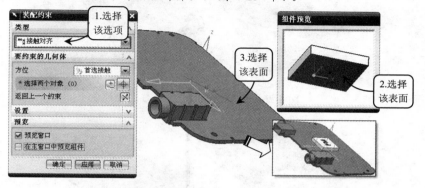，选择本书配套光盘中的 fm.prt 文件，指定定位方式为"通过约束"，单击"确定"按钮。

（8）在"装配约束"对话框的"类型"下拉列表中选择"接触对齐"选项，选择"组件预览"对话框中的 FM 芯片底面，然后在工作区中选取 PCB 板的上表面，单击对话框中的"确定"按钮即可定位两组件的接触对齐，如图 4-23 所示。

图 4-23　接触对齐 FM 芯片底面

（9）在"装配约束"对话框的"类型"下拉列表中选择"距离"选项，选择"组件预览"对话框中的 FM 芯片侧面 1，然后在工作区中选取 PCB 板对应的侧面，设置距离值为7，单击对话框中的"应用"按钮即可定位两组件的距离约束，如图 4-24 所示。

图 4-24　距离约束 FM 芯片侧面 1

（10）选择"组件预览"对话框中的 FM 芯片侧面 1，然后在工作区中选取 PCB 板对应的另一侧面，设置距离值为 7，如图 4-25 所示。

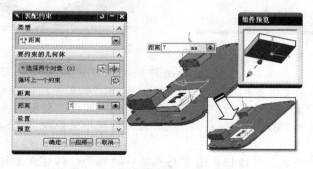

图 4-25　距离约束 FM 芯片侧面 2

（11）按照装配 FM 芯片同样的方法，装配 MPU 芯片、FLASH 芯片和电池，具体装配位置参照图 4-26 和图 4-27 所示，装配完成之后将该文件其保存。

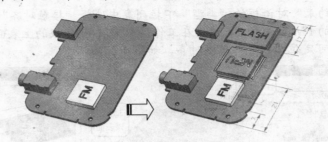

图 4-26　装配 MPU 和 FLASH 芯片效果

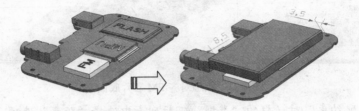

图 4-27　装配电池效果

2. 装配 PCB 板

（1）新建一个名为 MP3_ASM 的装配文件，在弹出的"添加组件"对话框中单击"打开文件"按钮，选择本书配套光盘中的 base.prt 文件，返回"添加组件"对话框后，指定定位方式为"绝对原点"，单击"确定"按钮，如图 4-28 所示。

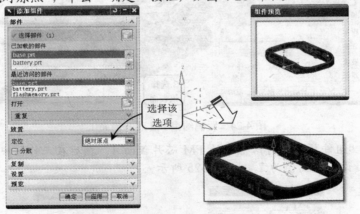

图 4-28　定位机身部件

（2）单击"装配"工具栏中的"添加组件"按钮，在磁盘中选择上一小节创建的 pcb_asm.prt 文件，指定定位方式为"通过约束"，单击"确定"按钮即可，如图 4-29 所示。

（3）在"装配约束"对话框的"类型"下拉列表中选择"接触对齐"选项，选择"组件预览"对话框中选中 USB 接口的底面，然后在工作区中选取机身 USB 孔对应的贴合面，如图 4-30 所示。

（4）选择"组件预览"对话框中选中耳机接口的端面，然后在工作区中选取机身耳机孔对应的贴合面，单击对话框中的"应用"按钮即可定位两组件端面对齐，如图 4-31 所示。

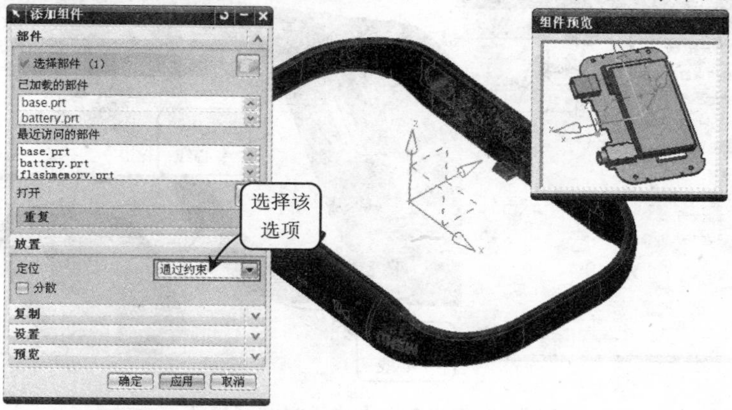

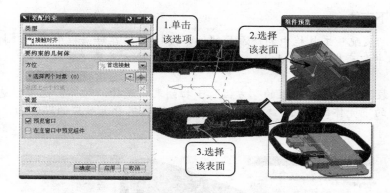

图 4-29　添加 PCB 板组件

图 4-30　接触对齐 USB 接口底面

图 4-31　接触对齐耳机接口端面

　　(5) 在"装配约束"对话框的"方位"下拉列表中选择"自动判断中心\轴"选项，选择"组件预览"对话框中选中耳机孔的中心轴，然后在工作区中选取机身耳机孔对应的中心轴，单击对话框中的"确定"按钮即可定位两组件中心对齐，如图 4-32 所示。

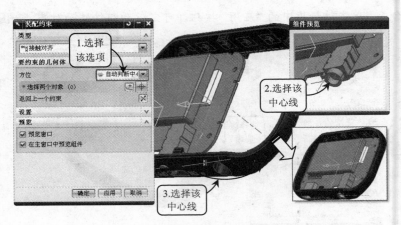

图 4-32　自动判断中心对齐耳机孔

3．装配下壳体

（1）单击"装配"工具栏中的"添加组件"按钮，在对话框中单击"打开文件"按钮，选择本书配套光盘中的 down.prt 文件，指定定位方式为"通过约束"，单击"确定"按钮。

（2）在"装配约束"对话框的"方位"下拉列表中选择"对齐"选项，选择"组件预览"对话框中的下壳体的侧面 1，然后在工作区中选取机身上对应的贴合面，如图 4-33 所示。

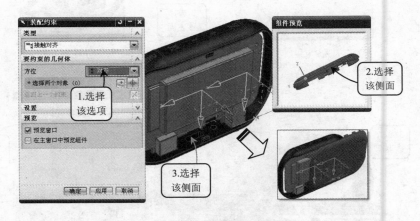

图 4-33　接触对齐下壳体侧面 1

（3）在"装配约束"对话框的"方位"下拉列表中选择"首选接触"选项，选择"组件预览"对话框中的下壳体的侧面 2，然后在工作区中选取机身上对应的贴合面，如图 4-34 所示。

4．装配按键

（1）单击"装配"工具栏中的"添加组件"按钮，在对话框中单击"打开文件"按钮，选择本书配套光盘中的 holdkeyjm01.prt 文件，指定定位方式为"通过约束"，单击"确定"按钮。

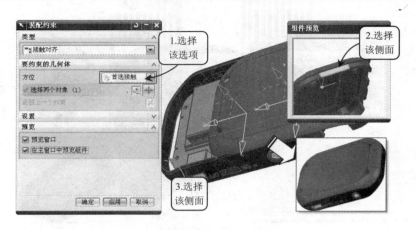

图 4-34　接触对齐下壳体侧面 2

（2）在"装配约束"对话框的"类型"下拉列表中选择"接触对齐"选项，选择"组件预览"对话框中的按键的侧面，然后在工作区中选取机身按键槽对应的贴合面，如图 4-35 所示。

（3）在"装配约束"对话框的"类型"下拉列表中选择"拟合"选项，选择"组件预览"对话框中的按键的表面，然后在工作区中选取机身对应的拟合面，如图 4-36 所示。

5．装配 LCD 屏幕

（1）单击"装配"工具栏中的"装配约束"按钮，选择"装配约束"对话框的"类型"下拉列表中的"固定"选项，在工作区中选中 PCB 板将其固定在工作区中，如图 4-37 所示。

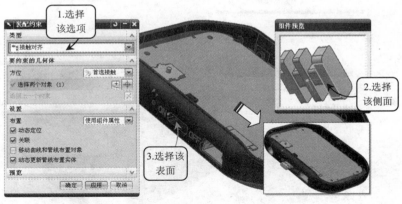

图 4-35　接触对齐按键侧面

（2）单击"装配"工具栏中的"添加组件"按钮，在对话框中单击"打开文件"按钮，选择本书配套光盘中的 lcdcmt014.prt 文件，指定定位方式为"通过约束"，单击"确定"按钮。

（3）在"装配约束"对话框的"类型"下拉列表中选择"接触对齐"选项，选择"组件预览"对话框中的 LCD 屏幕的底面，然后在工作区中选取 PCB 板为对应的贴合面，如图 4-38 所示。

（4）在"装配约束"对话框的"类型"下拉列表中选择"平行"选项，选择"组件预览"对话框中的 LCD 屏幕的棱边，然后在工作区中选取机身为对应的平行边，如图 4-39

所示。

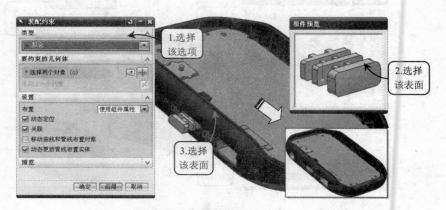

图 4-36　拟合对齐按键表面

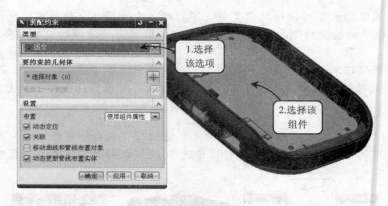

图 4-37　固定 PCB 板部件

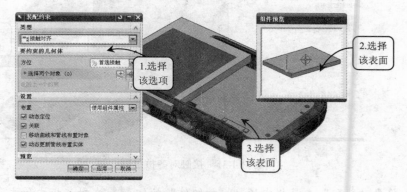

图 4-38　接触对齐 LCD 屏幕

（5）在"装配约束"对话框的"类型"下拉列表中选择"距离"选项，选择"组件预览"对话框中的 LCD 屏幕的侧面，然后在工作区中选取机身为对应的侧面，分别设置距离为 8.7 和 3，如图 4-40 所示。

6．装配上壳体

（1）单击"装配"工具栏中的"添加组件"按钮，在对话框中单击"打开文件"按钮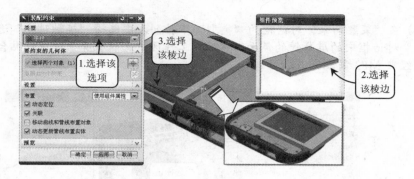，选择本书配套光盘中的 front.prt 文件，指定定位方式为"通过约束"，单击"确定"
按钮。

图 4-39 平行约束 LCD 屏幕

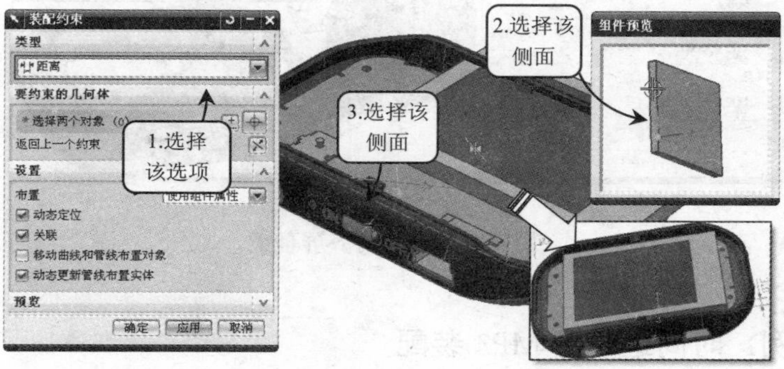

图 4-40 距离约束 LCD 屏幕

（2）在"装配约束"对话框的"类型"下拉列表中选择"接触对齐"选项，选择"组
件预览"对话框中的上壳体的侧面，然后在工作区中选取机身上对应的贴合面，如图 4-41
所示。

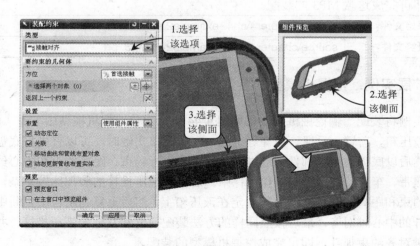

图 4-41 接触对齐上壳体

（3）单击"装配"工具栏中的"添加组件"按钮，在对话框中单击"打开文件"按钮，选择本书配套光盘中的 lens.prt 文件，指定定位方式为"通过约束"，单击"确定"按钮。

（4）在"装配约束"对话框的"类型"下拉列表中选择"接触对齐"选项，选择"组件预览"对话框中的屏幕镜的侧面，然后在工作区中选取机身上对应的贴合面，如图 4-42 所示。经典 MP3 装配完成。

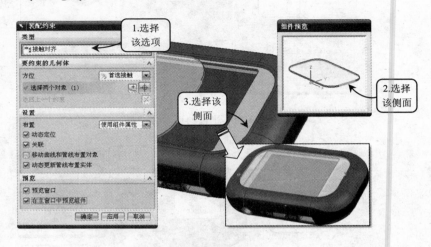

图 4-42　接触对齐屏幕镜

4.2.3 扩展实例：时尚运动型 MP3 装配

本实例将装配一款时尚运动型 MP3，效果如图 4-43 所示。该 MP3 由上壳体、下壳体、电子元件板、挂钩板、固定板、耳机接头、屏幕镜、屏幕固定板等组成。在装配该实例时，可以首先将下壳体和电子元件板固定在工作区中。然后以下壳体为工作部件，通过接触约束、平行约束和距离约束依次装配固定板、屏幕固定板、屏幕镜、上壳体、挂钩板和耳机接头，即可完成这款 MP3 的装配。

原始文件：	source\chapter4\ch4-example2-1\
最终文件：	source\chapter4\ch4-example2-1\MP3. prt

4.2.4 扩展实例：挖掘机模型的装配

本实例将装配一辆挖掘机，效果如图 4-44 所示。该挖掘机模型由车身、底盘、车轮、履带、液压箱、前臂、后臂、抓斗等组成。在装配该实例时，可以首先将底盘固定在工作区中。然后以底盘为工作部件，通过接触约束、平行约束、距离约束和中心约束依次装配车轮、履带、车身、液压箱到工作部件中。后臂和液压推杆的装配比较复杂，首先可以通过中心约束和距离约束将它们分别固定在液压箱上，然后重复利用自动判断中心约束将两个液压杆的中心轴对齐。最后按照同样的方法装配前臂和其他的液压推杆，并通过中心约束和接触对齐约束抓斗，即可完成挖掘机模型的装配。

原始文件：	source\chapter4\ch4-example2-2\
最终文件：	source\chapter4\ch4-example2-2\ Grab.prt

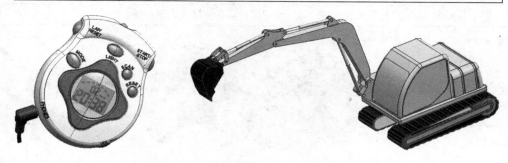

图 4-43　时尚运动型 MP3 装配效果　　　　图 4-44　挖掘机模型装配效果

4.2.5 扩展实例：铁路专用车辆模型装配

本实例装配一个铁路专用车辆模型，效果如图 4-45 所示。该模型由支撑架、支撑板、连杆和车轮组成。创建该装配模型，主要用到中心、接触对齐、角度、平行等约束方式。支撑板固定在支撑架上的位置时，除了设置中心约束外，还要设置接触、角度约束，约束支撑板相对支撑架的角度。车轮和轴固定在支撑板上同样通过中心和距离约束。两连杆的装配约束比较复杂，首先可以通过中心约束和距离约束将它们分别固定在支撑板上，然后重复利用自动判断中心约束将两连杆接触对齐。最后通过中心约束和距离约束车轮。

原始文件：	source\chapter4\ch4-example2-3\
最终文件：	source\chapter4\ch4-example2-3\Railroad Vehicle.prt

图 4-45　铁路专用车辆模型装配效果

4.3 壁挂风扇装配

本实例将装配一台壁挂风扇，效果如图 4-46 所示。该壁挂风扇由固定夹、固定支撑杆、活动支撑杆、底托、后罩、电动机、风叶、前罩等组成。在装配该实例时，可以首先将后罩固定在工作区中。然后以后罩为工作部件，通过接触约束、平行约束、垂直约束、距离约束依次装配电动机、风叶、前罩，底托、活动支撑杆和固定夹，即完成壁挂风扇的装配。

	原始文件：	source\chapter4\ch4-example3\
	最终文件：	source\chapter4\ch4-example3\FAN.prt
	视频文件：	视频教程\第 4 章 装配设计\4.3 壁挂风扇装配.avi

图 4-46　壁挂风扇装配效果

4.3.1 相关知识点

1．接触和首选接触

在"装配约束"对话框的"类型"下拉列表中选择"接触对齐"约束类型后，系统默认接触方式为"首选接触"方式，首选接触和接触属于相同的约束类型，即指定关联类型定位两个同类对象相一致。

其中指定两平面对象为参照时，共面且法线方向相反，如图 4-47 所示。对于锥体，系统首先检查其角度是否相等，如果相等，则对齐轴线；对于曲面，系统先检验两个面的内外直径是否相等，若相等则对齐两个面的轴线和位置；对于圆柱面，要求相配组件直径相等才能对齐轴线。对于边缘、线和圆柱表面，接触类似于对齐。

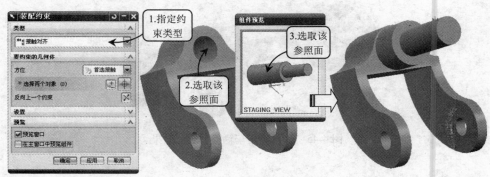

图 4-47　接触约束

2．自动判断中心\轴

自动判断中心/轴约束方式是指对于选取的两回转体对象，系统将根据选取的参照自动判断，从而获得接触对齐约束效果。在"装配约束"对话框的"类型"下拉列表中选择"自动判断中心/轴"方式后，依次选取两个组件对应参照，即可获得该约束效果，如图 4-48 所示。

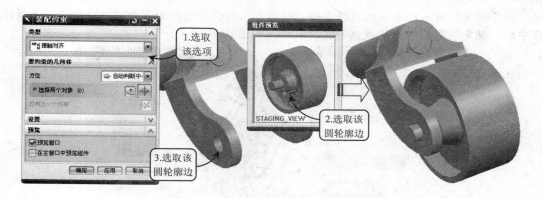

图 4-48　设置自动判断中心/轴约束

4.3.2 装配步骤

1. 固定后罩

新建一个名为 FAN 的装配文件,在弹出的"添加组件"对话框中单击"打开文件"按钮 ,选择 back_cover.prt 文件,返回"添加组件"对话框后,指定定位方式为"绝对原点",单击"确定"按钮即可固定后罩到工作区中,如图 4-49 所示。

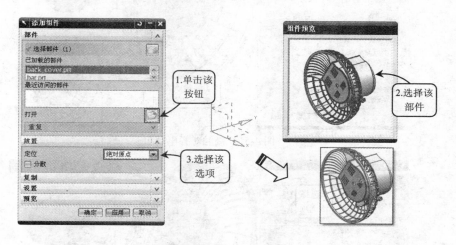

图 4-49　固定后罩

2. 装配电动机

(1) 单击"装配"工具栏中的"添加组件"按钮 ,选择本书配套光盘中的 motor.prt文件,指定定位方式为"通过约束",单击"确定"按钮即可,如图 4-50 所示。

(2) 在"装配约束"对话框的"类型"下拉列表中选择"接触对齐"选项,选择"组件预览"对话框中电动机的上端面,然后在工作区中选取后罩对应的贴合面,单击对话框中的"应用"按钮即可定位两组件端面对齐,如图 4-51 所示。

(3) 在"装配约束"对话框的"方位"下拉列表中选择"自动判断中心\轴"选项,选择"组件预览"对话框中电动机轴中心，然后在工作区中选取后罩对应孔中心，单击对话框中的"确定"按钮即可完成电动机的装配，如图 4-52 所示。

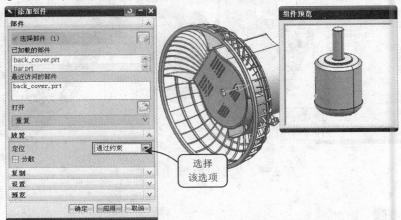

图 4-50 添加电动机部件

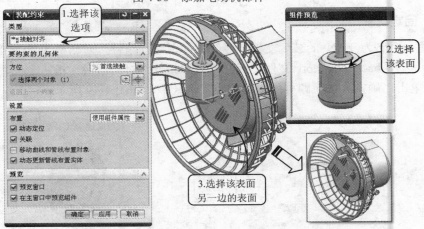

图 4-51 接触对齐电动机

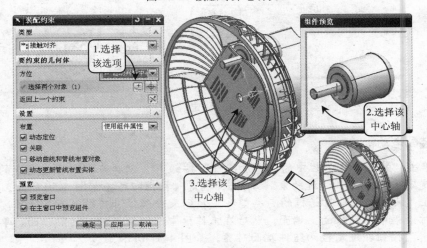

图 4-52 中心接触对齐电动机

3．装配风叶

(1) 单击"装配"工具栏中的"添加组件"按钮 ，选择本书配套光盘中的 fans.prt 文件，指定定位方式为"通过约束"，单击"确定"按钮。

(2) 在"装配约束"对话框的"类型"下拉列表中选择"接触对齐"选项，选择"组件预览"对话框中风叶的轴孔底面，然后在工作区中选取电动机对应的贴合面，如图 4-53 所示。

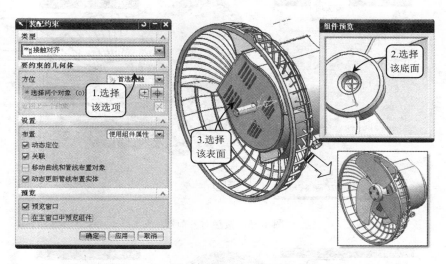

图 4-53　接触对齐风叶

(3) 在"装配约束"对话框的"方位"下拉列表中选择"自动判断中心\轴"选项，选择"组件预览"对话框中风叶中心轴，然后在工作区中选取电动机的轴中心，单击对话框中的"确定"按钮即可完成风叶的装配，如图 4-54 所示。

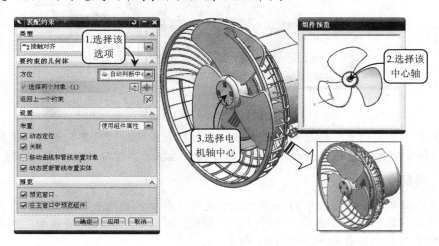

图 4-54　中心接触对齐风叶

4．装配前罩

(1) 单击"装配"工具栏中的"添加组件"按钮 ，选择本书配套光盘中的 front_cover.prt

文件，指定定位方式为"通过约束"，单击"确定"按钮。

（2）在"装配约束"对话框的"类型"下拉列表中选择"接触对齐"选项，选择"组件预览"对话框中前罩的安装面，然后在工作区中选取后罩对应的贴合面，如图 4-55 所示。

（3）在"装配约束"对话框的"方位"下拉列表中选择"自动判断中心\轴"选项，选择"组件预览"对话框中前罩的中心轴，然后在工作区中选取后罩的中心轴，如图 4-56 所示。

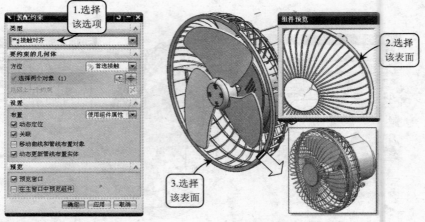

图 4-55 接触对齐前罩

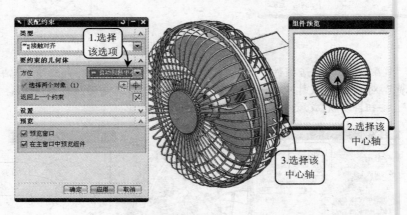

图 4-56 中心接触对齐前罩

（4）在"装配约束"对话框的"方位"下拉列表中选择"对齐"选项，选择"组件预览"对话框中前罩的定位板侧面，然后在工作区中选取后罩对应的对齐面，如图 4-57 所示。

5. 装配底托

（1）添加本书配套光盘中的 collet2.prt 文件，在"装配约束"对话框的"类型"下拉列表中选择"接触对齐"选项，选择"组件预览"对话框中底托的安装面，然后在工作区中选取后罩对应的贴合面，如图 4-58 所示。

（2）在"装配约束"对话框的"类型"下拉列表中选择"平行"选项，选择"组件预览"对话框中底托的安装面边缘线，然后在工作区中选取后罩与其平行的边缘线，如图 4-59 所示。

（3）在"装配约束"对话框的"类型"下拉列表中选择"距离"选项，选择"组件预览"对话框中底托的安装面边缘线，然后在工作区中选取后罩与其平行的边缘线，约束其距离分别为 15 和 18，如图 4-60 所示。

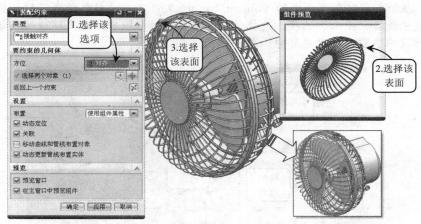

图 4-57　接触对齐前罩定位板

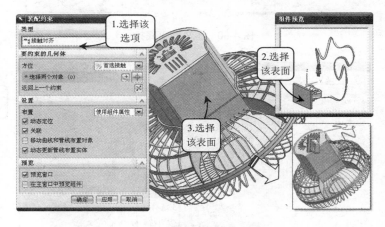

图 4-58　接触对齐底托

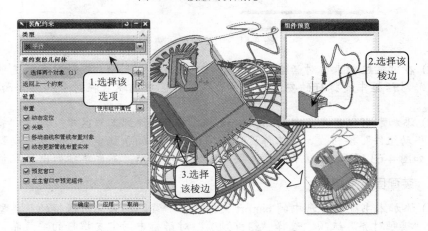

图 4-59　平行约束底托

6. 装配活动支撑杆

(1) 添加本书配套光盘中的 volitant_bar.prt 文件，在"装配约束"对话框的"类型"下拉列表中选择"中心"选项，选择"组件预览"对话框中活动支撑杆的插销孔中心，然后在工作区中选取底托对应的中心轴，如图 4-61 所示。

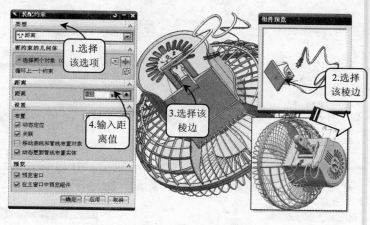

图 4-60   距离约束底托

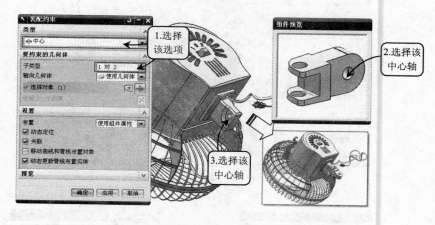

图 4-61   中心约束活动支撑杆

(2) 在"装配约束"对话框的"类型"下拉列表中选择"接触对齐"选项，选择"组件预览"对话框中支撑杆的安装面，然后在工作区中选取底托对应的贴合面，如图 4-62 所示。

(3) 添加本书配套光盘中的 taper_pin.prt 插销部件到工作区中，单击"装配"工具栏中的"移动组件"按钮，在工作区中选中插销部件的手柄坐标，将其移动到插销孔中间即可，如图 4-63 所示。(以下的插销按同样的方法装配，不再单独列出装配步骤)

7. 装配固定支撑杆

(1) 添加本书配套光盘中的 bar.prt 文件，在"装配约束"对话框的"类型"下拉列表中选择"接触对齐"选项，选择"组件预览"对话框中固定支撑杆的安装面，然后在工作区中选取活动支撑杆对应的贴合面，如图 4-64 所示。

(2) 在"装配约束"对话框的"方位"下拉列表中选择"自动判断中心\轴"选项，选择"组件预览"对话框中固定支撑杆的孔中心，然后在工作区中选取活动支撑杆的孔中心，如图 4-65 所示。

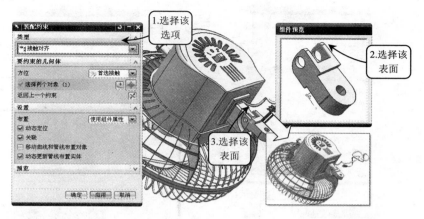

图 4-62　接触对齐活动支撑杆

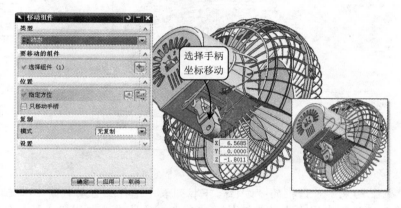

图 4-63　移动插销

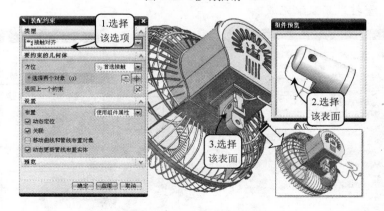

图 4-64　接触对齐固定支撑杆

8．装配固定夹

（1）添加本书配套光盘中的 clamp.prt 文件，在"装配约束"对话框的"类型"下拉列表中选择"接触对齐"选项，选择"组件预览"对话框中固定夹夹板内侧面，然后在工作区中选取固定支撑杆对应的对齐面，如图 4-66 所示。

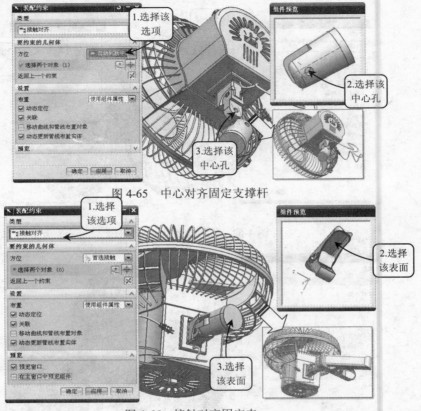

图 4-65　中心对齐固定支撑杆

图 4-66　接触对齐固定夹

（2）在"装配约束"对话框的"方位"下拉列表中选择"自动判断中心\轴"选项，选择"组件预览"对话框中固定夹的中心轴，然后在工作区中选取固定支撑杆的中心轴，如图 4-67 所示。壁挂风扇装配完成。

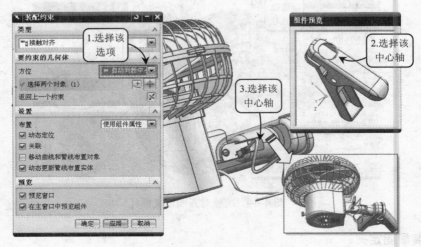

图 4-67　中心对齐固定夹

4.3.3 扩展实例：立式风扇的装配

本实例将装配一台立式风扇，效果如图 4-68 所示。该立式风扇由底座、下支撑杆、上支撑杆、转动支撑座、后罩、电动机、风叶、前罩等组成。在装配该实例时，可以首先将后罩固定在工作区中。然后以后座为工作部件，通过接触约束、平行约束、垂直约束、距离约束和角度约束依次装配电动机、风叶、前罩、转动支撑座、上支撑杆、下支撑杆和底座，即可完成立式风扇的装配。

原始文件：	source\chapter4\ch4-example3-1\
最终文件：	source\chapter4\ch4-example3-1\Electric Fan.prt

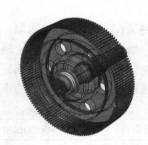

图 4-68　立式风扇装配效果　　　　　图 4-69　齿轮组件装配效果

4.3.4 扩展实例：齿轮组件装配

本实例将装配一个齿轮组件，效果如图 4-69 所示。该齿轮组件由轴、键、轴套、齿轮等组成。在装配该实例时，可以首先将轴固定在工作区中。然后以轴为工作部件，通过接触对齐约束将键装配到对应的键槽中。最后通过接触约束和中心约束将齿轮和轴套依次安装到工作区中，即可完成立式风扇的装配。

原始文件：	source\chapter4\ch4-example3-3\
最终文件：	source\chapter4\ch4-example3-3\Gear Module.prt

4.3.5 扩展实例：立式快速夹装配

本实例将装配一个立式快速夹，效果如图 4-70 所示。该快速夹由底架、手柄、连板、夹臂、螺栓、螺母等组成。在装配该实例时，可以首先将底架固定在工作区中。然后以底架为工作部件，通过接触约束、中心约束和垂直约束将手柄装配到底架上。最后通过接触约束、中心约束和距离约束依次将连扳、夹臂、螺栓和螺母装配到底架和手柄上，即可完成立式快速夹的装配。

原始文件：	source\chapter4\ch4-example3-3\
最终文件：	source\chapter4\ch4-example3-3\Fast Clip V-Type.prt

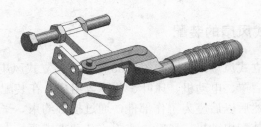

图 4-70　立式快速夹装配效果

4.4 蜗轮减速器装配

本实例将装配一台蜗轮减速器，效果如图 4-71 所示。该蜗轮减速器由通气器、观察盖板、上箱体、蜗轮、蜗轮轴、蜗轮轴承盖、蜗杆、轴承盖、下箱体等组成。在装配该实例时，可以首先装配蜗杆子组件和蜗轮子组件，并分别保存为单独的文件。然后以下箱体为工作部件，通过接触约束、平行约束、距离约束和组件镜像依次装配蜗杆子组件、蜗轮子组件、端盖、上箱体、观察盖板、通气器和螺栓，即可完成蜗轮减速器的装配。

🍥 原始文件：	source\chapter4\ch4-example4\
🍥 最终文件：	source\chapter4\ch4-example4\Worm Reducer.prt
📀 视频文件：	视频教程\第 4 章 装配设计\4.4 蜗轮减速器装配.avi

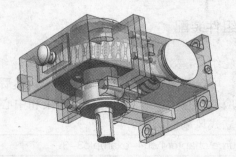

图 4-71　蜗轮减速器装配效果

4.4.1 相关知识点

1．组件镜像

在装配过程中，对于沿一个基准面对称分布的组件，可使用"镜像组件"工具一次获得多个特征，并且镜像的组件将按照原组件的约束关系进行定位。因此特别适合像汽车底盘等这样对称的组件装配，仅仅需要完成一边的装配即可。

❑　创建组件镜像

单击"装配"工具栏中的"镜像装配"按钮🔲，打开"镜像装配向导"对话框，如图

4-72 所示。在该对话框中单击"下一步"按钮，然后在打开对话框后选取待镜像的组件，其中组件可以是单个或多个，如图 4-73 所示。

图 4-72　"镜像装配向导"对话框

图 4-73　选择镜像组件

接着单击"下一步"按钮，并在打开对话框后选取基准面为镜像平面，如果没有，可单击"创建基准面"按钮，然后在打开的对话框中创建一个基准面为镜像平面，如图 4-74 所示。

图 4-74　选择镜像平面

图 4-75　指定镜像类型

❑　指定镜像平面和类型

完成上述步骤后单击"下一步"按钮，即可在打开的新对话框中设置镜像类型，可选取镜像组件，然后单击按钮，可执行指派镜像体操作，同时"指派重定位操作"按钮将被激活，也就是说默认镜像类型为指派重定位操作；单击按钮，将执行指派删除组件操作，如图 4-75 所示。

❑　设置镜像定位方式

设置镜像类型后，单击"下一步"按钮，将打开新的对话框，如图 4-76 所示。在该对话框中可指定各个组件的多个定位方式。其中选择"定位"列表框中各列表项，系统将执行对应的定位操作，也可以多次点击，查看定位效果。最后单击"精加工"按钮即可获得镜像组件效果。

创建效果如图 4-77 所示。

2．组件圆周阵列

设置圆周阵列同样用于创建一个二维组件阵列，也可以创建正交或非正交的主组件阵列，与线性阵列不同之处在于：圆周阵列是将对象沿轴线执行圆周均匀阵列操作。单击"装配"工具栏中的"创建组件阵列"按钮 ，打开"创建组件阵列"对话框，选中对话框中的"圆的"单选按钮，并单击"确定"按钮，打开"创建圆形阵列"对话框，可创建以下3种圆形阵列特征。

图 4-76   指定镜像定位方式

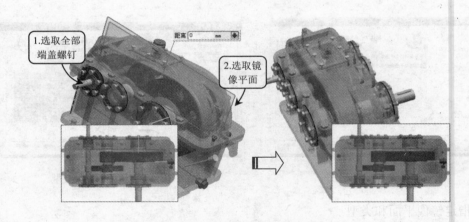

图 4-77   创建组件镜像效果

❑   圆柱面

使用与所需放置面垂直的圆柱面来定义沿该面均匀分布的对象。如图 4-78 所示，选取圆柱表面并设置阵列总数和角度值，即可执行圆形阵列操作。

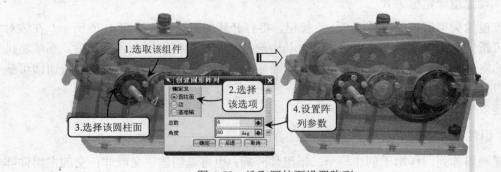

图 4-78   选取圆柱面设置阵列

❑ 边

使用与所需放置面上的边线或与之平行的边线来定义沿该面均匀分布的对象。如图 4-79 所示，选取边缘并设置阵列总数和角度值，即可执行阵列操作。

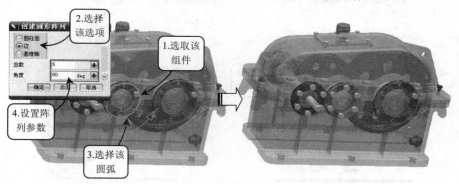

图 4-79 选取边缘设置阵列

❑ 基准轴

使用基准轴来定义对象使其沿该轴线形成均匀分布的阵列对象。仍然以图 4-80 中沉头螺钉为例，指定圆轮廓面中心轴线为阵列参照轴，分别输入阵列总数 6 和角度 60，即可获得同样的阵列效果。

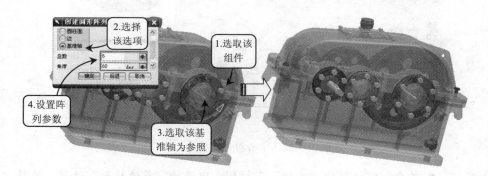

图 4-80 选取基准轴设置阵列

4.4.2 装配步骤

1. 装配蜗杆子组件

（1）新建一个名为 worm gorup 的装配文件，在弹出的"添加组件"对话框中单击"打开文件"按钮 📂，添加本书配套光盘中的 worm.prt 文件，返回"添加组件"对话框后，指定定位方式为"绝对原点"，单击"确定"按钮，如图 4-81 所示。

（2）单击"装配"工具栏中的"添加组件"按钮 ➕，选择本书配套光盘中的 axletree62.prt 文件，指定定位方式为"通过约束"，单击"确定"按钮。

（3）在"装配约束"对话框的"方位"下拉列表中选择"自动判断中心\轴"选项，选择"组件预览"对话框中的轴承中心轴，然后在工作区中选取蜗杆的中心轴，如图 4-82

所示。

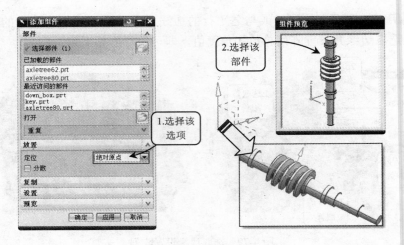

图 4-81　固定蜗轮杆

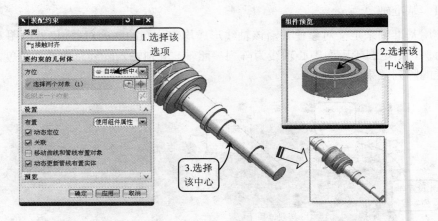

图 4-82　中心对齐轴承

（4）在"装配约束"对话框的"方位"下拉列表中选择"首选接触"选项，选择"组件预览"对话框中端盖的端面，然后在工作区中选取蜗轮杆的贴合面，如图 4-83 所示。

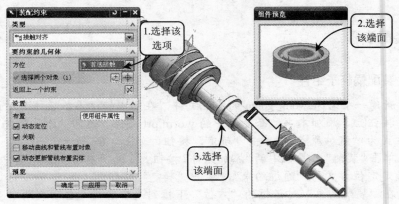

图 4-83　接触对齐轴承端面

（5）按照步骤（2）~步骤（4）同样的方法，选择光盘中的 axletree62.prt 组件，装配蜗轮杆另一端的轴承，并将该文件保存，装配效果如图 4-84 所示。

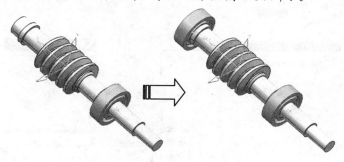

图 4-84　另一端轴承装配效果

2．装配蜗轮子组件

（1）新建一个名为 worm wheel group 的装配文件，在弹出的"添加组件"对话框中单击"打开文件"按钮，选择本书配套光盘中的 worm_wheel_shaft.prt 文件，返回"添加组件"对话框后，指定定位方式为"绝对原点"，单击"确定"按钮，如图 4-85 所示。

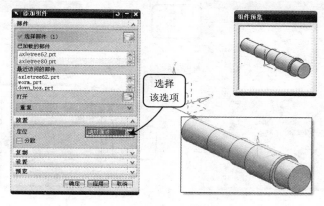

图 4-85　固定蜗轮轴

（2）单击"装配"工具栏中的"添加组件"按钮，添加本书配套光盘中的 key.prt 文件，在"装配约束"对话框的"方位"下拉列表中选择"首选接触"选项，分别选择"组件预览"对话框中键的底面和侧面，然后在工作区中选取蜗轮轴对应的贴合面，如图 4-86 所示。

（3）单击"装配"工具栏中的"添加组件"按钮，添加本书配套光盘中的 worm_wheel.prt 文件，指定定位方式为"通过约束"，单击"确定"按钮。

（4）在"装配约束"对话框的"方位"下拉列表中选择"首选接触"选项，选择"组件预览"对话框中蜗轮的端面，然后在工作区中选取蜗轮轴对应的贴合面，如图 4-87 所示。

（5）在"装配约束"对话框的"方位"下拉列表中选择"自动判断中心\轴"选项，选择"组件预览"对话框中蜗轮的中心轴，然后在工作区中选取蜗轮轴的中心轴，如图 4-88 所示。

（6）单击"装配"工具栏中的"添加组件"按钮，添加本书配套光盘中的 axletree80.prt 文件，指定定位方式为"通过约束"，单击"确定"按钮。

(7) 在"装配约束"对话框的"方位"下拉列表中选择"首选接触"选项，分别选择"组件预览"对话框中轴承端面，然后在工作区中选取蜗轮轴对应的贴合面，如图 4-89 所示。

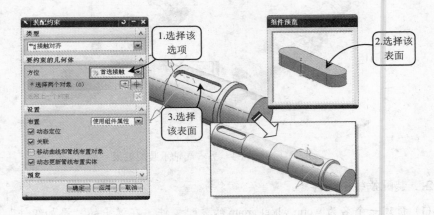

图 4-86 接触对齐键

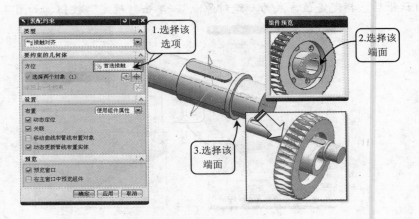

图 4-87 接触对齐蜗轮端面

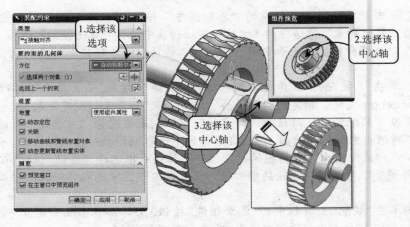

图 4-88 中心对齐蜗轮

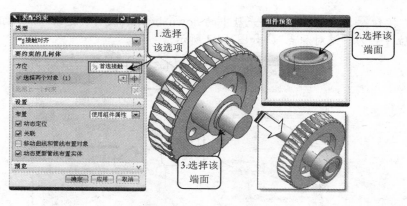

图 4-89　接触对齐轴承端面

(8) 在"装配约束"对话框的"方位"下拉列表中选择"自动判断中心\轴"选项，选择"组件预览"对话框中轴承的中心轴，然后在工作区中选取蜗轮轴的中心轴，如图 4-90所示。

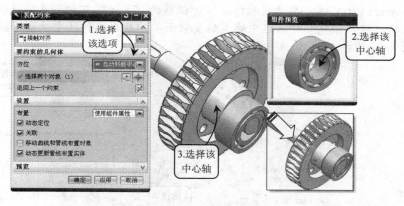

图 4-90　中心对齐蜗轮

(9) 按照步骤（6）～步骤（8）同样的方法，选择光盘中的 axletree80.prt 组件，装配蜗轮轴另一端的轴承，并将该文件保存，装配效果如图 4-91 所示。

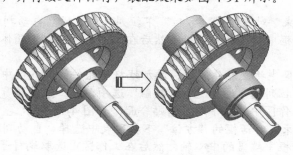

图 4-91　另一端轴承装配效果

3. 装配下箱体组件

(1) 新建一个名为 Worm Reducer 的装配文件，在弹出的"添加组件"对话框中单击"打开文件"按钮 , 选择本书配套光盘中的 down_box.prt 文件, 返回"添加组件"对话框后, 指定定位方式为"绝对原点", 如图 4-92 所示。

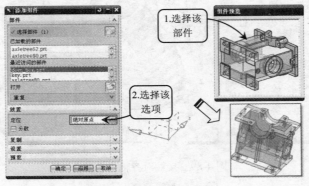

图 4-92 固定下箱体

(2) 单击"装配"工具栏中的"添加组件"按钮 ![], 添加本书配套光盘中的 axletree_cover1 prt 文件, 在"装配约束"对话框的"方位"下拉列表中选择"首选接触"选项, 选择"组件预览"对话框中端盖的安装面, 然后在工作区中选取下箱体对应的贴合面, 如图 4-93 所示。

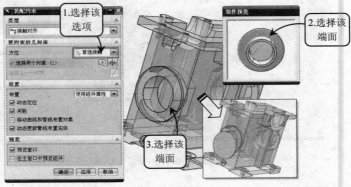

图 4-93 接触对齐端盖端面

(3) 在"装配约束"对话框的"方位"下拉列表中选择"自动判断中心\轴"选项, 选择"组件预览"对话框中端盖的中心轴, 然后在工作区中选取下箱体对应的中心轴, 如图 4-94 所示。

(4) 首先在工作区中将上箱体隐藏, 添加蜗杆子组件到工作区中, 选择"装配约束"对话框的"方位"下拉列表中选择"首选接触"选项, 在"组件预览"对话框中选择轴承的安装面, 然后在工作区中选取下端盖的贴合面, 如图 4-95 所示。

(5) 在"装配约束"对话框的"方位"下拉列表中选择"自动判断中心\轴"选项, 选择"组件预览"对话框中端盖的中心轴, 然后在工作区中选取蜗杆子组件对应的中心轴, 如图 4-96 所示。

(6) 单击"装配"工具栏中的"添加组件"按钮 ![], 添加本书配套光盘中的 axletree_cover3 prt 文件, 选择"装配约束"对话框的"类型"下拉列表中选择"接触对齐"选项, 在"组件预览"对话框中选择轴承的安装面, 然后在工作区中选取下箱体对应的贴合面, 如图 4-97 所示。

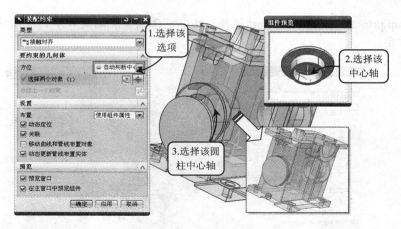

图 4-94　中心对齐端盖

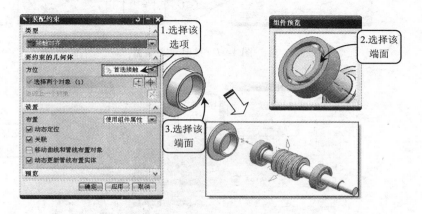

图 4-95　接触对齐端面

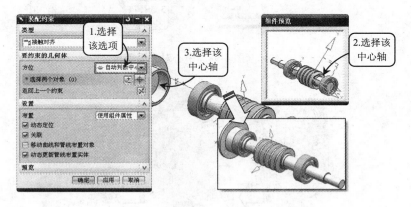

图 4-96　中心对齐蜗杆子组件

　　（7）在"装配约束"对话框的"方位"下拉列表中选择"自动判断中心\轴"选项，选择"组件预览"对话框中端盖的中心轴，然后在工作区中选取下箱体对应的安装中心，如图 4-98 所示。

　　（8）按照装配蜗杆子组件同样的方法，依次选择光盘中的 axletree_cover0.prt、worm

wheel group.prt、axletree_cover2.prt 组件，在下箱体上装配端盖和蜗杆子组件，装配顺序如图 4-99 所示。

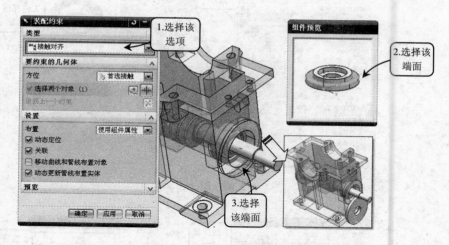

图 4-97　接触对齐端盖

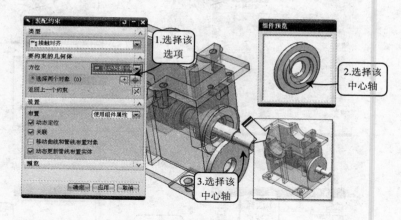

图 4-98　中心对齐端盖

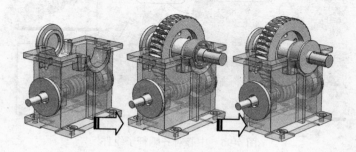

图 4-99　蜗轮子组件装配顺序

4．装配上箱体组件

(1) 单击"装配"工具栏中的"添加组件"按钮 ，添加本书配套光盘中的 up_box.prt

文件，选择"装配约束"对话框的"类型"下拉列表中选择"接触对齐"选项，在"组件预览"对话框中选择上箱体的安装面，然后在工作区中选取下箱体的贴合面，如图 4-100 所示。

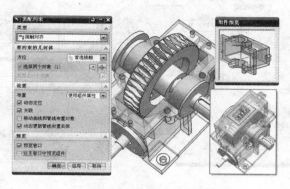

图 4-100　接触对齐上箱体

（2）在"装配约束"对话框的"方位"下拉列表中选择"自动判断中心\轴"选项，选择"组件预览"对话框中上箱体的螺栓孔，然后在工作区中选取下箱体对应的螺栓孔，如图 4-101 所示。

（3）单击"装配"工具栏中的"添加组件"按钮 ，添加本书配套光盘中的 espial_board.prt 文件，选择"装配约束"对话框的"方位"下拉列表中选择"首选接触"选项，在"组件预览"对话框中选择盖板的下表面，然后在工作区中选取上箱体对应的贴合面，如图 4-102 所示。

（4）选择"装配约束"对话框的"方位"下拉列表中选择"对齐"选项，在"组件预览"对话框中选择盖板的侧面，然后在工作区中选取上箱体对应的对齐面，如图 4-103 所示。

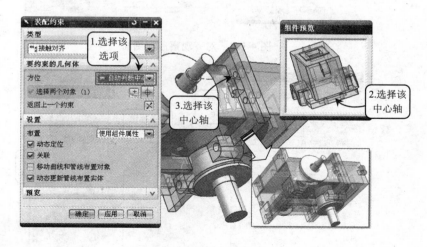

图 4-101　中心对齐上箱体

（5）单击"装配"工具栏中的"添加组件"按钮 ，添加本书配套光盘中的 gas_cover.prt 文件，选择"装配约束"对话框的"方位"下拉列表中选择"首选接触"选项，在"组件预览"对话框中选择通气器的安装表面，然后在工作区中选取盖板对应的贴合面，如图 4-104 所示。

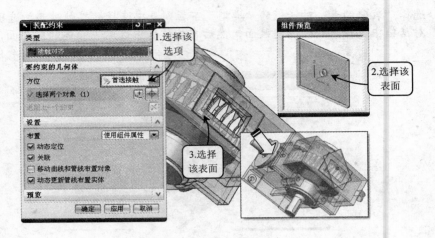

图 4-102　接触对齐观察盖板

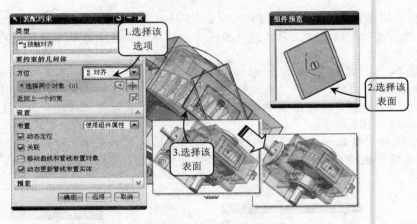

图 4-103　对齐观察盖板侧面

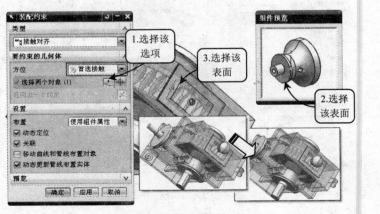

图 4-104　接触对齐通气器

5.　装配螺栓

（1）单击"装配"工具栏中的"添加组件"按钮 ，添加本书配套光盘中的 bolt12x95.prt

文件，选择"装配约束"对话框的"类型"下拉列表中选择"接触对齐"选项，在"组件预览"对话框中选择螺杆的安装面，然后在工作区中选取上箱体对应的贴合面，如图 4-105 所示。

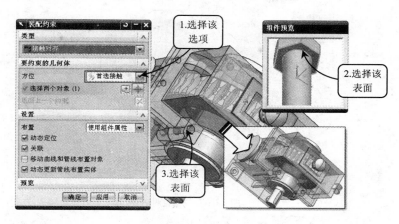

图 4-105　接触对齐螺杆

（2）在"装配约束"对话框的"方位"下拉列表中选择"自动判断中心\轴"选项，选择"组件预览"对话框中上箱体的螺栓的中心轴，然后在工作区中选取下箱体对应的孔中心轴，如图 4-106 所示。

（3）单击"装配"工具栏中的"添加组件"按钮，添加本书配套光盘中的 nut12.prt 文件，选择"装配约束"对话框的"类型"下拉列表中选择"接触对齐"选项，在"组件预览"对话框中选择螺母的安装面，然后在工作区中选取上箱体对应的贴合面，如图 4-107 所示。

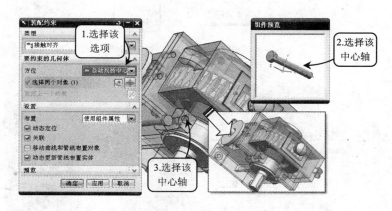

图 4-106　中心对齐螺杆

（4）在"装配约束"对话框的"方位"下拉列表中选择"自动判断中心\轴"选项，选择"组件预览"对话框中螺母的中心轴，然后在工作区中选取螺杆对应的中心轴，如图 4-108 所示。

（5）按照步骤（1）～步骤（4）同样的方法，选择光盘中的 bolt9x43.prt 和 nut9.prt 部件，装配箱体侧面的螺栓，装配效果如图 4-109 所示。

（6）单击"装配"工具栏中的"镜像装配"按钮，打开"镜像装配向导"对话框，在工作区中选中箱体正面的螺栓组件，依次单击"下一步"按钮，在第 3 个对话框中单击

"创建基准平面"按钮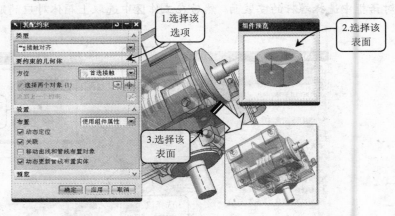，如图 4-110 所示。

图 4-107　接触对齐螺母

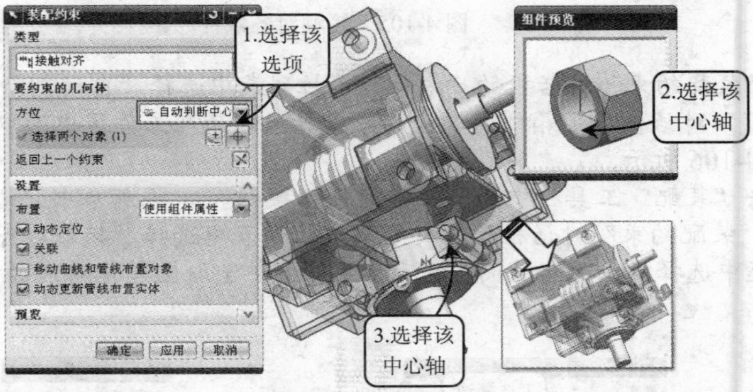

图 4-108　中心对齐螺母

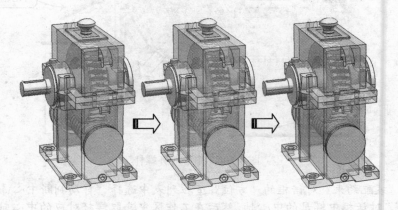

图 4-109　侧面螺栓装配顺序

（7）在打开的"基准平面"对话框"类型"下拉菜单中选择"二等分"选项，依次选择工作区中箱体的两个侧面，即可创建镜像平面，如图 4-111 所示。

（8）完成选择镜像组件和镜像平面后，依次单击"镜像装配向导"对话框中的"下一步"按钮，即可完成螺栓的镜像装配，如图 4-112 所示。

图 4-110　镜像装配向导

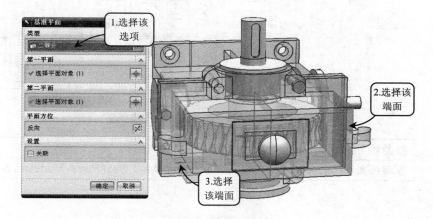

图 4-111　创建镜像平面

图 4-112　完成镜像装配向导

（9）按照步骤（6）～步骤（8）同样的方法，依次镜像装配箱体正面和侧面的螺栓，装配顺序如图 4-113 所示。蜗轮减速器装配完成。

4.4.3 扩展实例：齿轮泵的装配

本实例装配一个齿轮泵，效果如图 4-114 所示。齿轮泵是机械设备中最常见的装配实体，其工作原理是：通过调整泵缸与啮合齿轮间所形成的工作容积，从而达到输送液体或增压作用。该齿轮泵由泵体、长轴齿轮、短轴齿轮、端盖、泵盖、带轮等组成。装配该实例时，可以先将泵体固定在工作区中。然后以泵体为工作部件，通过接触对齐约束、中心约束依次将长轴齿轮、短轴齿轮、端盖、泵盖和带轮装配到工作区中，即可完成齿轮泵的装配。

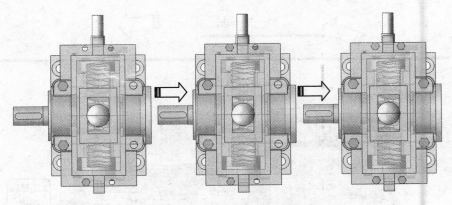

图 4-113　螺栓镜像装配顺序

🌀原始文件：	source\chapter4\ch4-example4-1\
🌀最终文件：	source\chapter4\ch4-example4-1\Gear Pump Modeling.prt

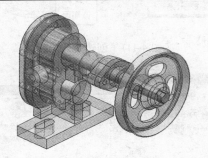

图 4-114　齿轮泵装配效果

4.4.4 扩展实例：柱塞泵的装配

本实例装配一个柱塞泵，效果如图 4-115 所示。该柱塞泵由泵体、轴套、压盖、端盖、柱塞、阀体、阀盖等组成。装配该实例时，可以先将泵体固定在工作区中。然后以泵体为工作部件，通过接触对齐、中心约束依次将轴套、柱塞、端盖装配到泵体上。最后，通过接触对齐、中心约束、垂直约束和距离约束依次将阀体、阀盖和其他的部件装配到工作区中，即可完成柱塞泵的装配。

🌀原始文件：	source\chapter4\ch4-example3\
🌀最终文件：	source\chapter4\ch4-example3\Ram-Rype Pump.prt

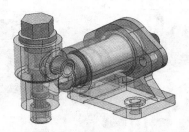

图 4-115　柱塞泵装配效果

4.4.5 扩展实例：减压阀的装配

本实例将装配一个减压阀，效果如图 4-116 所示。该减压阀主要由阀体、弹簧、端盖、阀盖、活塞、阀盘、旋柄、螺栓、螺母等组成。装配该实例时，可以先将阀体通过绝对原点的方式定位在工作区中。然后通过接触约束、中心约束和距离约束将弹簧、活塞、阀盘、阀盖、旋柄装配到工作区中。最后，通过组件圆周阵列将螺栓和螺母圆周阵列到减压阀的螺栓孔中，即可完成减压阀的装配。

原始文件：	source\chapter4\ch4-example4-3\
最终文件：	source\chapter4\ch4-example4-3\Reducing Valve.prt

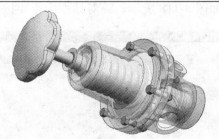

图 4-116　减压阀装配效果

4.5 四驱车装配顺序动画

本实例将创建一个四驱车装配顺序动画，如图 4-117 所示。该四驱车主要由底盘、车轮、马达组件、减速器组件、机翼、外壳、转轮、开关、接触片、锁套等组成。创建该四驱车的装配顺序动画时，首先要创建装配序列，进入装配序列状态。然后，在装配序列状态下按照装配顺序添加各部件。最后利用"装配次序回放"工具导出动画到磁盘，即可创建出四驱车装配顺序动画。

原始文件：	source\chapter4\ch4-example5\Toy Racing Car.prt
最终文件：	source\chapter4\ch4-example5\Toy Racing Car-final.prt
动画文件：	source\chapter4\ch4-example5\movie.avi
视频文件：	视频教程\第 4 章 装配设计\4.5 四驱车装配顺序动画.avi

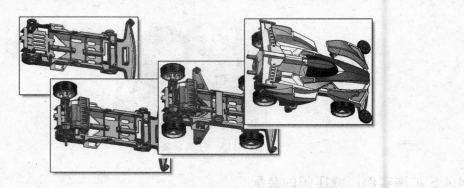

图 4-117　四驱车装配顺序动画

4.5.1 相关知识点

1. 装配次序相关工具栏

□　"装配次序和运动"工具栏

在"装配"工具栏中单击"装配序列"按钮，系统就会进入排序任务环境，显示"装配次序和运动"工具栏，如图 4-118 所示。该对话框中主要按钮功能如下。

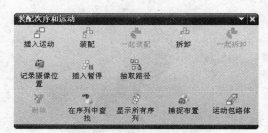

图 4-118　"装配次序和运动"工具栏

- ➤ 插入运动 ：在序列中插入运动步骤。此时拖动手柄将显示图标选项，用于在运动步骤中创建动作。
- ➤ 装配 ：在选定组件的关联序列中创建装配步骤，如果选择的组件多于一个，则按照定时的顺序为每个组件创建步骤。
- ➤ 一起装配 ：在一个序列中创建子组件。
- ➤ 拆卸 ：为选定的组件创建拆卸步骤。
- ➤ 一起拆卸 ：将在一个序列步骤内选定的子装配或组件集一起拆卸。
- ➤ 记录摄像位置 ：创建摄像步骤，用于在回放过程中重新定位序列视图。
- ➤ 插入暂停 ：在序列中插入暂停步骤，使其暂时停顿在一个画面上。
- ➤ 抽取路径 ：为选定的组件创建一个无碰撞抽取路径序列步骤，以便在起始和终止位置之间移动。
- ➤ 删除 ：删除选定的项目，如序列或步骤。
- ➤ 在序列中查找 ：在"序列导航器"中查找一个指定的组件。

> ➢ 显示所有序列 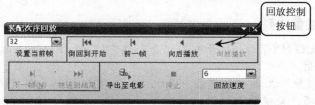：当切换开关为"开"时，"序列导航器"显示所有的序列，当切换开关为"关"时，允许将关联序列显示在"序列导航器"中。

> ➢ 捕捉布置 ：允许将装配组件的当前位置捕捉为当前。

> ➢ 运动包络体 ：通过连续序列运动步骤扫掠选定的对象（装配组件、实体、片体或组件中的小平面体），在显示部件（或新部件）中创建一个运动包络体。

> ❑ "装配次序回放"工具栏

在"装配"工具栏中单击"装配序列"按钮 ，系统就会进入排序任务环境，显示"装配次序回放"工具栏，如图 4-119 所示。该对话框中主要按钮的功能如下。

图 4-119　"装配次序回放"工具栏

> ➢ 设置当前帧：序列中正在被播放的当前帧，可以在此输入帧的编号转到序列中特定的帧。

> ➢ 回放控制：用于回放的控制，转到序列的第一个帧、快进或停止等

> ➢ 回放速度：用于控制回放的速度，数值越高就越快，取值范围为 1 ～ 10。

> ➢ 导出至电影：将正在播放序列的帧导出到磁盘，输出 AVI 格式的视频文件。

2. 创建装配序列过程

下面介绍创建装配的过程。

> ➢ 在"装配"工具栏中单击"装配序列"按钮 ，系统进入装配序列状态。

> ➢ 在"装配次序和运动"工具栏中单击"新建序列"按钮 ，新序列将出现在序列导航器中，文件夹命名为"已忽略"和"已预装"。在"已预装"项后面包含该装配图中的所有组件。如果正在组装一个装配，则还会出现"未处理的"文件夹，这种情况下，"未处理的"文件夹包含装配中的所有组件，如图 4-120 所示。

图 4-120　序列导航器

> ➢ 使用忽略弹出选项或通过拖动的方式，将序列中不用的组件从"已预装"文件夹移动到"已忽略"文件夹中。

> ➢ 每个次序步骤可以包含一个组件、一个子组、一个摄像步骤（视图方位）或一个

动作（以及形成该动作的移动）。

➢ 通过使用工具栏和菜单栏选项或通过拖动，拆装剩余组件或希望拆装成步骤节点的组件。

➢ 通过从该工具栏或序列导航器打开菜单选择选项，按照操作示意图更改序列。

➢ 如果想创建另一个序列，则再次单击"新建序列"按钮 ，可通过单击"显示所有序列"按钮来显示序列导航器中的所有现有的序列。

4.5.2 创建步骤

1. 创建装配序列

（1）启动 UG NX 7 后，打开本书配套光盘中的 Toy Racing Car.prt 文件，系统将自动进入装配环境界面。

（2）在"装配"工具栏中单击"装配序列"按钮 ，或在装配菜单栏中选择"装配" → "顺序"选项，系统将自动进入装配序列状态，如图 4-121 所示。

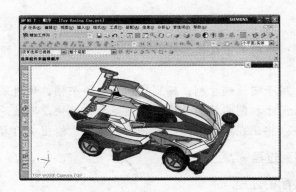

图 4-121　装配序列环境界面

（3）在"装配次序和运动"工具栏中单击"新建序列"按钮 ，新序列"序列-1"将出现在序列导航器中，系统自动命名文件夹为"已忽略"和"已预装"，在"已预装"项后面包含该装配图中的所有组件，如图 4-122 所示。

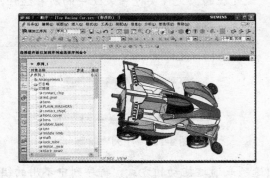

图 4-122　新建序列和序列导航器

2．创建安装顺序

(1) 在"序列导航器"中选取"已预装"项后四驱车装配体中的所有组件，单击鼠标右键，在打开的快捷菜单中选择"移除"选项，此时所有组件将被移除到"未处理的"项中，工作区将变成空白，如图 4-123 所示。

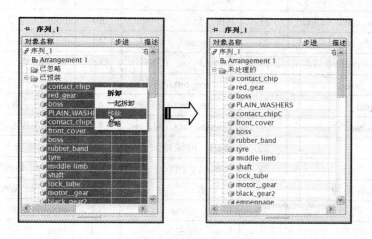

图 4-123　移除四驱车装配体

(2) 在"装配次序和运动"工具栏中单击"装配"按钮 ，打开"类选择"对话框。然后在序列导航器的"未处理的"项中选择"batholith"部件，并单击"确定"按钮，四驱车底盘将添加到装配序列中，在"已预装"项后面将显示该组件的名称，并会在绘图区显示底盘组件，如图 4-124 所示。

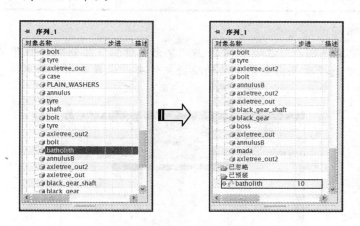

图 4-124　添加四驱车底盘组件

提　示：在"序列导航器"中选取"未处理的"项后选择"batholith"组件，单击鼠标右键，在打开的快捷菜单中选择"装配"选项，同样可以将组件添加到装配序列中。

(3) 按照添加底盘的同样的方法，按照装顺序依次在"序列导航器"中选取"未处理的"项后的组件，将它们添加到装配序列中，添加顺序如下表 4-1 所示。

表 4-1　四驱车部件装配顺序表

顺序号	部件名称	顺序号	部件名称	顺序号	部件名称
1	batholith	19	black＿gear	37	PLAIN＿WASHERS（后左）
2	axletree＿out（后右）	20	boss（后左）	38	annulusB（后左）
3	axletree_out 2（后右）	21	tyre（后左）	39	bolt（后左）
4	axletree＿out（后左）	22	red＿gear	40	PLAIN＿WASHERS（后右）
5	axletree_out 2（后左）	23	axletree_out（前右）	41	annulusB（后右）
6	green＿gear	24	axletree_out2(前右)	42	bolt（后右）
7	red＿gear	25	axletree_out（前左）	43	PLAIN＿WASHERS（前左）
8	transmission＿shaft	26	axletree_out2(前左)	44	annulusB（前左）
9	mada	27	shaft（前轮轴）	45	bolt（前左）
10	motor＿base	28	contact＿chip	46	rubber＿band（前左）
11	shaft（后轮轴）	29	on - off	47	PLAIN＿WASHERS（前右）
12	boss（后右）	30	front＿cover	48	annulus（前右）
13	tyre（后右）	31	boss（前左）	49	bolt（前左）
14	contact＿chipB	32	boss（前右）	50	rubber＿band（前右）
15	contact＿chipC	33	tyre（前右）	51	case
16	black＿gear＿shaft	34	tyre（前左）	52	empennage
17	motor＿＿gear	35	girdle	53	lock＿tube
18	black＿gear 2	36	middle limb		

3．创建动画

（1）在"装配次序回放"工具栏中单击"导出至电影"按钮 ，打开"电影创建"对话框，在对话框中选择要导出电影文件的路径文件夹，设置电影文件文件名，如图 4-125 所示。

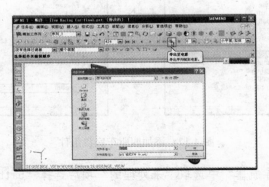

图 4-125　设置动画文件名和路径

（2）设置好要创建动画的文件名和路径后，单击"电影创建"对话框种的"确定"按钮，在工作区中将显示四驱车的装配顺序，系统在后台自动录制动画，如图 4-126 所示。

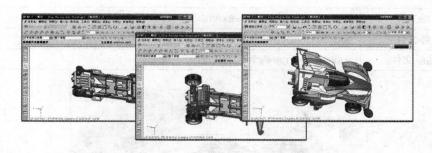

图 4-126　动画录制过程

（3）软件录制好动画后，系统将自动弹出"导出至电影"对话框，提示保存动画的路径地址，单击"确定"按钮即可，如图 4-127 所示。

图 4-127　　"导出至电影"对话框

（4）按照上步骤中"导出至电影"对话框的提示路径，浏览磁盘找到该动画文件，即可用播放器打开该文件，观看装配顺序动画，如图 4-128 所示。

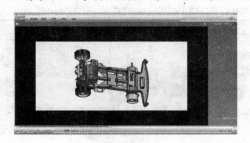

图 4-128　四驱车装配顺序动画播放

4.5.3 扩展实例：鼓风机装配顺序动画

本实例将创建一台鼓风机装配顺序动画，如图 4-129 所示。该鼓风机主要由风箱底座、风箱盖、风叶、电动机座、传动轴、电动机盖等组成。创建该鼓风机的装配顺序动画时，首先要创建装配序列，进入装配序列状态。然后，在装配序列状态下按照装配顺序添加各部件。最后利用"装配次序回放"工具导出动画到磁盘，即可创建出鼓风机装配顺序动画。

📀原始文件：	source\chapter4\ch4-example5-1\Air Blower.prt
📀最终文件：	source\chapter4\ch4-example5-1\Air Blower-final.prt
📀动画文件：	source\chapter4\ch4-example5-1\movie-1.avi

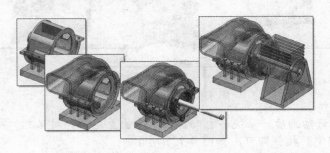

图 4-129　鼓风机装配顺序动画

4.5.4 扩展实例：磨床台虎钳装配顺序动画

本实例将装配一台磨床台虎钳，如图 4-130 所示。该磨床台虎钳由底座、支架、转座、横轴、心轴、固定钳口、活动钳口、螺杆、螺杆头、手柄等组成。创建该鼓风机的装配顺序动画时，首先要创建装配序列，进入装配序列状态。然后，在装配序列状态下按照装配顺序添加各部件。最后利用"装配次序回放"工具导出动画到磁盘，即可创建出磨床台虎钳的装配顺序动画。

📀原始文件：	source\chapter4\ch4-example5-2\Grinder Clamp.prt
📀最终文件：	source\chapter4\ch4-example5-2\Grinder Clamp-final.prt
📀动画文件：	source\chapter4\ch4-example5-2\movie-2.avi

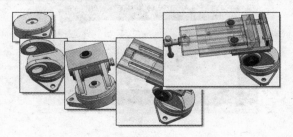

图 4-130　磨床台虎钳装配顺序动画

4.5.5 扩展实例：二级减速器装配顺序动画

本实例将装配一台二级减速器，效果如图 4-131 所示。该减速器由缸体、端盖、轴承、齿轮、轴、齿轮轴、缸盖、观察盖板、通气器、油标螺杆、螺栓螺母等组成。创建该鼓风机的装配顺序动画时，首先要创建装配序列，进入装配序列状态。然后，在装配序列状态下按照装配顺序添加各部件。最后利用"装配次序回放"工具导出动画到磁盘，即可创建出该减速器的装配顺序动画。

![原始文件] 原始文件：	source\chapter4\ch4-example5-3\Reducer.prt
![最终文件] 最终文件：	source\chapter4\ch4-example5-3\Reducer-final.prt
![动画文件] 动画文件：	source\chapter4\ch4-example5-3\movie-3.avi

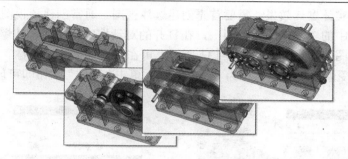

图 4-131　二级齿轮减速器装配顺序动画

4.6 飞机引擎爆炸视图

　　本实例将创建一个飞机引擎的爆炸视图，如图 4-132 所示。该飞机引擎由变速缸、螺旋桨、推进缸等组成。其中推进缸又由缸体、缸盖、活塞、连杆等组成。变速缸又由缸体、缸盖、轴承、偏心轴、齿轮等组成。创建该实例的爆炸视图，需对推进缸和变速缸分别创建爆炸视图，以清晰表达整个飞机引擎的结构。在创建推进缸的爆炸视图时，可以先对其他部件和组件隐藏。然后，创建该推进缸的爆炸视图，再对该视图中的各个部件手动移动到合适的位置。按照同样的方法，创建变速缸的爆炸视图，即可完成该飞机引擎爆炸视图的创建。

![原始文件] 原始文件：	source\chapter4\ch4-example6\Aeroengine.prt
![推进缸爆炸视图文件] 推进缸爆炸视图文件：	source\chapter4\ch4-example6\Aeroengine2.prt
![变速缸爆炸视图文件] 变速缸爆炸视图文件：	source\chapter4\ch4-example6\Aeroengine3.prt
![视频文件] 视频文件：	视频教程\第 4 章 装配设计\4.6 飞机引擎爆炸视图.avi

图 4-132　飞机引擎爆炸视图效果

4.6.1 相关知识点

1. 创建爆炸视图

要查看装配实体爆炸效果，需要首先创建爆炸视图。通常创建该视图的方法是：单击"装配"工具栏中的"爆炸图"按钮 ，在打开的对话框中单击"创建爆炸图"按钮 ，打开"创建爆炸图"对话框，如图 4-133 所示。可在该对话框的"名称"文本框中输入爆炸图名称，或接受系统的默认名称为 Explosion 1，单击"确定"按钮即可创建一个爆炸图。

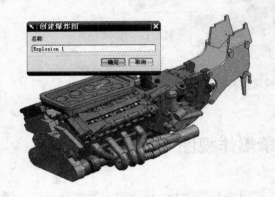

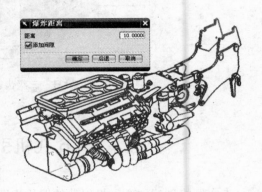

图 4-133   "创建爆炸视图"对话框   图 4-134   "爆炸距离"对话框

> 提 示：如果视图已有一个爆炸视图，可以使用现有分解作为起始位置创建新的分解，
> 这对于定义一系列爆炸图来显示一个被移动的不同组件是很有用的。

❑   自动爆炸组件

通过新建一个爆炸视图即可执行组件的爆炸操作，UG NX 装配中的组件爆炸的方式为自动爆炸，该爆炸方式是基于组件之间保持关联条件，沿表面的正交方向自动爆炸组件。

要执行该方式的爆炸操作，可单击"爆炸图"工具栏中的"自动爆炸视图"按钮 ，打开"类选择"对话框，并在绘图区选中要进行爆炸的组件，单击"确定"按钮，打开"爆炸距离"对话框，如图 4-134 所示。

在该对话框的"距离"文本框中输入组件间执行爆炸操作的间隙，启用"添加间隙"复选框，则指定的距离为组件相对于关联组件移动的相对距离，如图 4-135 所示；禁用该复选框，则指定的距离为绝对距离，即组件从当前位置移动指定的距离值。

❑   手动创建爆炸视图

在执行自动爆炸操作之后，各个零部件的相对位置并非按照正确的规律分布，还需要使用"编辑爆炸图"工具将其调整为最佳的位置。单击"爆炸图"工具栏中的"编辑爆炸图"按钮 ，打开"编辑爆炸视图对话框，如图 4-136 所示。首先选中"取消对象"单选按钮，直接在绘图区选取将要移动的组件，选取的对象将以红色显示，选中"移动对象"单选按钮，即可将该组件移动或旋转到适当的位置。

图 4-137 所示的是拖动发动机中组件移动到合适的位置。选中"只移动手柄"单选按钮，用于移动由标注 X 轴、Y 轴、Z 轴方向的箭头所组成的手柄，以便在组件繁多的爆炸视图中仍然移动组件。

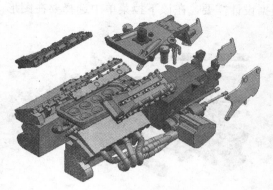

图 4-135　启用"添加间隙"复选框爆炸效果　　　图 4-136　"编辑爆炸视图"对话框

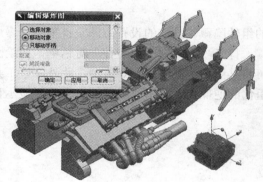 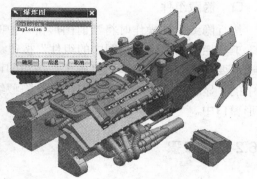

图 4-137　移动爆炸视图中组件　　　　　　　图 4-138　删除爆炸视图

2．编辑爆炸视图

在 UG NX 7 装配环境中，执行手动和自动爆炸视图操作，即可获得理想的爆炸视图效果。为满足各方面的编辑操作，还可以对爆炸视图进行位置编辑、复制、删除和切换等操作。

❑　删除爆炸图

当不必显示装配体的爆炸效果时，可执行删除爆炸图操作将其删除。单击"爆炸图"工具栏中的"删除爆炸图"按钮 ✕ ，打开"爆炸图"对话框，如图 4-138 所示。该对话框中列出了所有爆炸图的名称，可在列表框中选择要删除的爆炸图，删除已建立的爆炸图。

注　意：在图形窗口中显示的爆炸图不能够直接将其删除。如果要删除它，先要将其复位，方可进行删除爆炸视图的操作。

❑　切换爆炸图

在 UG NX 装配过程中，可将多个爆炸图进行切换操作。具体的设置方法是：单击"爆炸图"工具栏中的列表框按钮🔽，打开如图 4-139 所示的下拉列表框。在该列表框中列出了所创建的和正在编辑的爆炸图名称，可以根据设计需要，在该下拉菜单中选择要在图形窗口中显示的爆炸图，进行爆炸图的切换。

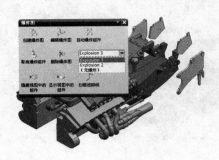

图 4-139　切换视图

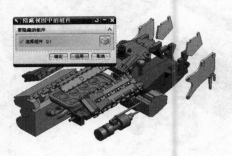

图 4-140　隐藏组件

❑　隐藏组件

执行隐藏组件操作时将当前图形窗口中的组件隐藏。具体的设置方法是：单击"爆炸图"工具栏中的"隐藏视图中的组件"按钮📭，打开"隐藏视图中组件"对话框，在绘图区选取要隐藏的组件，单击"确定"按钮即可将其隐藏，如图 4-140 所示。此外，该工具栏中的"显示视图中的组件"按钮📭是隐藏组件的逆操作，即将已隐藏的组件重新显示在图形窗口中。

4.6.2 创建步骤

1. 隐藏其他部件

(1) 启动 UG NX 7 后，打开本书配套光盘中的 Aeroengine.prt 文件，系统将自动进入装配环境界面。

(2) 在工作区中选取飞机引擎的螺旋桨和推进缸的外部部件，单击鼠标右键，在弹出的快捷菜单中选择"隐藏"选项，如图 4-141 所示。

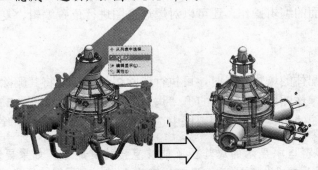

图 4-141　隐藏螺旋桨和推进缸外部部件

(3) 在工作区中选取飞机引擎推进缸其他的部件，单击鼠标右键，在弹出的快捷菜单中选择"隐藏"选项，如图 4-142 所示。

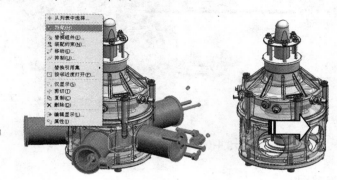

图 4-142　隐藏推进缸其他部件

2. 创建爆炸视图

（1）单击"装配"工具栏中的"爆炸图"按钮，打开"爆炸图"对话框，该对话框显示当前工作爆炸视图的状况为"无爆炸"，如图 4-143 所示。

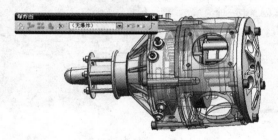

图 4-143　"爆炸图"对话框

（2）在"爆炸图"对话框中单击"创建爆炸图"按钮，打开"创建爆炸图"对话框，可在该对话框的"名称"文本框中输入爆炸图名称，或接受系统的默认名称为 Explosion 1，如图 4-144 所示。

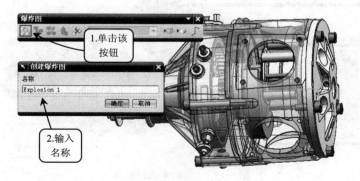

图 4-144　"创建爆炸图"对话框

（3）单击"创建爆炸图"对话框中的"确定"按钮后，"爆炸图"对话框中的所有按钮将激活，并显示当前的工作爆炸视图为 Explosion 1，如图 4-145 所示。

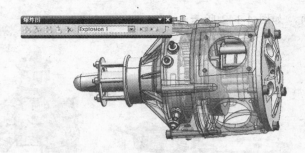

图 4-145　完成创建爆炸视图

3. 编辑爆炸视图

(1) 在"爆炸图"对话框中单击"编辑爆炸图"按钮，打开"编辑爆炸图"对话框，在工作区中选中变速缸外部的所有部件，如图 4-146 所示。

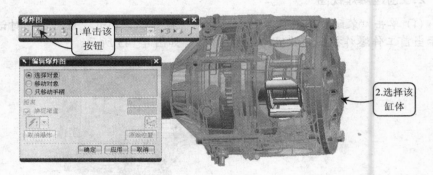

图 4-146　选择变速缸缸体

(2) 在"编辑爆炸图"对话框中选择"移动对象"选项，工作区将出现移动手柄坐标，选择该手柄坐标，将变速缸缸体拖动到合适的位置，如图 4-147 所示。

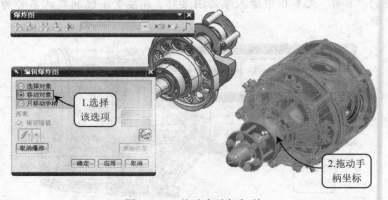

图 4-147　移动变速缸缸体

(3) 在"爆炸图"对话框中单击"编辑爆炸图"按钮，选中工作区中的端盖，在"编辑爆炸图"中选择"移动对象"选项，选择工作区中方向轴，将激活"编辑爆炸图"对话框中的"距离"文本框，在文本框中输入距离，即可设置缸盖在指定的方向轴上移动限定的距离，如图 4-148 所示。

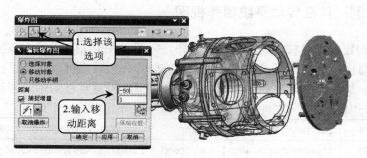

图 4-148　移动变速缸缸盖

（4）按照步骤（3）同样的方法，在缸体的中心轴向上移动展开变速缸其他的部件，爆炸效果如图 4-149 所示。

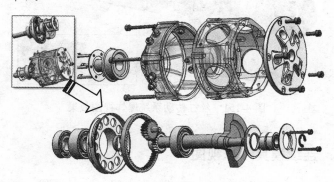

图 4-149　变速缸爆炸视图效果

推进缸的爆炸方法与变速箱相同，可以将推进缸中的所有部件沿活塞的中心轴向展开。为了便于在本书中图片显示，本实例将缸盖部分复制到第二层，将缸体和缸盖部分两层爆炸，如图 4-150 所示。

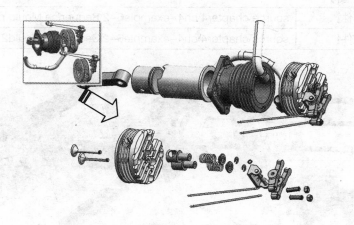

图 4-150　推进缸爆炸视图效果

4.6.3 扩展实例：丝杠传动系统爆炸视图

本实例将创建一个丝杠传动系统爆炸视图，效果如图 4-151 所示。该丝杠传动系统由轴承组件、螺母座、丝杠等组成。创建该实例的爆炸视图时，可以先将丝杠和键平行移动到合适的位置。然后，对该视图中的轴承组件和螺母座沿着丝杠的轴向移动，使每个部件沿着轴向展开，其中右侧与左侧的轴承组件相同，展开其中的一个即可。

原始文件：	source\chapter4\ch4-example6-1\Leading Screw Drive System.prt
最终文件：	source\chapter4\ch4-example6-1\Leading Screw Drive System2.prt

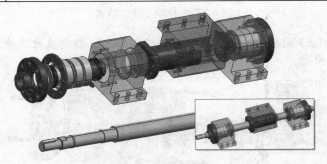

图 4-151　丝杠传动系统爆炸视图效果

4.6.4 扩展实例：连续模具爆炸视图

本实例将创建一个连续模具爆炸视图，效果如图 4-152 所示。该连续模具由凹模、承料板、导料板、下模座、导板、凸固板、凸模、细凸模、垫板、模柄、上模座、导正销、档销等组成。创建该实例的爆炸视图时，可以先将上模座和下模座沿着轴向两端展开。然后，对导板上的承料板和导料板纵向展开，再对其他的部件沿着轴向展开，即可创建该连续模具的爆炸视图。

原始文件：	source\chapter4\ch4-example6-2\Sequence Mould.prt
最终文件：	source\chapter4\ch4-example6-2\Sequence Mould2.prt

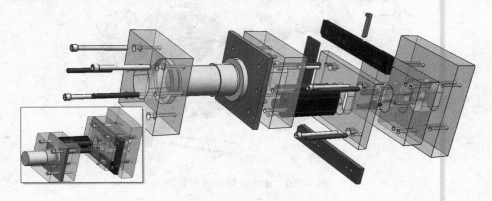

图 4-152　连续模具爆炸视图效果

4.6.5 扩展实例：电动机爆炸视图

本实例将创建一个电动机的爆炸视图，效果如图 4-153 所示。该电动机由机座、定子、转子、轴承、端盖、风扇、风扇罩等组成。创建该实例的爆炸视图时，可以先将机座、端盖和风扇罩纵向移动到合适的位置。然后，分别对机壳组件和电动机内部部件沿着轴向展开，即可创建该电动机的爆炸视图。

🌀原始文件：	source\chapter4\ch4–example6–2\Sequence Mould.prt
🌀最终文件：	source\chapter4\ch4–example6–2\Sequence Mould2.prt

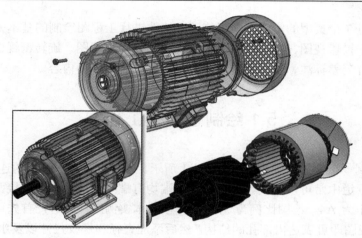

图 4-153　电动机爆炸视图效果

第5章 绘制工程图

在 UG NX 7 中利用建模模块创建的三维实体模型，都可以利用工程图模块投影生成二维工程图，并且所生成的工程图与该实体模型是完全关联的。当实体模型改变时，工程图尺寸会同步自动更新，减少因三维模型的改变而引起的二维工程图更新所需的时间，从根本上避免了传统二维工程图设计尺寸之间的矛盾、丢线漏线等常见错误，保证了二维工程图的正确性。

本章将通过 7 个典型的实例，介绍使用该软件进行工程图绘制的基本方法，内容包括添加基本视图、投影视图、半剖视图、全剖视图、局部剖视图、旋转剖视图、放大视图、尺寸标注、形位公差标注、表面粗糙度、文本的标注和编辑等内容。

5.1 绘制管接头工程图

本实例绘制一个管接头工程图，如图 5-1 所示。管接头常用于管道的连接，在天然气、自来水、石油管道中常可以见到。在管接头两端均有螺纹，用于螺纹连接两端的管道。该工程图图纸大小为 A4，绘图比例为 3∶1。在创建本实例工程图时，首先可创建全剖视图和俯视图，剖视图即可表达内部孔的结构。然后添加直径和螺纹尺寸以及水平尺寸。最后，添加注释文本和图纸标题栏，即可完成该管接头工程图的绘制。

原始文件：	source\chapter5\ch5-example1.prt
最终文件：	source\chapter5\ch5-example1-final.prt
视频文件：	视频教程\第 5 章 绘制工程图\5.1 绘制管接头工程图.avi

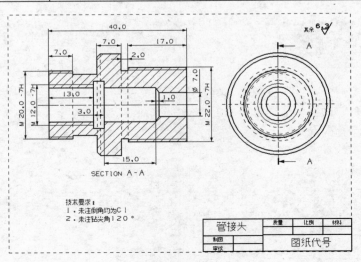

图 5-1　管接头工程图效果

5.1.1 相关知识点

1. 设置工程图首选项

在工程图环境中，为了更准确有效地创建工程图，还可以根据需要进行相关的基本参数预设置，如线宽、隐藏线的显示、视图边界线的显示和颜色的设置等。

在工程图环境中，选择"首选项"→"制图"选项，打开"制图首选项"对话框，如图 5-2 所示。

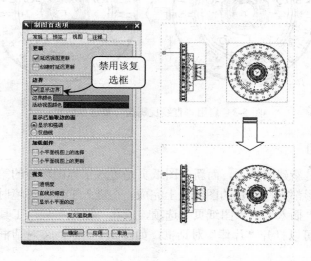

图 5-2　禁用"显示边界"复选框效果

该对话框中共包括 4 个选项卡，其中在"常规"选项卡中可以进行图纸的版次、图纸工作流以及图纸设置；在"预览"选项卡中，可以设计视图样式和注释样式；在"注释"选项卡中，可以设置模型改变时是否删除相关的注释，可以删除模型改变保留下来的相关对象。其中"视图"选项卡是最常用的选项卡，其主要选项的功能及含义如下所述。

➢ 更新：启用"延迟视图更新"复选框，当模型修改时，直至选择"视图"下拉列表的"刷新"选项后，工程图才会更新。启用"创建时延迟更新"复选框，当在工程图中创建视图时，直至选择"刷新"选项后才会更新。

➢ 边界：利用该选项组中的"显示边界"和"边界颜色"选项，可以控制是否显示视图边界和设置视图边界的颜色。如图 5-2 所示就是启用"显示边界"和禁用"显示边界"复选框的图形显示效果。

➢ 显示已抽取边的面：该选项组用于控制是否可以在工程图中选择视图表面，选中"显示和强调"单选按钮，可以选取实体表面；选中"仅曲线"单选按钮，只能选取曲线。

➢ 加载组件：该选项组用于自动加载组件的详细几何信息，该选项组包含"小平面视图上的选择"和"小平面视图上的更新"两个复选框，前者是指当标注尺寸或生成详细视图时，系统自动载入详细几何信息；后者是指当执行更新操作时载入几何信息。

➤ 视觉：该选项组中包含 3 个复选框，其中"透明度"复选框用于控制图形的透明度显示；"直线反锯齿"复选框可以改善图中曲线的光滑程度，如图 5-3 所示即是启用和禁用"直线反锯齿"复选框的图形对应的不同显示效果。

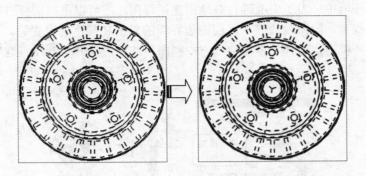

图 5-3　启用"直线反锯齿"复选框效果

2. 创建工程图

创建工程图即是新建图纸页，而新建图纸页是进入工程图环境的第一步。在工程图环境中建立的任何图形都将在创建的图纸页上完成。在进入工程图环境时，系统会自动创建一张图纸页。选择"插入"→"图纸页"选项，或在"图纸布局"工具栏中单击"新建图纸页"按钮，都可以打开"片体"对话框，如图 5-4 所示。该对话框中主要选项的功能及含义如下所述。

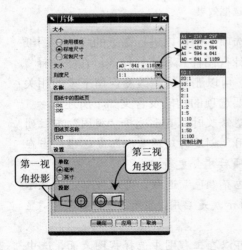

图 5-4　"工作表"对话框

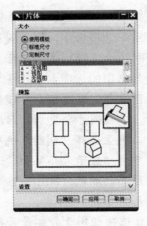

图 5-5　使用模板建立工程图

图 5-6　定制尺寸建立工程图

➤ 大小：该列表框用于指定图样的尺寸规范。可以直接在其下拉列表中选择与工程图相适应的图纸规格。图纸的规格随选择的工程单位不同而不同。

➤ 刻度尺：该选项用于设置工程图中各类视图的比例大小。一般情况下，系统默认的图纸比例是 1：1。

> 图纸页名称：该文本框用于输入新建工程图的名称。系统会自动按顺序排列。也可以根据需要指定相应的名称。
> 投影：该选项组用于设置视图的投影角度方式。对话框中共提供了两种投影角度方式，即第一象限角投影和第三象限角投影。按照我国的制图标准，应选择第一象限角度投影和毫米公制选项。

此外，在该对话框中"大小"选项组下包括了 3 种类型的图纸建立方式。

❑　使用模块

选中该单选按钮，打开如图 5-5 所示的对话框。此时，可以直接在对话框的"大小"面板中直接选取系统默认的图纸选项，单击"确定"按钮即可直接应用于当前的工程图中。

❑　标准尺寸

如图 5-4 所示的对话框即是选择该方式时对应的对话框。在该对话框的"大小"下拉列表中，选择从 A0~A4 国标图纸中的任意一个作为当前工程图的图纸。还可以在"刻度尺"下拉列表中直接选取工程图的比例。另外，"图纸中的图纸页"显示了工程图中所包含的所有图纸名称和数量。在"设置"选项组中，可以选择工程图的尺寸单位以及视图的投影视角。

❑　定制尺寸

选中该单选按钮，打开如图 5-6 所示的对话框。在该对话框中，可以在"高度"和"长度"文本框中自定义新建图纸的高度和长度。还可以在"刻度尺"文本框中选择当前工程图的比例。其他选项与选中"标准尺寸"单选按钮时的对话框中的选项相同，这里不再介绍。

5.1.2　绘制步骤

1.　新建图纸页

（1）打开本书配套光盘中的 ch5-example1.prt 文件，选择"开始"→"制图"选项，进入制图模块。

（2）选择"首选项"→"可视化"选项，打开"可视化首选项"对话框，在对话框中选择"颜色设置"选项卡，在"图纸部件设置"选项组中启用"单色显示"复选框，如图 5-7 所示。

（3）在"图纸"工具栏中单击"新建图纸页"图标，打开"片体"对话框，在"大小"选项组中的"大小"下拉列表中选择"A4-210×297"选项，其余保持默认设置，如图 5-8 所示。

（4）选择"首选项"→"制图"选项，打开"制图首选项"对话框，在对话框中选择"视图"选项卡，在"边界"选项组中禁用"显示边界"复选框，如图 5-9 所示。

2.　添加视图

（1）在"图纸"工具栏中单击"基本视图"图标，打开"基本视图"对话框，在"模型视图"选项组中的"Model View to Use"下拉列表中选择"FRONT"选项，选择"比例"下拉列表中的"比率"选项，设置比例为 3：1，在工作区中合适位置放置俯视图，如图 5-10 所示。

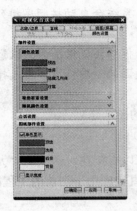

图 5-7　可视化首选项对话框　　　图 5-8　片体对话框　　　图 5-9　制图首选项对话框

图 5-10　创建俯视图

（2）在"图纸"工具栏中单击"剖视图"图标，打开"剖视图"（一）对话框，在工作区中的选择步骤（1）创建的视图，打开"剖视图"（二）对话框，在视图中选择剖切线位置，然后在合适位置放置剖视图即可，创建方法如图 5-11 所示。

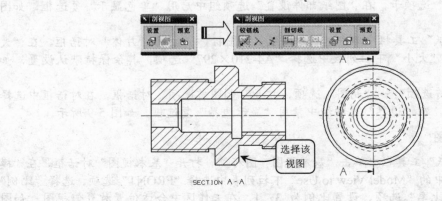

图 5-11　创建剖视图

3．标注线性尺寸

（1）选择"插入"→"尺寸"→"竖直"选项，打开"竖直尺寸"对话框，在工作区中选择管接头左端外表面，单击对话框中"文本"图标■，打开"文本编辑器"对话框。在对话框中单击"在前面"图标■，在文本框中输入 M。在对话框中单击"在后面"图标■，在文本框中输入-7H，单击"确定"按钮，然后放置尺寸线到合适位置，即可标注螺纹的尺寸，如图 5-12 所示。

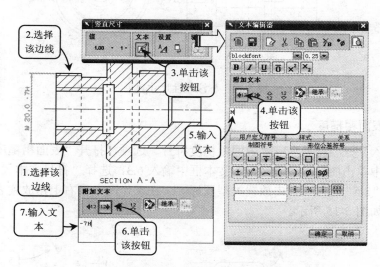

图 5-12　标注螺纹尺寸

（2）选择"插入"→"尺寸"→"竖直"选项，打开"竖直尺寸"对话框，在工作区中选择管接头右端外的孔内侧表面，单击对话框中"文本"图标■，打开"文本编辑器"对话框。在对话框中单击"在前面"图标■，然后在对话框中单击"直径"图标■，单击"确定"按钮，将尺寸线放置到合适位置，即可标注孔的尺寸，如图 5-13 所示。

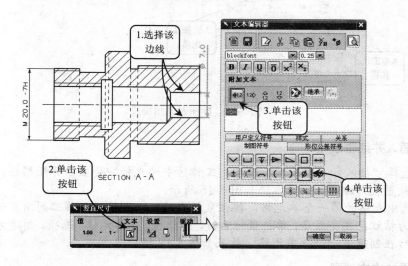

图 5-13　标注孔尺寸

(3) 按照标注孔和螺纹同样的方法，标注其他的线性尺寸，效果如图 5-14 所示。

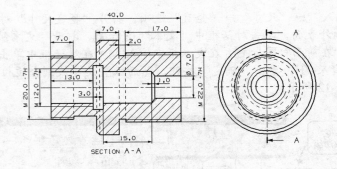

图 5-14　标注线性尺寸效果

4. 标注表面粗糙度

选择"插入"→"符号"→"表面粗糙度符号"选项，打开"表面粗糙度符号"对话框，在对话框中单击图标✓，在"a_2"文本框中输入 6.3，选择"符号文本大小（毫米）"下拉列表中的"2.5"选项，单击放置类型图标✓，在工作区中最右上角放置表面粗糙度符号，创建方法如图 5-15 所示。

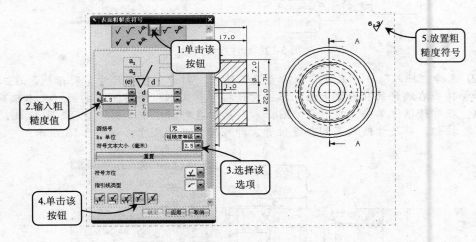

图 5-15　标注表面粗糙度

5. 插入并编辑表格

(1) 选择"插入"→"表格"选项，工作区中的光标即会显示为矩形框，选择工作区最右下角放置表格即可，创建方法如图 5-16 所示。

(2) 选中表格的第一个单元格，按住鼠标左键拖动到第二行第二列所在的单元格，选中的表格为桔红色高亮显示，单击鼠标右键，选择"合并单元格"选项，创建方法如图 5-17 所示。然后在创建另一合并单元格，效果如图 5-18 所示。

6. 添加文本注释

(1) 选择"插入"→"注释"选项，打开"注释"对话框，在"文本输入"文本框中输入如图 5-19 所示的注释文字，添加工程图相关的技术要求。

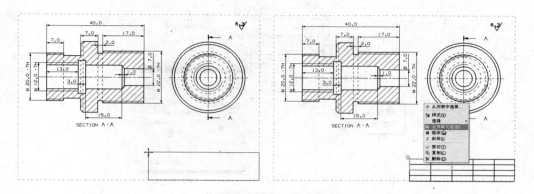

图 5-16　插入表格　　　　　　　　　　　　　图 5-17　合并单元格

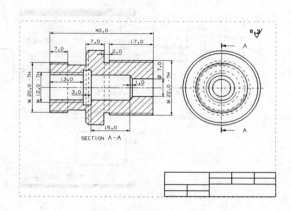

图 5-18　合并单元格效果

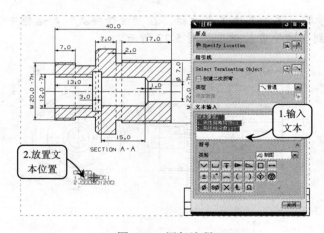

图 5-19　添加注释

（2）单击"制图编辑"工具栏中的"编辑样式"图标 ▲A，打开"类选择"对话框，选择步骤（1）添加的文本，单击"确定"按钮，如图 5-20 所示。

（3）在弹出的"注释样式"对话框中设置字符大小为 5，选择文字字体下拉列表中的

"chinesef" 选项，单击"确定"按钮即可将方框文字显示为汉字，如图 5-21 所示。

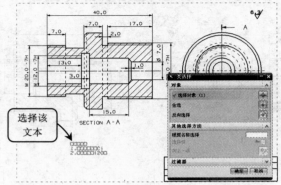

图 5-20　选择编辑样式

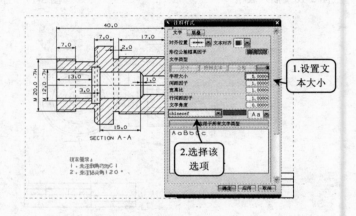

图 5-21　编辑注释样式

(4) 重复上述步骤，添加其他文本注释，在"注释样式"对话框中设置合适的字符大小，选中注释移动到合适位置，效果如图 5-22 所示。

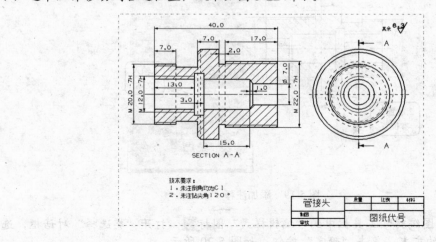

图 5-22　添加文本注释效果

5.1.3 扩展实例：绘制箱体工程图

本实例绘制一个箱体工程图，如图 5-23 所示。箱体类零件主要用于支承及包容其他零件。该类零件结构一般比较复杂，一般带有空腔、轴孔、肋板、凸台、沉孔及螺孔等结构，常常需要 3 个以上的视图进行表达。在绘制该实例时，可以首先创建俯视图、全剖视图和半剖视图 3 个视图。然后添加水平、竖直、圆弧半径、轴孔直径等的尺寸。最后，添加注释文本和图纸标题栏，即可完成该箱体工程图的绘制。

原始文件：	source\chapter5\ch5-example1-1.prt
最终文件：	source\chapter5\ch5-example1-1-final.prt

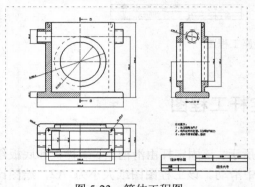

图 5-23　箱体工程图

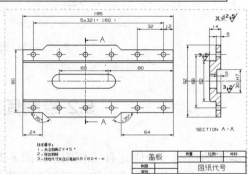

图 5-24　盖板零件工程图

5.1.4 扩展实例：绘制盖板零件工程图

本实例绘制一个盖板零件工程图，如图 5-24 所示。该盖板由凸台、底槽、键槽和孔组成。结构相对简单，可以通过俯视图和全剖视图来表达其结构。在绘制该实例时，可以首先创建俯视图和全剖视图。然后添加水平、竖直、圆弧半径、轴孔直径等的尺寸。最后，添加注释文本和图纸标题栏，即可完成该盖板工程图的绘制。

原始文件：	source\chapter5\ch5-example1-2.prt
最终文件：	source\chapter5\ch5-example1-2-final.prt

5.1.5 扩展实例：绘制夹紧座工程图

本实例绘制一个夹紧座工程图，如图 5-25 所示。该夹紧座由底板、座体、简单孔、沉头孔和螺纹孔组成。该夹紧座通过顶部的螺栓将轴或圆柱杆夹紧，通过底板上的螺纹孔固定在基座上。在绘制该实例时，可以首先创建基本视图和投影视图，在对其中的各种孔进行局部剖切，以清晰表达其结构。然后添加水平、竖直、圆弧半径、轴孔直径等的尺寸。最后，添加注释文本和图纸标题栏，即可完成该夹紧座工程图的绘制。

原始文件：	source\chapter5\ch5-example1-3.prt
最终文件：	source\chapter5\ch5-example1-3-final.prt

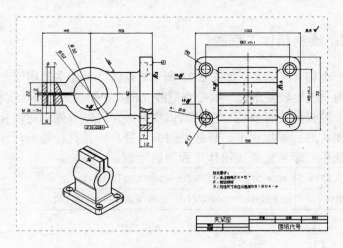

图 5-25　夹紧座工程图

5.2 绘制固定杆工程图

本实例绘制一个固定杆工程图，如图 5-26 所示。该固定杆由滑槽板、螺栓板和底板组成。螺栓板固定在基座上，滑块可以在滑槽板中滑动。该工程图图纸大小为 A2，绘图比例为 2:1。在绘制该实例时，可以首先创建基本视图，再创建基本视图的剖视图和投影视图。然后添加水平、竖直、圆弧半径、孔直径等的尺寸，以及添加形位公差和表面粗糙度。最后，添加注释文本和图纸标题栏，即可完成该固定杆工程图的绘制。

原始文件：	source\chapter5\ch5-example2.prt
最终文件：	source\chapter5\ch5-example2-final.prt
视频文件：	视频教程\第 5 章　绘制工程图\5.2 绘制固定杆工程图.avi

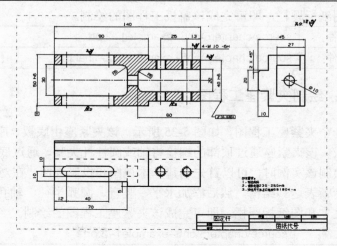

图 5-26　固定杆工程图

5.2.1 相关知识点

1．添加基本视图

基本视图是零件向基本投影面投影所得的图形。它包括零件模型的主视图、后视图、俯视图、仰视图、左视图、右视图、等轴测图等。一个工程图中至少包含一个基本视图，因此在生成工程图时，应该尽量生成能反映实体模型的主要形状特征的基本视图。

要建立基本视图，在"图纸"工具栏中单击"基本视图"按钮 ，打开"基本视图"对话框，如图 5-27 所示。其中该对话框的主要选项的含义和功能介绍如下。

- ➢ 部件：该面板用于选择需要建立工程图的部件模型文件。
- ➢ 放置：该选项用于选择基本视图的放置方法。
- ➢ 模型视图：该选项用于选择添加基本视图的种类。
- ➢ 刻度尺：该选项用于选择添加基本视图的比例。
- ➢ 视图样式：该按钮用于编辑基本视图的样式。单击该按钮，打开"视图样式"对话框。在该对话框中可以对基本视图中的隐藏线段、可见线段、追踪线段、螺纹、透视等样式进行详细设置。

图 5-27　"基本视图"对话框

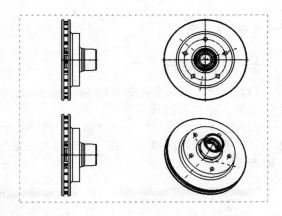

图 5-28　添加基本视图效果

利用"基本视图"对话框，可以在当前图纸中建立基本视图，并设置视图样式、基本视图比例等参数。在 Model View to Use 下拉列表中选择基本视图，接着在绘图区域适合的位置放置基本视图，即可完成基本视图的建立，建立基本视图的效果如图 5-28 所示。

2．添加投影视图

一般情况下，单一的基本视图是很难将一个复杂实体模型的形状表达清楚的，在添加完成基本视图后，还需要对其视图添加相应的投影视图才能够完整地将实体模型的形状和结构特征表达清楚。其中投影视图是从父项视图产生的正投影视图。

在建立基本视图时，如设置建立完成一个基本视图后，此时继续拖动鼠标，可添加基本视图的其他投影视图。若已退出添加基本视图操作，可在"图纸"工具栏中单击"投影视图"按钮，打开"投影视图"对话框，如图 5-29 所示。

利用该对话框，可以对投影视图的放置位置、放置方法以及反转视图方向等进行设置。该对话框中的选项和其操作步骤与建立基本视图相类似，这里不再叙述。

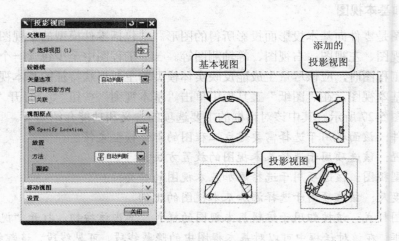

图 5-29 "投影视图"对话框

5.2.2 绘制步骤

1. 新建图纸页

（1）打开本书配套光盘中的 source\chapter5\ch5-example2.prt 文件，选择"开始"→"制图"选项，进入制图模块。

（2）选择"首选项"→"可视化"选项，打开"可视化首选项"对话框，在对话框中选择"颜色设置"选项卡，在"图纸部件设置"选项组中启用"单色显示"复选框，如图 5-30 所示。

图 5-30 可视化首选项对话框

图 5-31 片体对话框

图 5-32 制图首选项对话框

（3）在"图纸"工具栏中单击"新建图纸页"图标 ，打开"片体"对话框，在"大小"选项组中的"大小"下拉列表中选择"A2-420×594"选项，其余保持默认设置，如图 5-31 所示。

（4）选择"首选项"→"制图"选项，打开"制图首选项"对话框，在对话框中选择"视图"选项卡，在"边界"选项组中禁用"显示边界"复选框，如图 5-32 所示。

2．添加视图

（1）在"图纸"工具栏中单击"基本视图"图标 ，打开"基本视图"对话框，在"模型视图"选项组中的"Model View to Use"下拉列表中选择"LEFT"选项，设置比例为 2∶1，在工作区中合适位置放置俯视图，如图 5-33 所示。

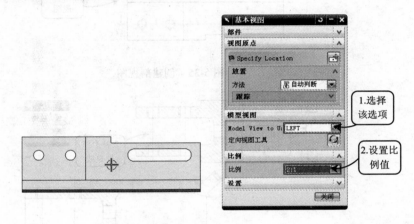

图 5-33　创建俯视图

（2）选择图纸中的俯视图，单击鼠标右键，在弹出的快捷菜单中选择"样式"选项，打开"视图样式"对话框，在角度文本框中输入 180，单击"确定"按钮即可将视图旋转，如图 5-34 所示。

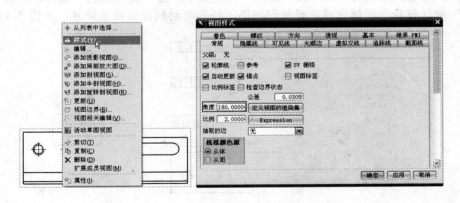

图 5-34　旋转视图

（3）在"图纸"工具栏中单击"剖视图"图标 ，打开"剖视图"（一）对话框，在工作区中的选择步骤（1）创建的视图，打开"剖视图"（二）对话框，在视图中选择剖切线位置，然后在合适位置放置剖视图即可，创建方法如图 5-35 所示。

（4）在菜单栏中选择"插入"→"曲线"→"直线"选项，打开"直线"对话框，在剖视图中选择两个断面，补上端面的两条直线，并将剖视图注释及符号隐藏，如图 5-36 所示。

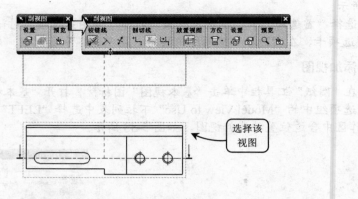

图 5-35 创建剖视图

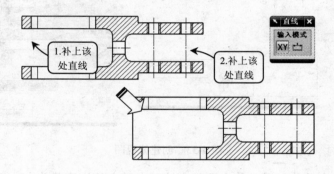

图 5-36 绘制直线

（5）首先选择剖视图，然后在"图纸"工具栏中单击"投影视图"图标，打开"投影视图"对话框后，图纸中将出现投影视图，将其拖动到合适位置即可，如图 5-37 所示。

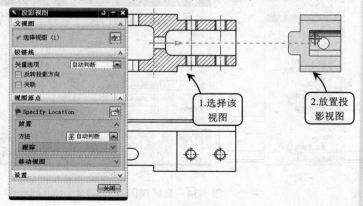

图 5-37 添加投影视图

3. 标注线性尺寸

（1）选择"插入"→"尺寸"→"水平"选项，打开"水平尺寸"对话框，在工作区中选择螺纹孔的两个竖直线，单击对话框中"文本"图标🗹，打开"文本编辑器"对话框，在对话框中依次单击"在前面"图标🔹，在"附加文本"文本框中输入 4-M，然后单击"在后面"图标🔹，在"附加文本"文本框中输入-6H，单击"确定"按钮，然后放置尺寸线到合适位置即可，如图 5-38 所示。

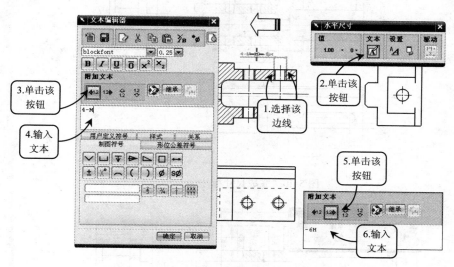

图 5-38　标注水平尺寸

（2）选择"插入"→"尺寸"→"竖直"选项，打开"竖直尺寸"对话框，在工作区中选择底座套筒外表面，单击对话框中"文本"图标🗹，打开"文本编辑器"对话框，在对话框中单击"在后面"图标🔹，在"附加文本"文本框中输入 h6，单击"确定"按钮，然后放置尺寸线到合适位置即可，如图 5-39 所示。

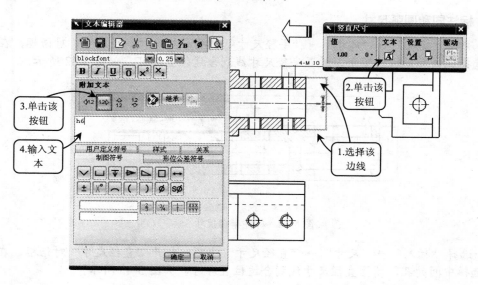

图 5-39　标注竖直尺寸

（3）按照同样的方法，标注其他的水平和竖直尺寸，效果如图 5-40 所示。
（4）选择"插入"→"尺寸"→"倒斜角"选项，打开"倒斜角尺寸"对话框，在工作区中选择倒斜角斜面线，放置尺寸线到合适位置即可，如图 5-41 所示。

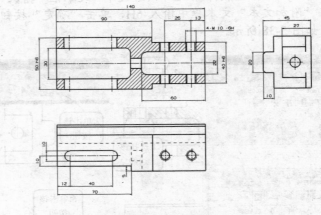

图 5-40　完成尺寸标注

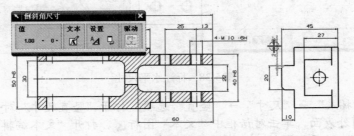

图 5-41　标注倒斜角尺寸

4．标注圆和圆弧尺寸

（1）选择"插入"→"尺寸"→"半径尺寸"选项，打开"半径尺寸"对话框，在工作区中选择侧板和筋板的圆角，放置半径尺寸线到合适位置即可，如图 5-42 所示。

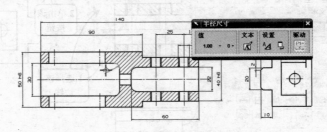

图 5-42　标注半径尺寸

（2）选择"插入"→"尺寸"→"直径尺寸"选项，打开"直径尺寸"对话框，在工作区中选择中间的孔，放置直径尺寸线到合适位置即可，如图 5-43 所示。

5．标注形位公差

（1）选择"插入"→"基准特征符号"选项，打开"基准特征符号"对话框，在"基准标识符"选项组中的"字母"文本框中输入 A，单击"指引线"选项组中的图标，选择工作区中滑槽板的竖直尺寸线,最后放置基准特征符号到合适位置即可,如图 5-44 所示。

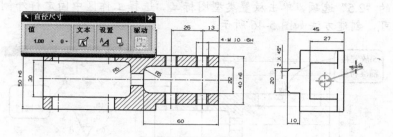

图 5-43　标注直径尺寸

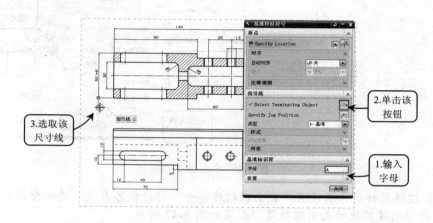

图 5-44　标注基准特征符号

　　(2) 单击“制图编辑”工具栏中的“注释”图标 $\boxed{A}$,打开“注释”对话框,在“符号”选项组的“类别”下拉列表中选择“形位公差”选项,依次单击对话框中的图标 $\boxed{\oplus}$ 、 $\boxed{/\!/}$ 、 $\boxed{A}$,在“文本输入”文本框中输入 0.03,按照如图 5-45 所示的方法标注平行度形位公差。

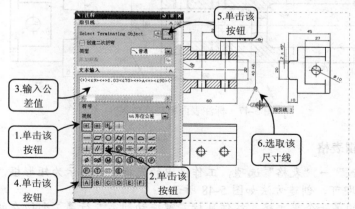

图 5-45　标注平行度形位公差

6.　标注表面粗糙度

(1) 选择“插入”→“符号”→“表面粗糙度符号”选项,打开“表面粗糙度符号”

对话框，在对话框中单击图标☑，在"a_2"文本框中输入 3.2，选择"符号文本大小（毫米）"下拉列表中的"2.5"选项，单击放置类型图标☑，选择工作区中固定杆外侧表面，放置表面粗糙度即可，创建方法如图 5-46 所示。

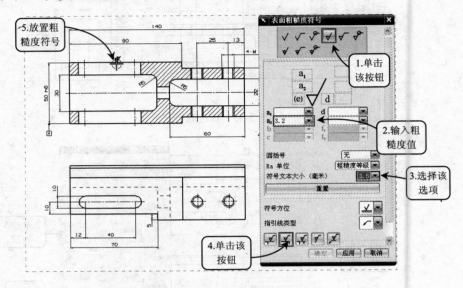

图 5-46　标注表面粗糙度

（2）按照同样的方法设置"表面粗糙度符号"对话框各参数，选择合适的放置类型和指引线类型创建其他的表面粗糙度，效果如图 5-47 所示。

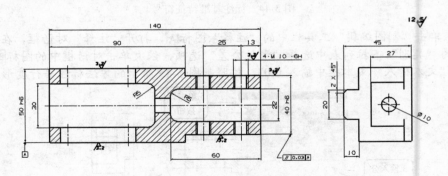

图 5-47　标注表面粗糙度效果

7. 插入并编辑表格

（1）选择"插入"→"表格"选项，工作区中的光标即会显示为矩形框，选择工作区最右下角放置表格即可，创建方法如图 5-48 所示。

（2）选中表格的第一个单元格，按住鼠标左键拖动到第二行第二列所在的单元格，选中的表格为桔红色高亮显示，单击鼠标右键，选择"合并单元格"选项，创建方法如图 5-49 所示。然后在创建另一合并单元格，效果如图 5-50 所示。

8. 添加文本注释

（1）选择"插入"→"注释"选项，打开"注释"对话框，在"文本输入"文本框中

输入如图 5-51 所示的注释文字，添加工程图相关的技术要求。

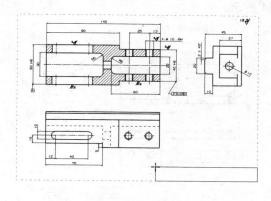

图 5-48　插入表格　　　　　　　　　　　　图 5-49　合并单元格

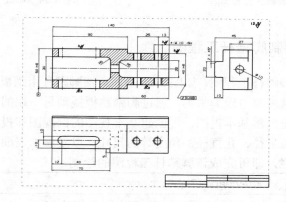

图 5-50　合并单元格效果

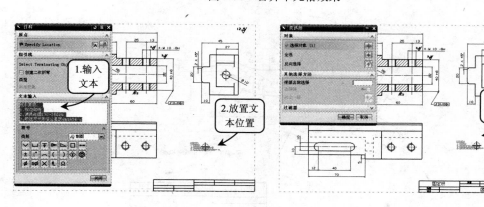

图 5-51　添加注释　　　　　　　　　　　　图 5-52　选择编辑样式

　　(2) 单击"制图编辑"工具栏中的"编辑样式"图标，打开"类选择"对话框，选择步骤（1）添加的文本，单击"确定"按钮，如图 5-52 所示。

　　(3) 在弹出的"注释样式"对话框中设置字符大小为 5，选择文字字体下拉列表中的"chinesef"选项，单击"确定"按钮即可将方框文字显示为汉字，如图 5-53 所示。

（4）重复上述步骤，添加其他文本注释，在"注释样式"对话框中设置合适的字符大小，选中注释移动到合适位置，效果如图 5-54 所示。

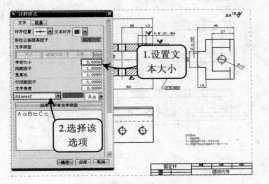

图 5-53　编辑注释样式

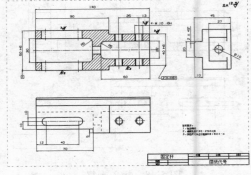

图 5-54　添加文本注释效果

5.2.3 扩展实例：绘制脚踏杆工程图

本实例绘制一个脚踏杆工程图，如图 5-55 所示。该脚踏杆由踏板、轴孔套和连接板组成。脚踏杆在汽车的驾驶室中较为常见，通过脚踏踏板撬动另一端的部件圆弧运动。在绘制该实例时，可以首先创建基本视图，再创建基本视图的剖视图和投影视图。然后添加水平、竖直、垂直、圆弧半径、孔直径，角度等的尺寸，以及添加表面粗糙度。最后，添加注释文本和图纸标题栏，即可完成该脚踏杆工程图的绘制。

原始文件：	source\chapter5\ch5-example2-1.prt
最终文件：	source\chapter5\ch5-example2-1-final.prt

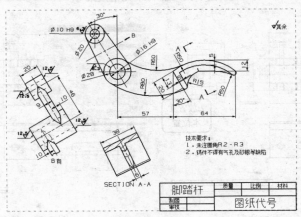

图 5-55　脚踏杆工程图

5.2.4 扩展实例：绘制导向支架工程图

本实例绘制一个导向支架工程图，如图 5-56 所示。该导向支架由导向座、左导向块、右导向块、轴孔等组成，该支架可以保证通过的两个轴的平行度在公差之内。在绘制该实例时，可以首先创建基本视图，再创建基本视图的全剖视图、投影视图以及各个孔的局部剖视图。然后添加水平、竖直、圆弧半径、孔直径等的尺寸，以及添加形位公差和表面粗糙度。最后，添加注释文本和图纸标题栏，即可完成该导向支架工程图的绘制。

🔘原始文件：	source\chapter5\ch5-example2-2.prt
🔘最终文件：	source\chapter5\ch5-example2-2-final.prt

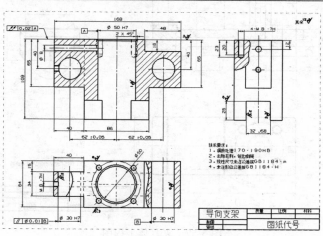

图 5-56　导向支架工程图

5.2.5 扩展实例：绘制夹具体工程图

本实例绘制一个夹具体工程图，如图 5-57 所示。该夹具体由一个轴孔座、螺栓座、底扳和挡板组成。在绘制该实例时，可以首先创建基本视图，再创建基本视图的折叠剖视图，以及纵向的全剖视图。然后添加水平、竖直、圆弧半径、孔直径、角度等的尺寸，再添加形位公差和表面粗糙度。最后，添加注释文本和图纸标题栏，即可完成该夹具体工程图的绘制。

🔘原始文件：	source\chapter5\ch5-example2-3.prt
🔘最终文件：	source\chapter5\ch5-example2-3-final.prt

5.3 绘制扇形曲柄工程图

本实例绘制一个扇形曲柄工程图，如图 5-58 所示。该扇形曲柄由轴孔座、连板、肋板和扇形块组成。该工程图图纸大小为 A3，绘图比例为 1：1。在绘制该实例时，可以首先创建基本视图，再创建基本视图上孔的局部剖切视图，以及向右端投影的全剖视图。然后添加水平、竖直、圆弧半径、角度等的尺寸，以及添加形位公差和表面粗糙度。最后，添加注释文本和图纸标题栏，即可完成该扇形曲柄工程图的绘制。

原始文件：	source\chapter5\ch5-example3.prt
最终文件：	source\chapter5\ch5-example3-final.prt
视频文件：	视频教程\第 5 章 绘制工程图\5.3 绘制扇形曲柄工程图.avi

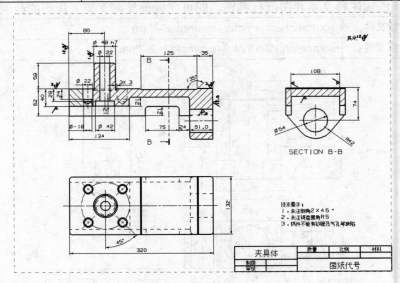

图 5-57　夹具体工程图

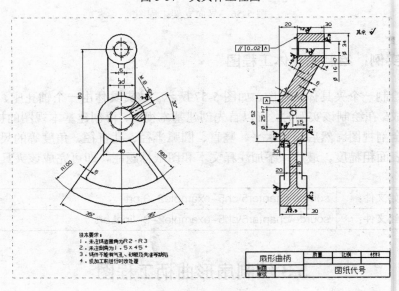

图 5-58　扇形曲柄工程图

5.3.1 相关知识点

1．添加全剖视图

全剖视图是以一个假想平面为剖切面，对视图进行整体的剖切操作。当零件的内形比较复杂、外形比较简单或外形已在其他视图上表达清楚时，可以利用全剖视图工具对零件进行剖切。要创建全剖切视图，在"图纸"工具栏中单击"剖视图"按钮，打开"剖视图"对话框。此时，若单击要剖切的工程图，打开"剖视图（二）对话框，如图 5-59 所示。

图 5-59　"剖视图"对话框

在该对话框中单击"剖切线样式"按钮，在打开的"剖切首选项"对话框中可以设置剖切线箭头的大小、样式、颜色、线型、线宽以及剖切符号名称等参数。设置完上述参数后，选取要剖切的基本视图，然后拖动鼠标在绘图区放置适当位置即可完成，效果如图 5-60 所示。

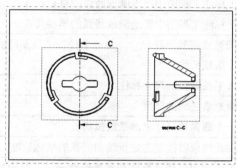

图 5-60　创建全剖视图

2. 添加尺寸标注

尺寸标注用于标识对象的尺寸大小。由于 UG 工程图模块和三维实体造型模块是完全关联的，因此，在工程图中进行标注尺寸就是直接引用三维模型真实的尺寸，具有实际的含义，因此无法像二维软件中的尺寸可以进行改动，如果要改动零件中的某个尺寸参数需要在三维实体中修改。如果三维被模型修改，工程图中的相应尺寸会自动更新，从而保证了工程图与模型的一致性。

选择"插入"→"尺寸"子菜单下的相应选项，或在"尺寸"工具栏中单击相应的按钮，系统将弹出各自的"尺寸标注"对话框，都可以对工程图进行尺寸标注，其"尺寸"工具栏如图 5-61 所示。

图 5-61　"尺寸"工具栏

工具栏中共包含了 19 种尺寸类型。该工具栏用于选取尺寸标注的标注样式和标注符号。在标注尺寸前，先要选择尺寸的类型。各尺寸类型标注方式的用法见下表 5-1。

表 5-1 尺寸标注含义和使用方法

按钮	含义和使用方法
自动判断	该选项由系统自动推断出选用哪种尺寸标注类型进行尺寸标注
水平	该选项用于标注工程图中所选对象间的水平尺寸
竖直	该选项用于标注工程图中所选对象间的竖直尺寸
平行	该选项用于标注工程图中所选对象间的平行尺寸
垂直	该选项用于标注工程图中所选点到直线（或中心线）的垂直尺寸
倒斜角	用于标注 45° 倒角的尺寸，暂不支持对其他角度的倒角进行标注
成角度	该选项用于标注工程图中所选两直线之间的角度
圆柱形	该选项用于标注工程图中所选圆柱对象之间的直径尺寸
孔	该选项用于标注工程图中所选孔特征的尺寸
直径	该选项用于标注工程图中所选圆或圆弧的直径尺寸
半径	该选项用于标注工程图中所选圆或圆弧的半径尺寸
过圆心的半径	用于标注圆弧或圆的半径尺寸，与"半径"工具不同的是，该工具从圆心到圆弧自动添加一条延长线
折叠半径	用于建立大半径圆弧的尺寸标注
厚度	用于标注两要素之间的厚度
圆弧长	用于创建一个圆弧长尺寸来测量圆弧周长
周长	用于创建周长约束以控制选定直线和圆弧的集体长度
水平链	用于将图形中的尺寸依次标注成水平链状形式。其中每个尺寸与其相邻尺寸共享端点
竖直链	用于将图形中的多个尺寸标注成竖直链状形式，其中每个尺寸与其相邻尺寸共享端点
水平基准线	用于将图形中的多个尺寸标注为水平坐标形式，其中每个尺寸共享一条公共基线
竖直基准线	用于将图形中的多个尺寸标注为竖直坐标形式，其中每个尺寸共享一条公共基线

标注尺寸时，根据所要标注的尺寸类型，先在"尺寸"工具栏中选择对应的图标，接着用点和线位置选项设置选择对象的类型，再选择尺寸放置方式和箭头、延长的显示类型，如果需要附加文本，则还要设置附加文本的放置方式和输入文本内容，如果需要标注公差，则要选择公差类型和输入上下偏差。完成这些设置以后，将鼠标移到视图中，选择要标注的对象，并拖动标注尺寸到理想的位置，则系统即在指定位置创建一个尺寸的标注。

5.3.2 绘制步骤

1. 新建图纸页

(1) 打开本书配套光盘中的 source\chapter5\ch5-example3.prt 文件，选择"开始"→"制图"选项，进入制图模块。

(2) 在"图纸"工具栏中单击"新建图纸页"图标，打开"片体"对话框，在"大小"选项组中的"大小"下拉列表中选择"A3-297×420"选项，其余保持默认设置，如图 5-62 所示。

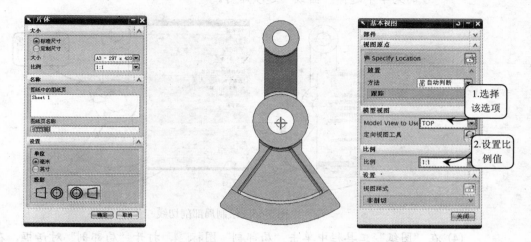

图 5-62 "片体"对话框　　　　　图 5-63 创建基本视图

2. 添加视图

(1) 在"图纸"工具栏中单击"基本视图"图标，打开"基本视图"对话框，在"模型视图"选项组中的"Model View to Use"下拉列表中选择"TOP"选项，设置比例为 1:1，在工作区中合适位置放置俯视图，如图 5-63 所示。

(2) 在"图纸"工具栏中单击"剖视图"图标，打开"剖视图"(一)对话框，在工作区中的选择步骤(1)创建的视图，打开"剖视图"(二)对话框，在视图中选择剖切线位置，然后在合适位置放置剖视图即可，创建方法如图 5-64 所示。

注　意：若投影的剖切视图和预想的方向相反，则需要重新创建一个剖切视图。在"剖切图"(二)对话框中单击"反向"图标，即可创建与预想方向一致的全剖视图。

(3) 在图纸中选择基本视图，单击鼠标右键，在弹出的快捷菜单中选择"扩展成员视图"选项，在扩展的视图中绘制封闭的样条曲线，创建方法如图 5-65 所示。

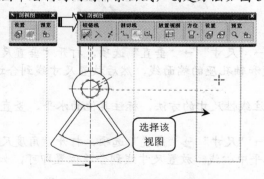

图 5-64 创建全剖视图

提　示：若在工具栏中找不到"艺术样条"图标，则需要添加"曲线"工具栏到扩展成员视图中。添加方法为：在任意工具栏的空白处单击鼠标右键，在弹出的菜单中选择"曲线"选项即可。

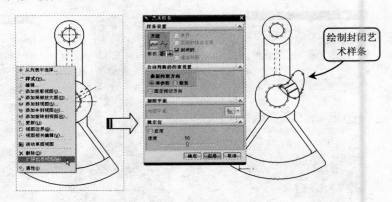

图 5-65　绘制局部剖切线

（4）在"图纸"工具栏中单击"局部剖"图标，打开"局部剖"对话框，在工作区中的选择步骤（1）创建的视图，然后在图纸中选中剖切孔的中心，在对话框中单击"选择曲线"图标，选择步骤（3）所绘制的样条曲线，单击"确定"按钮即可创建出局部剖，创建方法如图 5-66 所示。

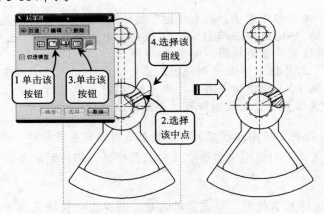

图 5-66　创建局部剖视图

3．标注线性尺寸

（1）选择"插入"→"尺寸"→"垂直"选项，打开"垂直尺寸"对话框，在工作区中选择连板的外侧面线和轴孔座的端面线，然后放置尺寸线到合适位置即可，如图 5-67 所示。

（2）按照上节中标注线性尺寸的方法，标注其他的水平、竖直和垂直尺寸，效果如图 5-68 所示。

（3）选择"插入"→"尺寸"→"角度"选项，打开"角度尺寸"对话框，在工作区中选择孔的中心线和水平中心线，放置尺寸线到合适位置即可，如图 5-69 所示。

4．标注圆弧尺寸

选择"插入"→"尺寸"→"半径尺寸"选项，打开"半径尺寸"对话框，在工作区中选择扇形块的圆弧，放置半径尺寸线到合适位置即可，如图 5-70 所示。

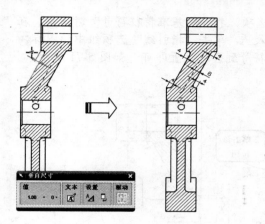

图 5-67 标注垂直尺寸

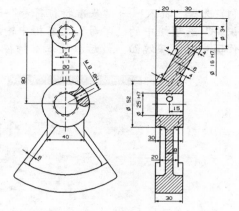

图 5-68 标注竖直和水平尺寸效果

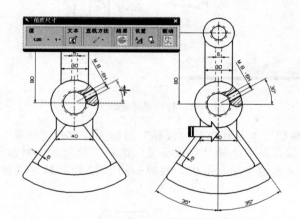

图 5-69 标注角度尺寸

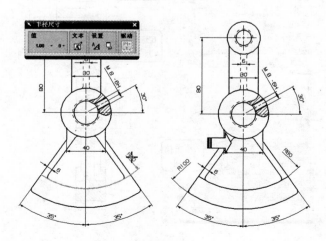

图 5-70 标注半径尺寸

5. 标注形位公差

(1) 选择"插入"→"基准特征符号"选项，打开"基准特征符号"对话框，在"基准标识符"选项组中的"字母"文本框中输入 A，单击"指引线"选项组中的图标，选择工作区中轴孔座端面，最后放置基准特征符号到合适位置即可，如图 5-71 所示。

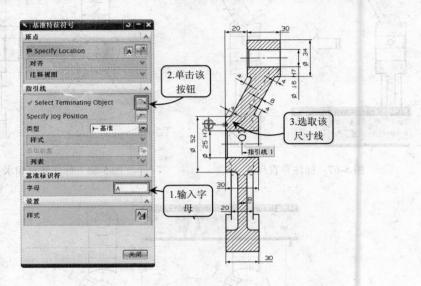

图 5-71　标注基准特征符号

(2) 单击"制图编辑"工具栏中的"注释"图标，打开"注释"对话框，在"符号"选项组的"类别"下拉列表中选择"形位公差"选项，依次单击对话框中的图标、、、，在"文本输入"文本框中输入 0.02，按照如图 5-72 所示的方法标注平行度形位公差。

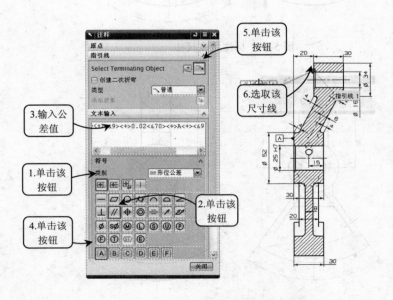

图 5-72　标注同轴度形位公差

6．标注表面粗糙度

（1）选择"插入"→"符号"→"表面粗糙度符号"选项，打开"表面粗糙度符号"对话框，在对话框中单击图标✓，在"a_2"文本框中输入6.3，选择"符号文本大小（毫米）"下拉列表中的"2.5"选项，单击放置类型图标✓，选择工作区中轴孔座端面，放置表面粗糙度即可，创建方法如图 5-73 所示。

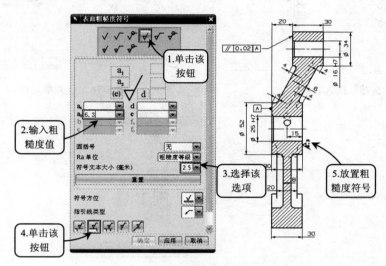

图 5-73 标注表面粗糙度

（2）按照同样的方法设置"表面粗糙度符号"对话框各参数，选择合适的放置类型和指引线类型创建其他的表面粗糙度，效果如图 5-74 所示。

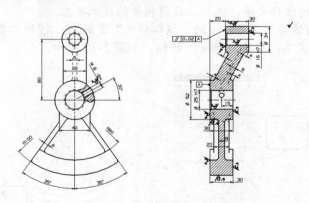

图 5-74 标注表面粗糙度效果

7．插入并编辑表格

（1）选择"插入"→"表格"选项，工作区中的光标即会显示为矩形框，选择工作区最右下角放置表格即可，创建方法如图 5-75 所示。

（2）选中表格的第一个单元格，按住鼠标左键拖动到第二行第二列所在的单元格，选中的表格为桔红色高亮显示，单击鼠标右键，选择"合并单元格"选项，创建方法如图 5-76 所示。然后在创建另一合并单元格，效果如图 5-77 所示。

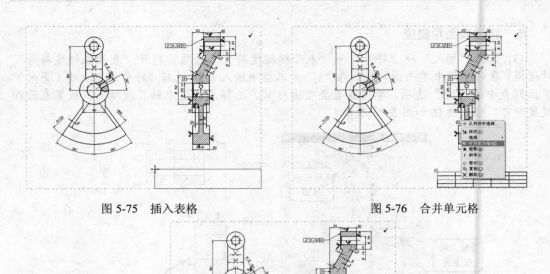

图 5-75　插入表格　　　　　　　　　　　　　　图 5-76　合并单元格

图 5-77　合并单元格效果

8．添加文本注释

（1）选择"插入"→"注释"选项，打开"注释"对话框，在"文本输入"文本框中输入如图 5-78 所示的注释文字，添加工程图相关的技术要求。

（2）单击"制图编辑"工具栏中的"编辑样式"图标 **A**，打开"类选择"对话框，选择步骤（1）添加的文本，单击"确定"按钮，如图 5-79 所示。

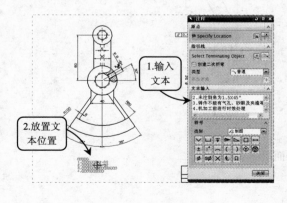

图 5-78　添加注释

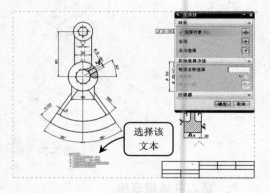

图 5-79　选择编辑样式

（3）在弹出的"注释样式"对话框中设置字符大小为 5，选择文字字体下拉列表中的"chinesef"选项，单击"确定"按钮即可将方框文字显示为汉字，如图 5-80 所示。

（4）重复上述步骤，添加其他文本注释，在"注释样式"对话框中设置合适的字符大小，选中注释移动到合适位置，效果如图 5-81 所示。

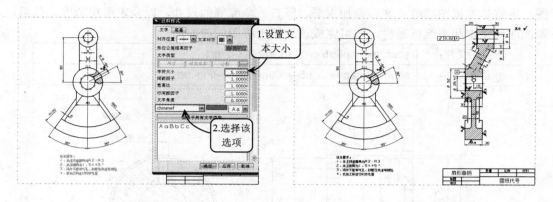

图 5-80　编辑注释样式　　　　　　　　　图 5-81　添加文本注释效果

5.3.3 扩展实例：绘制螺纹拉杆工程图

本实例绘制一个螺纹拉杆工程图，如图 5-82 所示。该螺纹拉杆由螺纹杆、锥形块和定位板组成。该工程图图纸大小为 A3，绘图比例为 2：1。在绘制该实例时，可以首先创建基本视图，再创建基本视图上螺纹孔的局部剖切视图，以及向右端投影的全剖视图。然后添加水平、竖直、角度等的尺寸，以及添加表面粗糙度。最后，添加注释文本和图纸标题栏，即可完成该螺纹拉杆工程图的绘制。

原始文件：	source\chapter5\ch5-example3-1.prt
最终文件：	source\chapter5\ch5-example3-1-final.prt

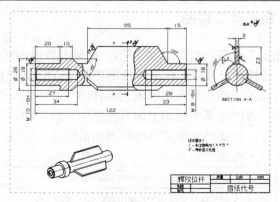

图 5-82　螺纹拉杆工程图

5.3.4 扩展实例：绘制旋钮工程图

本实例绘制一个旋钮工程图，如图 5-83 所示。该旋钮中间由阶梯孔，侧面钻有定位螺栓孔。旋钮外形看似简单，需要两个全剖视图将其中的孔的结构表达清楚。该工程图图纸大小为 A4，绘图比例为 2：1。在绘制该实例时，可以先创建出 1 个基本视图和 2 个剖视图，再将基本视图隐藏。然后添加水平、竖直、角度等的尺寸，以及表面粗糙度。最后，添加注释文本和图纸标题栏，即可完成该旋钮工程图的绘制。

🔧 原始文件：	source\chapter5\ch5-example3-2.prt
🔧 最终文件：	source\chapter5\ch5-example3-2-final.prt

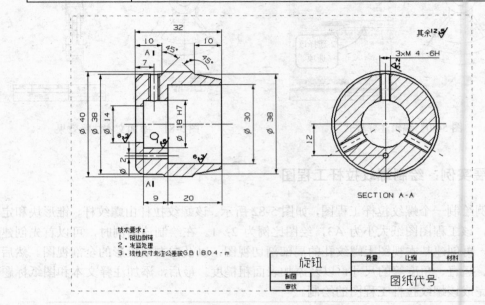

图 5-83 旋钮工程图

5.3.5 扩展实例：绘制托架工程图

本实例绘制一个托架工程图，如图 5-84 所示。托架主要用于支承传动轴及其他零件，一般包括支架、拔叉、连杆及杠杆等。托架常常需要两个或两个以上的基本视图表达零件的主要形状，且要利用局部视图及剖视图等表达零件的局部详细结构。在绘制该实例时，可以首先创建基本视图，再创建基本视图上向右投影的全剖视图。然后添加水平、竖直、圆弧半径、角度等的尺寸，以及添加形位公差和表面粗糙度。最后，添加注释文本和图纸标题栏，即可完成该托架工程图的绘制。

🔧 原始文件：	source\chapter5\ch5-example3-3.prt
🔧 最终文件：	source\chapter5\ch5-example3-3-final.prt

5.4 绘制调整架工程图

本实例绘制一个调整架工程图，如图 5-85 所示。该调整架由螺栓板、轴孔座、连接板等组成。在绘制该实例时，可以首先创建基本视图，再将基本视图向下投影得到旋转投影视图。然后添加水平、垂直、竖直、半径、直径、角度等的尺寸，以及添加形位公差和表面粗糙度。最后，添加注释文本和图纸标题栏，即可完成该调整架工程图的绘制。

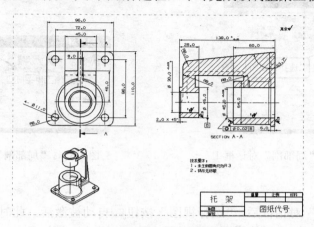

图 5-84　托架工程图

	原始文件：	source\chapter5\ch5-example4.prt
	最终文件：	source\chapter5\ch5-example4-final.prt
	视频文件：	视频教程\第 5 章　绘制工程图\5.4 绘制调整架工程图.avi

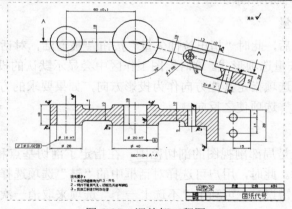

图 5-85　调整架工程图

5.4.1　相关知识点

1．添加局部剖视图

局部剖视图是用剖切平面局部地剖开机件所得的视图。局部剖视图是一种灵活的表达方法，用剖视图的部分表达机件的内部结构，不剖的部分表达机件的外部形状。对一个视图采用局部剖视图表达时，剖切的次数不宜过多，否则会使图形过于破碎，影响图形的整体性和清晰性。局部剖视图常用于轴、连杆、手柄等实心零件上有小孔、槽、凹坑等局部结构需要表达其类型的零件。

在"图纸"工具栏中单击"局部剖视图"按钮，打开"局部剖"对话框，如图 5-86

所示。该对话框中各个按钮及主要选项的含义如下所述。

图 5-86　"局部剖"对话框 1

图 5-87　"局部剖"对话框 2

❑　选择视图

打开"局部剖"对话框后，"选择视图"按钮⊡自动被激活。此时，可在绘图工作区中选取已建立局部剖视边界的视图作为视图。

❑　指定基点

基点是用于指定剖切位置的点。选取视图后，"指定基点"按钮⊡被激活。此时可选取一点来指定局部剖视的剖切位置。但是，基点不能选择局部剖视图中的点，而要选择其他视图中的点，如图 5-87 所示。

❑　指出拉伸矢量

指定了基点位置后，此时"指出拉伸矢量"按钮⊡被激活，对话框的视图列表框会变成如图 5-87 所示的矢量选项形式。这时绘图工作区中会显示默认的投影方向，可以接受方向，也可用矢量功能选项指定其他方向作为投影方向，如果要求的方向与默认方向相反，则可选择"矢量方向"选项使之反向。

❑　选择曲线

这里的曲线指的是局部剖视图的剖切范围。在指定了剖切基点和拉伸矢量后，"选择曲线"按钮⊡被激活。此时，用户可选择对话框中的"链"选项选择剖切面，也可直接在图形中选取。当选取错误时，可利用"不选上一个"选项来取消一次选择。如果选取的剖切边界符合要求，单击"确定"按钮后，则系统会在选择的视图中生成局部剖视图，效果如图 5-88 所示。

❑　修改边界曲线

选取局部剖视边界后，"修改边界曲线"按钮⊡被激活，选择其相关选项（包括"捕捉构造线"复选框和"切透模型"功能选项）来修改边界和移动边界位置。完成边界编辑后，则系统会生成新的局部视图。

2．添加旋转剖视图

用两个成一定角度的剖切面（两平面的交线垂直于某一基本投影面）剖开机件，以表达具有回转特征机件的内部形状的视图，称为旋转剖视图。旋转剖视图可以包含 1~2 个支架，每个支架可由若干个剖切段、弯折段等组成。它们相交于一个旋转中心点，剖切线都围绕同一个旋转中心旋转，而且所有的剖切面将展开在一个公共平面上。该功能常用于生成多个旋转截面上的零件剖切结构。

在"图纸"工具栏中单击"旋转剖视图"按钮 ⊘，打开"旋转剖视图"对话框。此时，若选取要剖切的视图，将打开"旋转剖视图"（二）对话框，如图 5-89 所示。

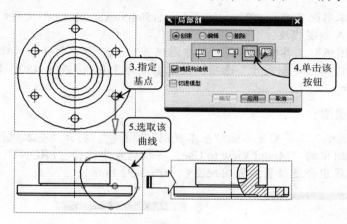

图 5-88 局部剖视图效果

图 5-89 "旋转剖视图"对话框

要添加旋转剖视图，首先在绘图区中选择要剖切的视图后，在视图中选择旋转点，并在旋转点的一侧指定剖切的位置和剖切线的位置。再用矢量功能指定铰链线，然后在旋转点的另一侧设置剖切位置，完成剖切位置的指定后，拖动鼠标将剖视图放置在适当的位置即可，其效果如图 5-90 所示。

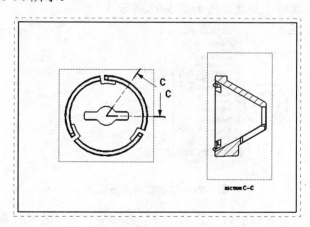

图 5-90 创建旋转剖视图

5.4.2 绘制步骤

1. 新建图纸页

(1) 打开本书配套光盘中的 source\chapter5\ch5-example4.prt 文件, 选择"开始"→"制图"选项, 进入制图模块。

(2) 在"图纸"工具栏中单击"新建图纸页"图标 🗔, 打开"片体"对话框, 在"大小"选项组中选择"定制尺寸"选项, 设置高度为 350, 长度为 480, 其余保持默认设置, 如图 5-91 所示。

2. 添加视图

(1) 在"图纸"工具栏中单击"基本视图"图标 🗔, 打开"基本视图"对话框, 在"模型视图"选项组中的"Model View to Use"下拉列表中选择"FRONT"选项, 设置比例为 2:1, 在工作区中合适位置放置俯视图, 如图 5-92 所示。

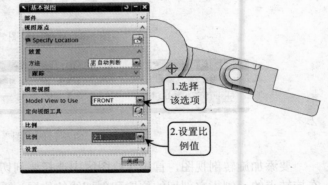

图 5-91 "片体"对话框   图 5-92 创建基本视图

(2) 在图纸中选择步骤 (1) 创建的基本视图, 单击鼠标右键, 在弹出的快捷菜单中选择"扩展成员视图"选项, 创建方法如图 5-93 所示。

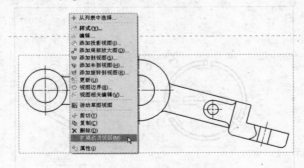

图 5-93 创建扩展成员视图

(3) 单击"曲线"工具栏中的"艺术样条"图标 ～, 在"艺术样条"对话框中设置阶次为 5, 启用"封闭的"单选按钮, 在扩展视图中绘制包络孔在内的封闭曲线, 如图 5-94 所示。

(4) 在"图纸"工具栏中单击"局部剖"图标 🗔, 打开"局部剖"对话框, 在工作区中的选择步骤（1）创建的视图，然后在图纸中选中剖切孔的中心，在对话框中单击"选择曲线"图标 🔲，选择步骤（3）所绘制的样条曲线，单击"确定"按钮即可创建出局部剖，创建方法如图 5-95 所示。

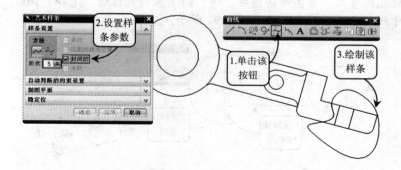

图 5-94　绘制剖面线

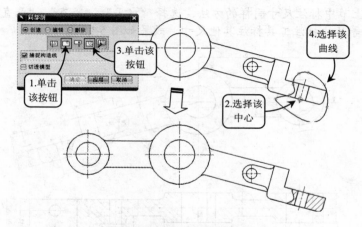

图 5-95　创建局部剖视图

（5）在"图纸"工具栏中单击"旋转剖视图"图标 🔄，打开"旋转剖视图"（一）对话框，在工作区中选择步骤（1）创建的基本视图，然后依次选择旋转的中心、起始剖切线、终止剖切线，放置旋转剖视图到适合的位置即可，如图 5-96 所示。

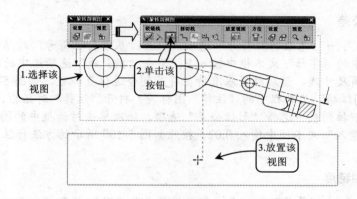

图 5-96　创建旋转剖视图

3. 标注尺寸

(1) 选择"插入"→"尺寸"→"水平"选项，打开"水平尺寸"对话框，在工作区中选择两个轴孔的中心，单击对话框中"值"的下拉列表按钮，选择"1.00±.05"选项，然后放置尺寸线到合适位置即可，如图 5-97 所示。

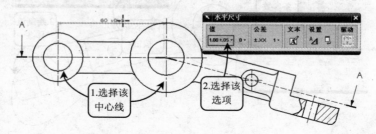

图 5-97　标注水平尺寸

(2) 按照上节中标注尺寸同样的方法，选择"水平"、"竖直"、"垂直"、"角度"、"半径"、"直径"等尺寸标注工具标注其他尺寸，效果如图 5-98 所示。

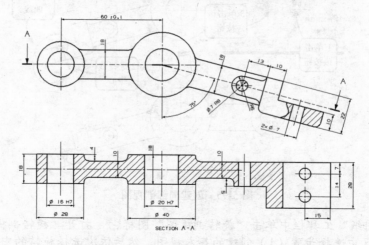

图 5-98　完成标注尺寸

4. 标注形位公差

(1) 选择"插入"→"基准特征符号"选项，打开"基准特征符号"对话框，在"基准标识符"选项组中的"字母"文本框中输入 B，单击"指引线"选项组中的图标，选择工作区中上端套筒尺寸线，最后放置基准特征符号到合适位置即可，如图 5-99 所示。

(2) 单击"制图编辑"工具栏中的"注释"图标，打开"注释"对话框，在"符号"选项组的"类别"下拉列表中选择"形位公差"选项，依次单击对话框中的图标、//、∅、，在"文本输入"文本框中输入 0.02，按照如图 5-100 所示的方法标注平行度形位公差。

5. 标注表面粗糙度

(1) 选择"插入"→"符号"→"表面粗糙度符号"选项，打开"表面粗糙度符号"对话框，在对话框中单击图标，在"a_2"文本框中输入 6.3，选择"符号文本大小（毫米）"

下拉列表中的"3.5"选项，单击放置类型图标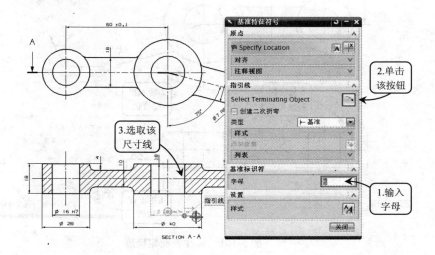，选择工作区中轴孔座的端面，放置表面粗糙度即可，创建方法如图 5-101 所示。

图 5-99　标注基准特征符号

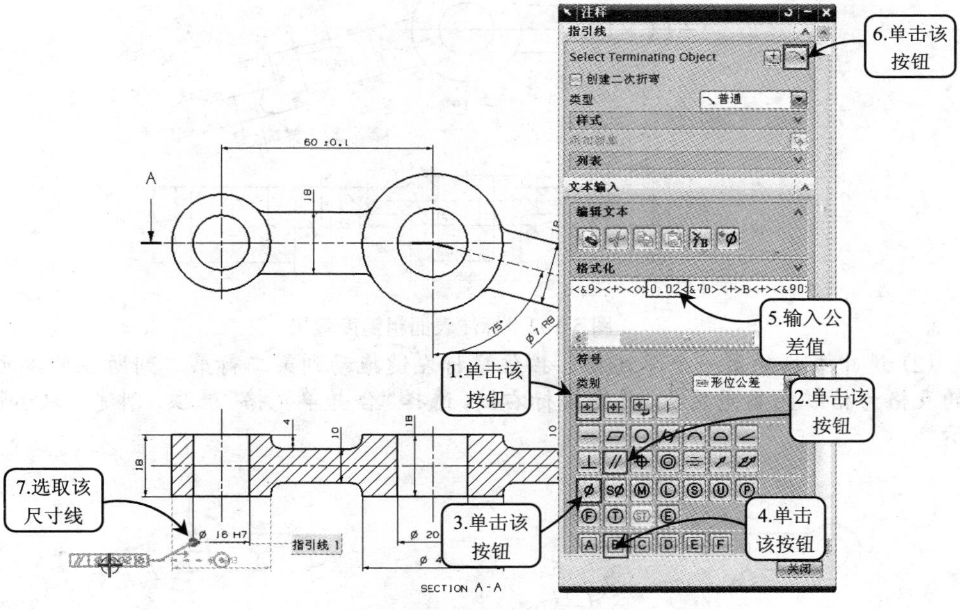

图 5-100　标注平行度形位公差

（2）按照同样的方法设置"表面粗糙度符号"对话框各参数，选择合适的放置类型和指引线类型创建其他的表面粗糙度，效果如图 5-102 所示。

6.　插入并编辑表格

（1）选择"插入"→"表格"选项，工作区中的光标即会显示为矩形框，选择工作区最右下角放置表格即可。

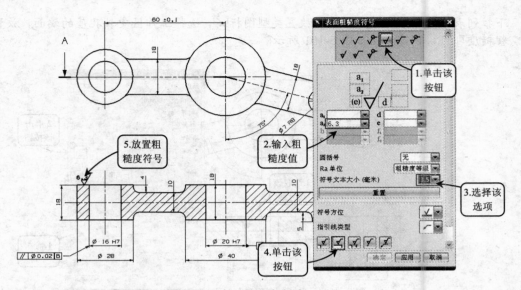

图 5-101　标注表面粗糙度

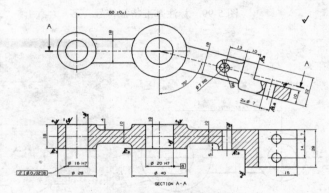

图 5-102　标注表面粗糙度效果

（2）选中表格的第一个单元格，按住鼠标左键拖动到第二行第二列所在的单元格，选中的表格为桔红色高亮显示，单击鼠标右键，选择"合并单元格"选项，创建方法如图 5-103 所示。

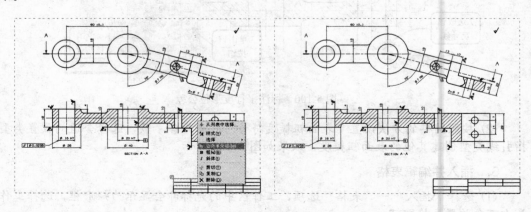

图 5-103　合并单元格

7. 添加文本注释

(1) 选择"插入"→"注释"选项，打开"注释"对话框，在"文本输入"文本框中输入工程图相关的技术要求，如图 5-104 所示。

(2) 单击"制图编辑"工具栏中的"编辑样式"图标 ，打开"类选择"对话框，选择步骤（1）添加的文本，在弹出的"注释样式"对话框中设置字符大小为 5，选择文字字体下拉列表中的"chinesef"选项，单击"确定"按钮即可将方框文字显示为汉字，如图 5-105 所示。

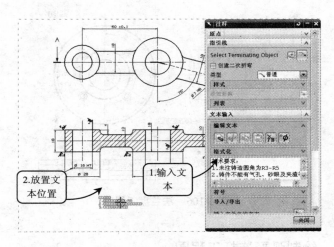

图 5-104 添加注释

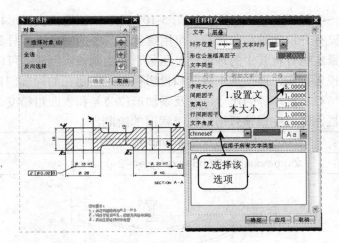

图 5-105 编辑样式

(3) 重复上述步骤，添加其他文本注释，在"注释样式"对话框中设置合适的字符大小，选中注释移动到合适位置，效果如图 5-85 所示。

5.4.3 扩展实例：绘制法兰盘工程图

本实例绘制一个法兰盘工程图，如图 5-106 所示。法兰盘通常用于管件连接处固定并密封，在各种管道连接处常常见到。在绘制该实例时，可以首先创建右边的基本视图，再创建基本视图的旋转剖视图。然后添加水平、竖直、圆弧半径、直径等的尺寸，以及添加形位公差和表面粗糙度。最后，添加注释文本和图纸标题栏，即可完成该法兰盘工程图的绘制。

原始文件：	source\chapter5\ch5-example4-1.prt
最终文件：	source\chapter5\ch5-example4-1-final.prt

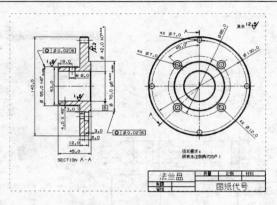

图 5-106　法兰盘工程图

5.4.4 扩展实例：绘制弧形连杆工程图

本实例绘制一个弧形连杆工程图，如图 5-107 所示。该连杆由弧形杆、轴孔座、夹紧座组成。夹紧座设有开口的轴孔和螺孔，可用螺栓将其中的轴或连接杆夹紧。轴孔座上有埋头螺孔，可用紧定螺钉将其中的轴或连杆压紧。在绘制该实例时，可以首先创建基本视图和向下投影的投影视图，再在基本视图和投影视图上创建孔的局部剖视图。然后添加水平、竖直、圆弧半径、直径等的尺寸，以及添加形位公差和表面粗糙度。最后，添加注释文本和图纸标题栏，即可完成该弧形连杆工程图的绘制。

原始文件：	source\chapter5\ch5-example4-2.prt
最终文件：	source\chapter5\ch5-example4-2-final.prt

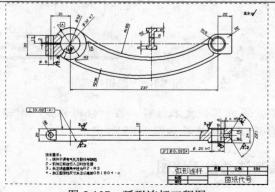

图 5-107　弧形连杆工程图

5.4.5 扩展实例：绘制导轨座工程图

　　本实例绘制一个导轨座工程图，如图 5-108 所示。该导轨座由底板、轴孔座、导轨座、定位块组成。导轨座一般用于轴的精确导向和定位，要求加工精度比较高，在轴孔和定位块上都要标注平行度和垂直度公差。在绘制该实例时，可以首先创建 1 个基本视图和 3 个投影视图，再在这些视图上创建孔的局部剖视图。然后添加水平、竖直、直径等的尺寸，以及添加形位公差和表面粗糙度。最后，添加注释文本和图纸标题栏，即可完成该导轨座工程图的绘制。

原始文件：	source\chapter5\ch5-example4-3.prt
最终文件：	source\chapter5\ch5-example4-3-final.prt

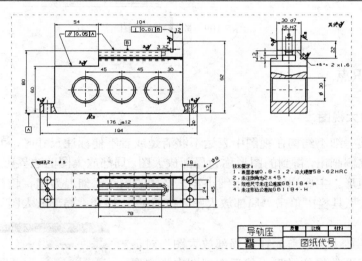

图 5-108　导轨座工程图

5.5 绘制阶梯轴工程图

　　本实例绘制一个阶梯轴工程图，如图 5-109 所示。该阶梯轴由轴段、键槽、退刀槽、倒角等组成。轴一般用于齿轮传动，一般两端的轴段有圆度公差要求。在绘制该实例时，可以首先创建一个基本视图，再对关键的轴段投影全剖视图。对于全剖视图上多余的线段，可以通过"视图相关编辑"工具将其擦除。退刀槽通过放大视图表达其结构。然后添加水平、竖直、直径、半径等的尺寸，以及添加形位公差和表面粗糙度。最后，添加注释文本和图纸标题栏，即可完成该阶梯轴工程图的绘制。

原始文件：	source\chapter5\ch5-example5.prt
最终文件：	source\chapter5\ch5-example5-final.prt
视频文件：	视频教程\第 5 章 绘制工程图\5.5 绘制阶梯轴工程图.avi

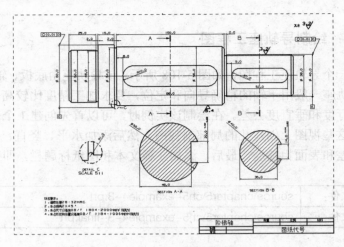

图 5-109　阶梯轴工程图

5.5.1　相关知识点

1.　添加放大视图

当机件上某些细小结构在视图中表达不够清楚或者不便标注尺寸时，可将该部分结构用大于原图的比例画出，得到的图形称为局部放大图。局部放大图的边界可以定义为圆形，也可以定义为矩形。主要用于机件上细小工艺结构的表达，如退刀槽、越程槽等。

在"图纸"工具栏中单击"局部放大图"按钮，打开"局部放大图"对话框，如图 5-110 所示。

要创建局部放大图，首先在"局部放大图"对话框中定义放大视图边界的类型，然后在视图中指定要放大处的中心点，接着指定放大视图的边界点。最后设置放大比例并在绘图区域中适当的位置放置视图即可，效果如图 5-111 所示。

2.　视图相关编辑

视图相关编辑是对视图中图形对象的显示进行编辑，同时不影响其他视图中同一对象的显示。与上述介绍的有关视图操作相类似。不同之处是：有关视图操作是对工程图的宏观操作，而视图相关编辑是对工程图做更为详细的编辑。

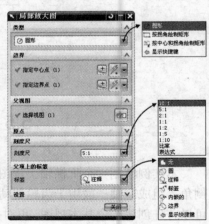

图 5-110　"局部放大图"对话框

在"制图编辑"工具栏中单击"视图相关编辑"按钮，打开"视图相关编辑"对话框。该对话框"添加编辑"选项栏中主要选项和按钮的含义如下所述。

❑　擦除对象

该按钮用于擦除视图中选择的对象。选择视图对象时该按钮才会被激活。可在视图中选择要擦除的对象，完成对象选择后，系统会擦除所选对象。擦除对象不同于删除操作，擦除操作仅仅是将所选取的对象隐藏起来不进行显示，效果如图 5-112 所示。

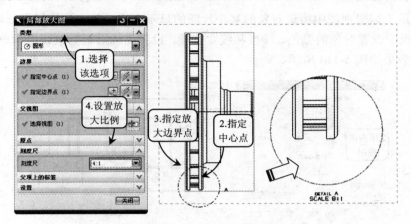

图 5-111 局部放大图

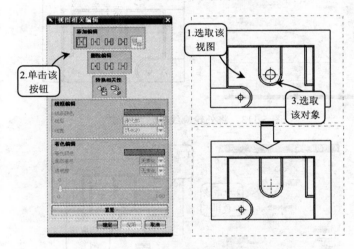

图 5-112 擦除孔特征效果

注 意：利用该按钮进行擦除视图对象时，无法擦除有尺寸标注和与尺寸标注相关的视图对象。

❑ 编辑完全对象

该按钮用于编辑视图或工程图中所选整个对象的显示方式，编辑的内容包括颜色、线型和线宽。单击该按钮，可在"线框编辑"面板中设置颜色、线型和线宽等参数，设置完成后，单击"应用"按钮。然后在视图中选取需要编辑的对象，最后单击"确定"按钮即可完成对图形对象的编辑，效果如图 5-113 所示。

❑ 编辑着色对象

该按钮用于编辑视图中某一部分的显示方式。单击该按钮后，可在视图中选取需要编辑的对象，然后在"着色编辑"选项组中设置颜色、局部着色和透明度，设置完成后单击

"应用"按钮即可。

❑ 编辑对象段

该按钮用于编辑视图中所选对象的某个片断的显示方式。单击该按钮后，可先在"线框编辑"面板中设置对象的颜色、线型和线宽选项，设置完成后根据系统提示单击"确定"按钮即可，效果如图 5-114 所示。

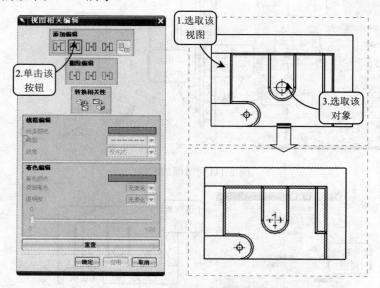

图 5-113　将外轮廓线显示为点线

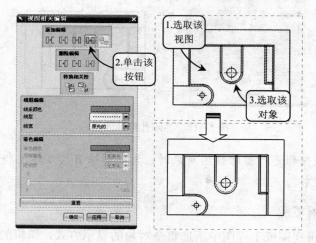

图 5-114　编辑外轮廓线为点划线显示

❑ 编辑剖视图的背景

该按钮用于编辑剖视图的背景。单击该按钮，并选取要编辑的剖视图，然后在打开的"类选择"对话框中单击"确定"按钮，即可完成剖视图的背景的编辑，效果如图 5-115 所示。

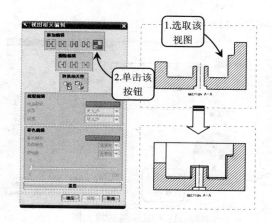

图 5-115　断面图编辑成为剖视图

5.5.2 绘制步骤

1. 新建图纸页

（1）打开本书配套光盘中的 source\chapter5\ch5-example5.prt 文件，选择"开始"→"制图"选项，进入制图模块。

（2）在"图纸"工具栏中单击"新建图纸页"图标 ，打开"片体"对话框，在"大小"选项组中的"大小"下拉列表中选择"A2-420×594"选项，其余保持默认设置，如图 5-116 所示。

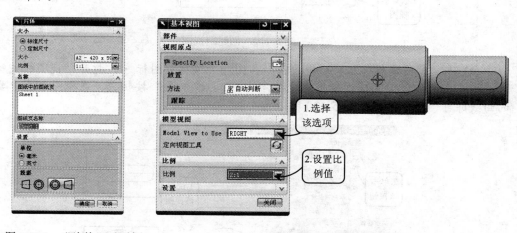

图 5-116　"片体"对话框　　　　　　图 5-117　创建基本视图

2. 添加视图

（1）在"图纸"工具栏中单击"基本视图"图标 ，打开"基本视图"对话框，在"模型视图"选项组中的"Model View to Use"下拉列表中选择"RIGHT"选项，设置比例为 2∶1，在工作区中合适位置放置俯视图，如图 5-117 所示。

（2）在"图纸"工具栏中单击"局部放大图"图标 ，打开"局部放大图"对话框，在工作区中选择退刀槽圆弧的中心为局部视图中心，设置放大比例为 5∶1，拖动鼠标放置视图到合适位置即可，如图 5-118 所示。

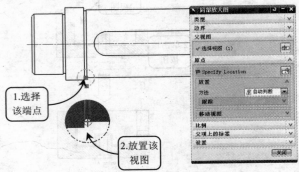

图 5-118　创建局部放大图

（3）在"图纸"工具栏中单击"剖视图"图标，打开"剖视图"（一）对话框，在工作区中的选择步骤（1）创建的视图，打开"剖视图"（二）对话框，在视图中选择键槽侧面边缘线中心，向左拖动视图放置到空白处，然后拖动剖视图到主视图的下方，创建方法如图 5-119 所示。

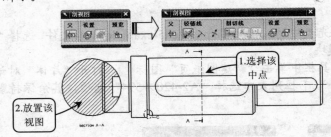

图 5-119　创建剖视图

（4）在"制图编辑"工具栏中单击"视图相关编辑"图标，打开"视图相关编辑"对话框，在工作区中选择要编辑的视图，单击"擦除对象"按钮，在视图中选中要擦除的曲线即可，创建方法如图 5-120 所示。

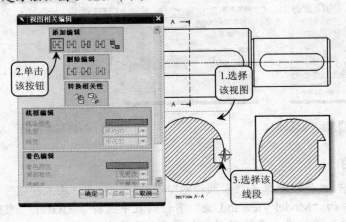

图 5-120　编辑视图

3. 标注尺寸

(1) 标注尺寸选择"插入"→"尺寸"→"竖直"选项，打开"竖直尺寸"对话框，在工作区中选择键槽的上下侧面，单击对话框中"文本"图标，打开"文本编辑器"对话框，在对话框中依次单击图标和，在"附加文本"文本框中输入-0.020，然后单击图标，在"附加文本"文本框中输入-0.029，单击"确定"按钮，然后放置尺寸线到合适位置即可，如图 5-121 所示。

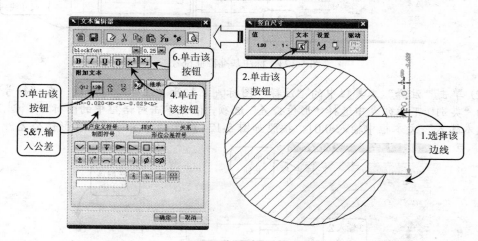

图 5-121　标注水平尺寸

(2) 按照第 3 节中标注尺寸同样的方法，选择"水平"、"竖直"、"垂直"、"半径"、"直径"等尺寸标注工具标注其他尺寸，效果如图 5-122 所示。

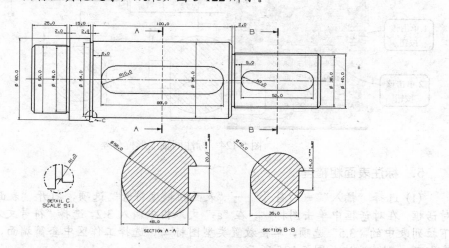

图 5-122　完成尺寸标注

4. 标注形位公差

(1) 选择"插入"→"基准特征符号"选项，打开"基准特征符号"对话框，在"基准标识符"选项组中的"字母"文本框中输入 E，单击"指引线"选项组中的图标，选择工作区中上轴端面的尺寸线，最后放置基准特征符号到合适位置即可，如图 5-123 所示。

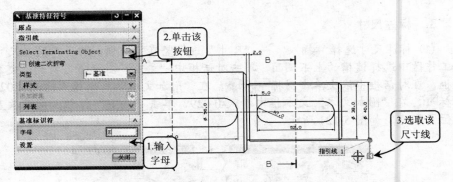

图 5-123　标注基准特征符号

（2）单击"注释"工具栏中的"注释"图标 Ａ，打开"注释"对话框，在"符号"选项组的"类别"下拉列表中选择"形位公差"选项，依次单击对话框中的图标 ⊞、Ｏ、Ｅ，在"文本输入"文本框中输入 0.01，按照如图 5-124 所示的方法标注圆度形位公差。

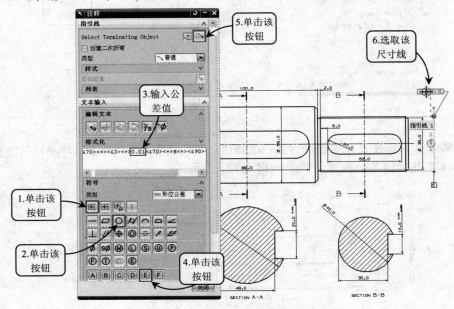

图 5-124　标注同轴度形位公差

5．标注表面粗糙度

（1）选择"插入" → "符号" → "表面粗糙度符号"选项，打开"表面粗糙度符号"对话框，在对话框中单击图标 ✓，在"a_2"文本框中输入 3.2，选择"符号文本大小（毫米）"下拉列表中的"3.5"选项，单击放置类型图标 ⍩，选择工作区中套筒端面，放置表面粗糙度即可，创建方法如图 5-125 所示。

（2）按照同样的方法设置"表面粗糙度符号"对话框各参数，选择合适的放置类型和指引线类型创建其他的表面粗糙度，效果如图 5-126 所示。

6．插入并编辑表格

（1）选择"插入" → "表格"选项，工作区中的光标即会显示为矩形框，选择工作区最右下角放置表格即可。

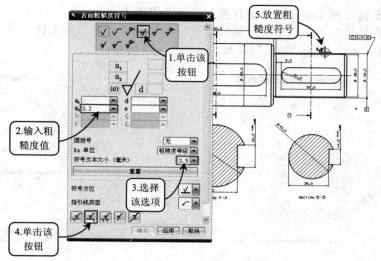

图 5-125　标注表面粗糙度

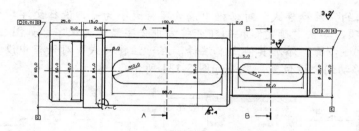

图 5-126　标注表面粗糙度效果

（2）选中表格的第一个单元格，按住鼠标左键拖动到第二行第二列所在的单元格，选中的表格为桔红色高亮显示，单击鼠标右键，选择"合并单元格"选项，创建方法如图 5-127 所示。

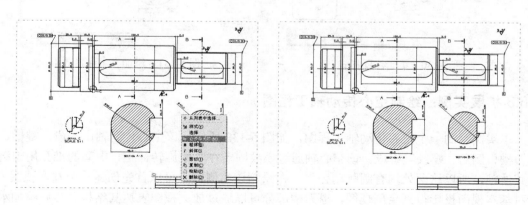

图 5-127　合并单元格

7.　添加文本注释

（1）选择"插入"→"注释"选项，打开"注释"对话框，在"文本输入"文本框中

输入如图 5-128 所示的注释文字，添加工程图相关的技术要求。

（2）单击"制图编辑"工具栏中的"编辑样式"图标 ，打开"类选择"对话框，选择步骤（1）添加的文本，单击"确定"按钮，如图 5-129 所示。

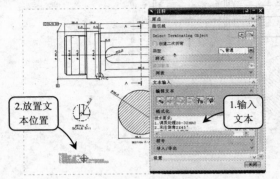

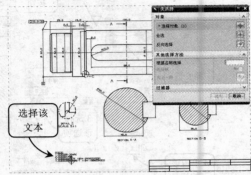

图 5-128　添加注释　　　　　　　　　　图 5-129　选择编辑样式

（3）在弹出的"注释样式"对话框中设置字符大小为 5，选择文字字体下拉列表中的 "chinesef"选项，单击"确定"按钮即可将方框文字显示为汉字，如图 5-130 所示。

（4）重复上述步骤，添加其他文本注释，在"注释样式"对话框中设置合适的字符大小，选中注释移动到合适位置，效果如图 5-131 所示。

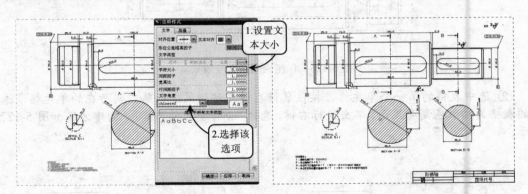

图 5-130　编辑注释样式　　　　　　　　图 5-131　添加文本注释效果

5.5.3 扩展实例：绘制空心传动轴工程图

本实例绘制一个空心传动轴工程图，如图 5-132 所示。该空心传动轴由轴段、键槽、退刀槽、倒角、螺纹等组成。该空心轴通过螺纹固定在其他旋转体上，中间的锥孔用于链接其他轴，所以这两处均有圆跳动公差。在绘制该实例时，可以首先创建一个基本视图，再对基本视图投影得到全剖视图，退刀槽部分可以通过放大视图表达其结构。然后添加水平、竖直、直径、半径、角度等的尺寸，以及添加形位公差和表面粗糙度。最后，添加注释文本和图纸标题栏，即可完成该阶空心传动轴工程图的绘制。

原始文件：	source\chapter5\ch5-example5-1.prt
最终文件：	source\chapter5\ch5-example5-1-final.prt

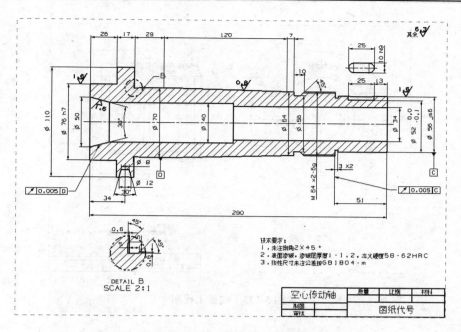

图 5-132　空心传动轴工程图

5.5.4 扩展实例：绘制端盖工程图

本实例绘制一个端盖工程图，如图 5-133 所示。端盖属于盘类零件，它主要由底座、导向套、密封槽、防尘槽以及固定孔等组成。端盖一般用于箱体或缸体的密封，所以在安装面有同轴度和垂直度公差要求。在绘制该实例时，可以首先创建一个基本视图，再对基本视图投影全剖视图，退刀槽部分可以通过放大视图表达其结构。然后添加水平、竖直、锥度、半径等的尺寸，以及添加形位公差和表面粗糙度。最后，添加注释文本和图纸标题栏，即可完成该阶端盖工程图的绘制。

原始文件：	source\chapter5\ch5-example5-2.prt
最终文件：	source\chapter5\ch5-example5-2-final.prt

5.5.5 扩展实例：绘制连接杆工程图

本实例绘制一个连接杆工程图，如图 5-134 所示。该连接杆由单孔座、双孔座和连杆组成。该连接杆用于连接两端的轴和杆，对于双孔座的两个轴孔有平行度公差要求。在绘制该实例时，可以首先创建一个基本视图，再对基本视图向下投影得全剖视图，连杆中间部分结构也可以通过全剖视图来表达。然后添加水平、竖直、直径、半径等的尺寸，以及添加形位公差和表面粗糙度。最后，添加注释文本和图纸标题栏，即可完成该连接杆工程图的绘制。

原始文件：	source\chapter5\ch5-example5-3.prt
最终文件：	source\chapter5\ch5-example5-3-final.prt

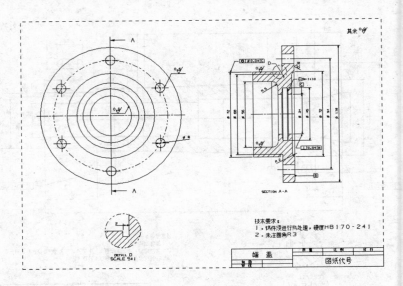

图 5-133　端盖工程图

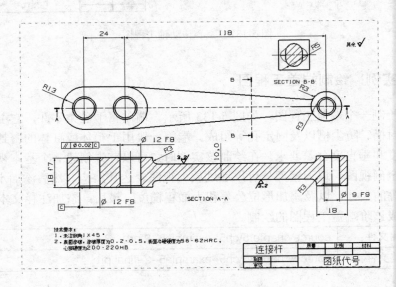

图 5-134　连接杆工程图

5.6 绘制蜗轮箱工程图

　　本实例绘制一个蜗轮箱工程图，如图 5-135 所示。该蜗轮箱可分为腔体和底板两大部分，腔体的内、外结构形状复杂，4 个侧面和上、下面均有孔和凸台。在绘制该实例时，可以首先创建一个基本视图，再对基本视图向上投影得半剖视图，以及对半剖视图投影得全剖视图以表达其腔体内的结构。然后添加水平、竖直、直径、半径等的尺寸，以及添加形位公差和表面粗糙度。最后，添加注释文本和图纸标题栏，即可完成该蜗轮箱工程图的绘制。

	原始文件：	source\chapter5\ch5-example6.prt
	最终文件：	source\chapter5\ch5-example6-final.prt
	视频文件：	视频教程\第 5 章　绘制工程图\5.6 绘制蜗轮箱工程图.avi

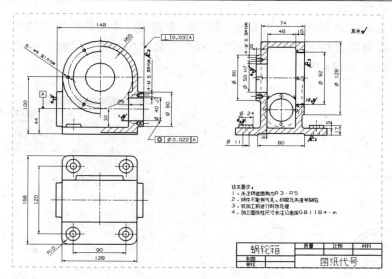

图 5-135　蜗轮箱工程图

5.6.1 相关知识点

1．添加半剖视图

半剖视图是指当零件具有对称平面时，向垂直于对称平面的投影面上投影所得到的图形。由于半剖视图既充分地表达了机件的内部形状，又保留了机件的外部形状，所以常采用它来表达内外部形状都比较复杂的对称机件。当机件的形状接近于对称，且不对称的部分已另有图形表达清楚时，也可以利用半剖视图来表达。

在"图纸"工具栏中单击"半剖视图"按钮，打开"半剖视图"对话框。此时，若单击要剖切的工程图，打开"剖视图"（二）对话框，如图 5-136 所示。

图 5-136　"半剖视图"对话框

要创建半剖视图，首先在绘图区域选取要进行剖切的父视图，然后用矢量功能指定铰链线。接着指定半剖视图的剖切位置。最后拖动鼠标将其半剖视图放置到图纸中的理想位置即可，其效果如图 5-137 所示。

2. 标注\编辑文本

标注/编辑文本用于工程图中零件基本尺寸的表达，各种技术要求的有关说明，以及用于表达特殊结构尺寸，定位部分的制图符号和形位公差等。

❑ 标注文本

标注文本主要是对图纸上的相关内容做进一步说明，如零件的加工技术要求、标题栏中的有关文本注释以及技术要求等。在"注释"工具栏中单击"注释"按钮 **A**，打开"注释"对话框，如图 5-138 所示。

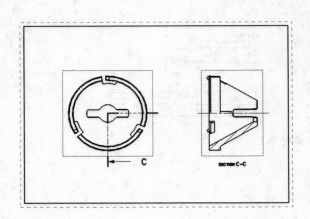

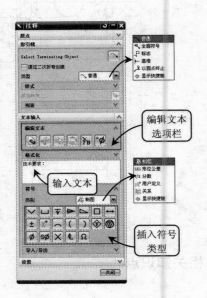

图 5-137　创建半剖视图　　　　　　　　　图 5-138　"注释"对话框

在标注文本注释时，要根据标注内容，首先对文本注释的参数选项进行设置，如文本的字形、颜色、字体的大小，粗体或斜体的方式、文本角度、文本行距和是否垂直放置文本。然后在文本输入区输入文本的内容。此时，若输入的内容不符合要求，可再在编辑文本区对输入的内容进行修改。输入文本注释后，在注释编辑器对话框下部选择一种定位文本的方式，按该定位方法，将文本定位到视图中即可。

❑ 编辑文本

编辑文本是对已经存在的文本进行编辑和修改，通过编辑文本使文本符合注释的要求。其上述介绍的"注释"对话框中的"文本编辑"区只能对已存在的文本做简单的文本编辑。

当需要对文本做更为详细的编辑时，可在"制图编辑"工具栏中单击"编辑文本"按钮 **A**，打开"文本"对话框，如图 5-139 所示。此时，若单击该对话框中的"编辑文本"按钮 **A**，将打开如图 5-140 所示的对话框。

"文本编辑器"对话框的"文本编辑"选项组中的各工具，用于文本类型的选择、文本高度的编辑等操作。"编辑文本框"是一个标准的多行文本输入区，使用标准的系统位图字体，用于输入文本和系统规定的控制字符。"文本符号选项卡"中包含了 5 种类型的选项卡，用于编辑文本符号。

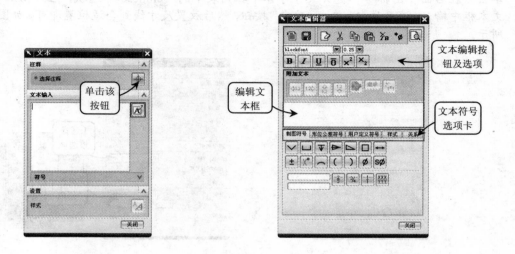

图 5-139 "文本"对话框   图 5-140 "文本编辑器"对话框

5.6.2 绘制步骤

1. 新建图纸页

（1）打开本书配套光盘中的 source\chapter5\ch5-example6.prt 文件，选择"开始"→"制图"选项，进入制图模块。

（2）在"图纸"工具栏中单击"新建图纸页"图标，打开"片体"对话框，在"大小"选项组中的"大小"下拉列表中选择"A3-297×420"选项，其余保持默认设置，如图 5-141 所示。

2. 添加视图

（1）在"图纸"工具栏中单击"基本视图"图标，打开"基本视图"对话框，在"模型视图"选项组中的"Model View to Use"下拉列表中选择"TOP"选项，设置比例为 2:3，在工作区中合适位置放置俯视图，如图 5-142 所示。

（2）在工作区中双击基本视图边框，打开"视图样式"对话框，在"常规"选项卡中设置角度值为 90，单击"确定"按钮，将视图旋转 90 度，如图 5-143 所示。

（3）在"图纸"工具栏中单击"半剖视图"图标，打开"半剖视图"（一）对话框，在工作区中的选择步骤（1）创建的视图，打开"半剖视图"（二）对话框，在视图中选择箱体侧面线中心和正面轴孔中心，向上拖动视图放置到空白处，创建方法如图 5-144 所示。

（4）在"图纸"工具栏中单击"剖视图"图标，打开"剖视图"（一）对话框，在工作区中的选择步骤（3）创建的视图，打开"剖视图"（二）对话框，在视图中选择轴孔的中心，向右拖动视图放置到空白处，创建方法如图 5-145 所示。

3. 标注尺寸

（1）标注尺寸选择"插入"→"尺寸"→"竖直"选项，打开"竖直尺寸"对话框，在工作区中选择螺孔的上下边缘，单击对话框中"文本"图标 ，打开"文本编辑器"对话框，在对话框中依次单击"在前面"图标 ，在"附加文本"文本框中输入 4-M，然后单击"在后面"图标 ，选择文字字体下拉列表中的"chinesef"选项，在"附加文本"文本框中输入：深 8 均匀。单击"确定"按钮，然后放置尺寸线到合适位置即可，如图 5-146 所示。

图 5-141 "片体"对话框

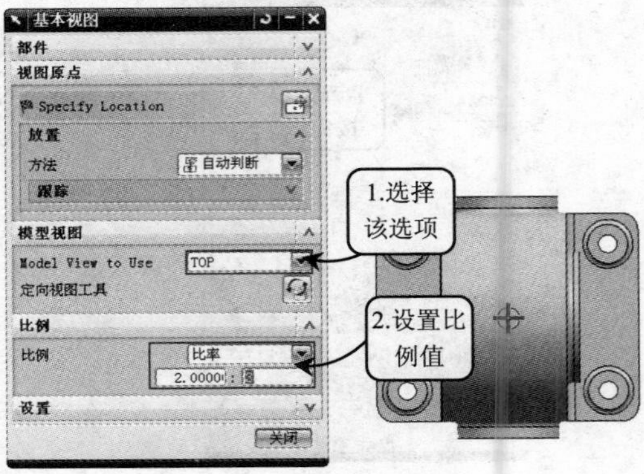

图 5-142 创建基本视图

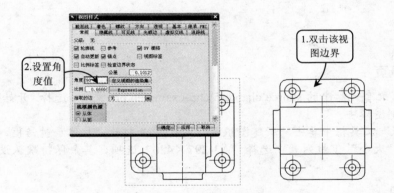

图 5-143 旋转基本视图

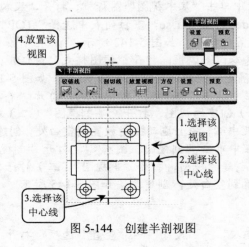

图 5-144 创建半剖视图

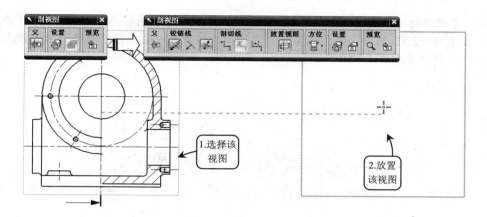

图 5-145 创建剖视图

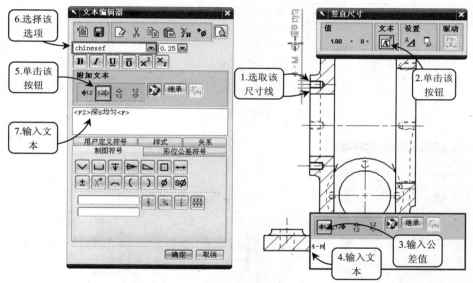

图 5-146 标注竖直尺寸

（2）按照第 3 节中标注尺寸同样的方法，选择"水平"、"竖直"、"垂直"、"角度"、"半径"、"直径"等尺寸标注工具标注其他尺寸，效果如图 5-147 所示。

4. 标注形位公差

（1）选择"插入"→"基准特征符号"选项，打开"基准特征符号"对话框，在"基准标识符"选项组中的"字母"文本框中输入 A，单击"指引线"选项组中的图标，选择工作区中轴孔的中心线，放置基准特征符号到合适位置即可，如图 5-148 所示。

（2）单击"注释"工具栏中的"注释"图标 A，打开"注释"对话框，在"符号"选项组的"类别"下拉列表中选择"形位公差"选项，依次单击对话框中的图标、、、、、，在"文本输入"文本框中输入 0.022，按照如图 5-149 所示的方法标注同轴度形位公差。

5. 标注表面粗糙度

（1）选择"插入"→"符号"→"表面粗糙度符号"选项，打开"表面粗糙度符号"

对话框，在对话框中单击图标▽，在"a₂"文本框中输入 6.3，选择"符号文本大小（毫米）"下拉列表中的"2.5"选项，单击放置类型图标√，选择工作区中凸台端面，放置表面粗糙度即可，创建方法如图 5-150 所示。

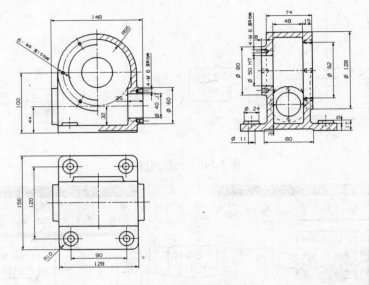

图 5-147　完成标注尺寸

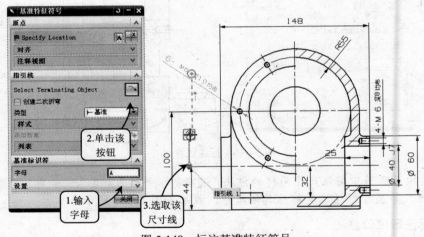

图 5-148　标注基准特征符号

（2）按照同样的方法设置"表面粗糙度符号"对话框各参数，选择合适的放置类型和指引线类型创建其他的表面粗糙度，效果如图 5-151 所示。

6．插入并编辑表格

（1）选择"插入"→"表格"选项，工作区中的光标即会显示为矩形框，选择工作区最右下角放置表格即可。

（2）选中表格的第一个单元格，按住鼠标左键拖动到第二行第二列所在的单元格，选中的表格为桔红色高亮显示，单击鼠标右键，选择"合并单元格"选项，创建方法如图 5-152 所示。

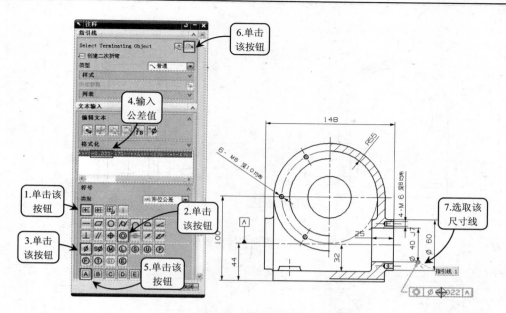

图 5-149 标注同轴度形位公差

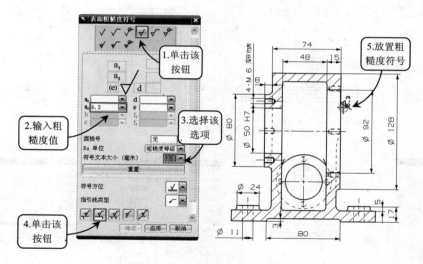

图 5-150 标注表面粗糙度

7. 添加文本注释

(1) 选择"插入"→"注释"选项,打开"注释"对话框,在"文本输入"文本框中输入工程图相关的技术要求,如图 5-153 所示。

(2) 单击"制图编辑"工具栏中的"编辑样式"图标 ^A，打开"类选择"对话框,选择步骤(1)添加的文本,在弹出的"注释样式"对话框中设置字符大小为 5,选择文字字体下拉列表中的"chinesef"选项,单击"确定"按钮即可将方框文字显示为汉字,如图 5-154 所示。

(3) 重复上述步骤,添加其他文本注释,在"注释样式"对话框中设置合适的字符大小,选中注释移动到合适位置,效果如图 5-135 所示。

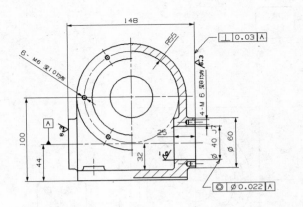
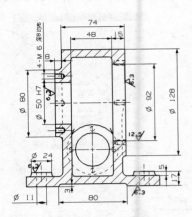

图 5-151　标注表面粗糙度效果

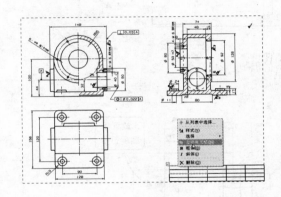
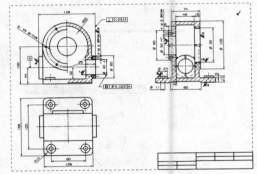

图 5-152　合并单元格

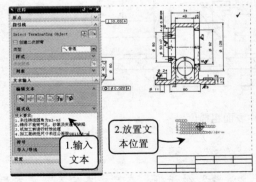

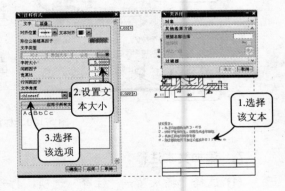

图 5-153　添加注释　　　　　　　图 5-154　编辑样式

5.6.3 扩展实例：绘制轴架工程图

本实例绘制一个轴架工程图，如图 5-155 所示。该轴架由轴孔套、连接板、肋板、埋头螺孔等结构组成。轴架用于固定两根轴与中间轴平行，所以在它们之间有平行度公差要求。在绘制该实例时，可以首先创建一个基本视图，再对基本视图投影得半剖视图，对埋头螺孔以及斜孔可以通过局部视图来表达。然后添加水平、竖直、直径、角度等的尺寸，以及添加形位公差和表面粗糙度。最后，添加注释文本和图纸标题栏，即可完成该轴架工程图的绘制。

原始文件：	source\chapter5\ch5-example6-1.prt
最终文件：	source\chapter5\ch5-example6-1-final.prt

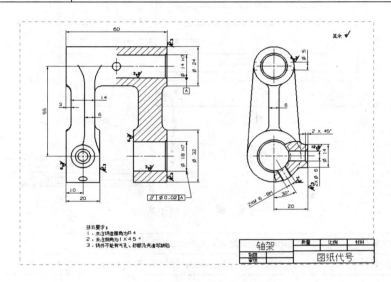

图 5-155 轴架工程图

5.6.4 扩展实例：绘制导向板工程图

本实例绘制一个导向板工程图，如图 5-156 所示。该导向板由底板、固定孔、键槽、导轨槽等结构组成。其中导向板上表面需要固定其他零件，所以相对于底面有平行度公差要求。在绘制该实例时，可以首先创建一个基本视图，再对基本视图向右投影得全剖视图。然后添加水平、竖直、直径等的尺寸，以及添加形位公差和表面粗糙度。最后，添加注释文本和图纸标题栏，即可完成该连接杆工程图的绘制。

原始文件：	source\chapter5\ch5-example6-2.prt
最终文件：	source\chapter5\ch5-example6-2-final.prt

5.6.5 扩展实例：绘制圆锥齿轮工程图

本实例绘制一个圆锥齿轮工程图，如图 5-157 所示。圆锥齿轮的轮齿是在圆锥面上制出的，根据轮齿方向，圆锥齿轮分为直齿、斜齿、人字齿等。本实例为直齿圆锥齿轮，齿轮用于圆周传动，所以其齿面对轴中心有圆跳动公差要求。在绘制该实例时，可以首先创建一个基本视图，再对基本视图向左投影得全剖视图。然后添加水平、竖直、直径、半径、角度等的尺寸，以及添加形位公差和表面粗糙度。最后，添加注释文本和图纸标题栏，即可完成该圆锥齿轮工程图的绘制。

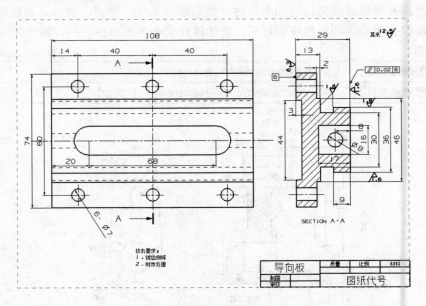

图 5-156　导向板工程图

原始文件：	source\chapter5\ch5-example6-3.prt
最终文件：	source\chapter5\ch5-example6-3-final.prt

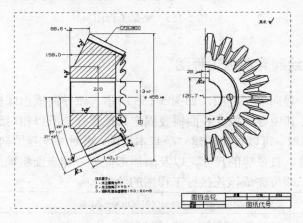

图 5-157　圆锥齿轮工程图

5.7 绘制尾座工程图

　　本实例绘制一个尾座工程图，如图 5-158 所示。该尾座是在一个类似扇形块的材料上切削轴孔、滑槽、螺栓孔而形成。可以通过全剖视图来表达清楚轴孔、滑槽及螺栓孔的结构和尺寸。尾座上定位其他的轴，而尾座通过螺孔夹紧两侧定位在机体上，对其两个侧面有平行度要求，对轴孔有圆柱度和垂直度公差要求。在绘制该实例时，可以首先创建一个基本视图，再对基本视图投影得全剖视图，以及对全剖视图投影得旋转剖视图。然后添加水平、竖直、直径、半径、角度等的尺寸，以及添加形位公差和表面粗糙度。最后，添加注释文本和图纸标题栏，即可完成该尾座工程图的绘制。

原始文件：	source\chapter5\ch5-example7.prt	
最终文件：	source\chapter5\ch5-example7-final.prt	
视频文件：	视频教程\第 5 章 绘制工程图\5.7 绘制尾座工程图.avi	

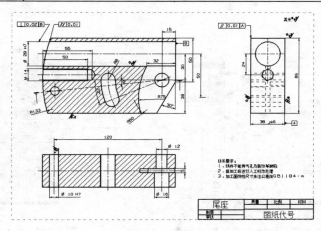

图 5-158　尾座工程图

5.7.1 相关知识点

1.　标注表面粗糙度

在首次使用标注粗糙度符号时，要检查工程图模块中的"插入"→"符号"的子菜单中是否存在"表面粗糙符号"选项。如没有该选项，需要在 UG 安装目录的 UGII 目录中找到环境变量设置文件 ugii_env_ug.dat，用记事本将其打开，将环境变量 UGII_SURFACE_FINISH 的默认设置为 ON 状态。保存环境变量后，重新进入 UG 系统，才能进行表面粗糙度的标注操作，如图 5-159 所示。

图 5-159　修改环境变量

标注表面粗糙度时，如选择"插入"→"符号"→"表面粗糙度符号"选项时，将会打开如图 5-160 所示的"表面粗糙度符号"对话框，该对话框用于在视图中对所选对象进行表面粗糙度的标注。

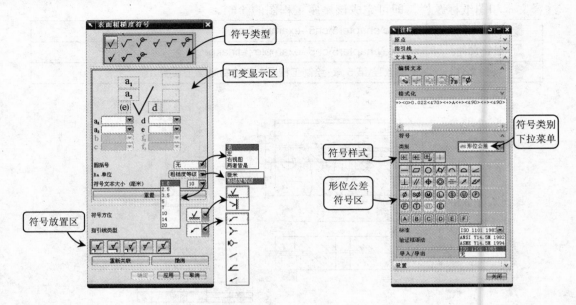

图 5-160 "表面粗糙度符号"对话框　　　　图 5-161 "文本编辑器"对话框

在进行粗糙度标注时，首先在对话框中的"符号类型"选项组中选择表面粗糙度符号类型，然后在"可变显示区"中依次设置该粗糙度类型的单位、文本尺寸和相关参数。如因设计需要，还可以在"圆括号"下拉列表中选择括号类型。指定各参数后，然后在该对话框的下部指定粗糙度符号的方向，并选择与粗糙度符号关联的对象类型，最后在绘图区中选择指定类型的对象，确定标注粗糙度符号的位置，即可完成表面粗糙度符号的标注。

2. 标注形位公差

形位公差是将几何、尺寸和公差符号组合在一起形成的组合符号，它用于表示标注对象与参考基准之间的位置和形状关系。形位公差一般在创建单个零件或装配体等实体的工程图时，一般都需要对基准、加工表面进行有关基准或形位公差的标注。在"文本编辑器"对话框中选择"形位公差符号"选项卡，如图 5-161 所示。当要在视图中标注形位公差时，首先要在"形位公差符号"选项卡中选择公差框架格式。然后选择形位公差符号，并输入公差值和选择公差的标准。如果标注的是位置公差，还应选择隔离线和基准符号。设置后的公差框会在预览窗口中显示出来，若不符合要求，可在编辑窗口中进行修改。

5.7.2 绘制步骤

1. 新建图纸页

(1) 打开本书配套光盘中的 source\chapter5\ch5-example7.prt 文件，选择"开始"→"制

图"选项，进入制图模块。

(2) 在"图纸"工具栏中单击"新建图纸页"图标，打开"片体"对话框，在"大小"选项组中的"大小"下拉列表中选择"A3-297×420"选项，其余保持默认设置，如图 5-162 所示。

图 5-162　"片体"对话框

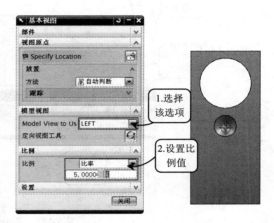

图 5-163　创建基本视图

2. 添加视图

(1) 在"图纸"工具栏中单击"基本视图"图标，打开"基本视图"对话框，在"模型视图"选项组中的"Model View to Use"下拉列表中选择"LEFT"选项，设置比例为 5:4，在工作区中合适位置放置俯视图，如图 5-163 所示。

(2) 在"图纸"工具栏中单击"剖视图"图标，打开"剖视图"（一）对话框，在工作区中的选择步骤（1）创建的视图，打开"剖视图"（二）对话框，在视图中选择轴孔的中心，向左拖动视图放置到空白处，创建方法如图 5-164 所示。

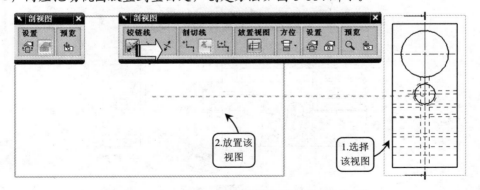

图 5-164　创建剖视图

(3) 在"图纸"工具栏中单击"旋转剖视图"图标，打开"旋转剖视图"（一）对话框，在工作区中选择步骤（1）创建的基本视图，然后依次选择旋转的中心、起始剖切线、终止剖切线，放置旋转剖视图到适合的位置即可，如图 5-165 所示。

3. 标注尺寸

(1) 标注尺寸选择"插入"→"尺寸"→"半径"选项，打开"半径尺寸"对话框，在工作区中选择 R75 的圆弧，在"半径尺寸"对话框"值"选项栏"标称值-x"下拉菜单

中选择图标 ⬛·，放置尺寸线到合适位置即可，如图 5-166 所示。

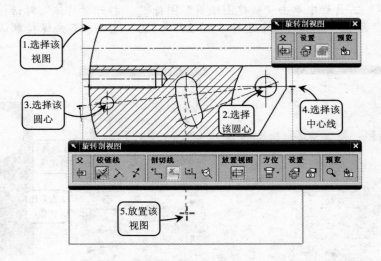

图 5-165　创建旋转剖视图

(2) 按照第 3 节中标注尺寸同样的方法，选择"水平"、"竖直"、"垂直"、"角度"、"半径"、"直径"等尺寸标注工具标注其他尺寸，效果如图 5-167 所示。

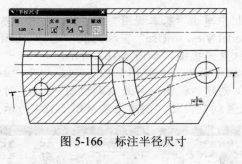

图 5-166　标注半径尺寸

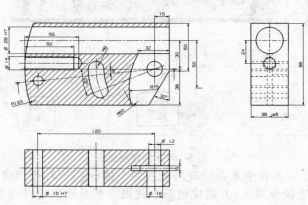

图 5-167　完成尺寸标注

4．标注形位公差

(1) 选择"插入"→"基准特征符号"选项，打开"基准特征符号"对话框，在"基准标识符"选项组中的"字母"文本框中输入 A，单击"指引线"选项组中的图标，选择工作区中选择下轴孔的中心线，放置基准特征符号到合适位置即可，如图 5-168 所示。

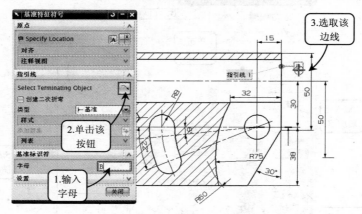

图 5-168　标注基准特征符号

（2）单击"注释"工具栏中的"注释"图标，打开"注释"对话框，在"符号"选项组的"类别"下拉列表中选择"形位公差"选项，依次单击对话框中的图标、、、、，在"文本输入"文本框中输入 0.022，按照如图 5-169 所示的方法标注同轴度形位公差。

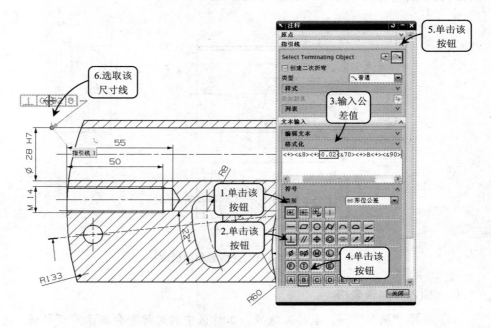

图 5-169　标注垂直度形位公差

5. 标注表面粗糙度

（1）选择"插入"→"符号"→"表面粗糙度符号"选项，打开"表面粗糙度符号"对话框，在对话框中单击图标，在"a_2"文本框中输入 6.3，选择"符号文本大小（毫米）"下拉列表中的"2.5"选项，单击放置类型图标，选择工作区中尾座的端面，放置表面粗糙度即可，创建方法如图 5-170 所示。

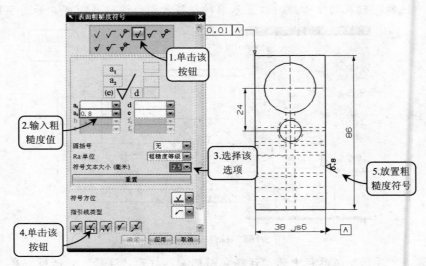

图 5-170　标注表面粗糙度

（2）按照同样的方法设置"表面粗糙度符号"对话框各参数，选择合适的放置类型和指引线类型创建其他的表面粗糙度，效果如图 5-171 所示。

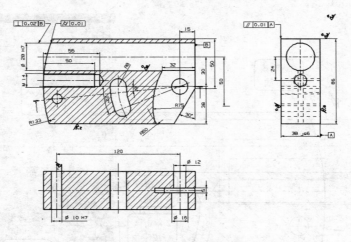

图 5-171　完成表面粗糙度标注

6．插入并编辑表格

（1）选择"插入"→"表格"选项，工作区中的光标即会显示为矩形框，选择工作区最右下角放置表格即可。

（2）选中表格的第一个单元格，按住鼠标左键拖动到第二行第二列所在的单元格，选中的表格为桔红色高亮显示，单击鼠标右键，选择"合并单元格"选项，创建方法如图 5-172 所示。

7．添加文本注释

（1）选择"插入"→"注释"选项，打开"注释"对话框，在"文本输入"文本框中

输入工程图相关的技术要求，如图 5-173 所示。

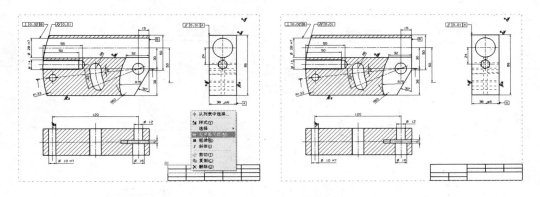

图 5-172　合并单元格

（2）单击"制图编辑"工具栏中的"编辑样式"图标 $\mathbf{A}$，打开"类选择"对话框，选择步骤（1）添加的文本，在弹出的"注释样式"对话框中设置字符大小为 5，选择文字字体下拉列表中的"chinesef"选项，单击"确定"按钮即可将方框文字显示为汉字，如图 5-174 所示。

（3）重复上述步骤，添加其他文本注释，在"注释样式"对话框中设置合适的字符大小，选中注释移动到合适位置，效果如图 5-158 所示。

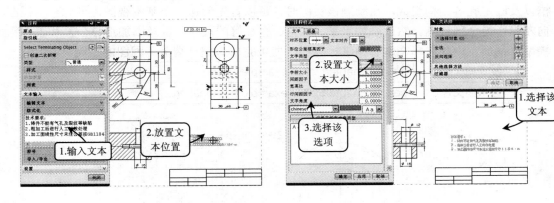

图 5-173　添加注释　　　　　　　　　　图 5-174　编辑样式

5.7.3　扩展实例：绘制升降机箱体工程图

本实例绘制一个升降机箱体工程图，如图 5-175 所示。该升降机箱体由底座、水平缸体和竖直缸体组成。其水平缸体的轴中心相对底座有垂直度和平行度公差要求。在绘制该实例时，可以首先创建一个基本视图，再对基本视图投影得全剖视图，以及对全剖视图投影得右侧的剖视图。然后添加水平、竖直、直径、半径等的尺寸，以及添加形位公差和表面粗糙度。最后，添加注释文本和图纸标题栏，即可完成该升降机箱体工程图的绘制。

原始文件：	source\chapter5\ch5－example7－1.prt
最终文件：	source\chapter5\ch5－example7－1－final.prt

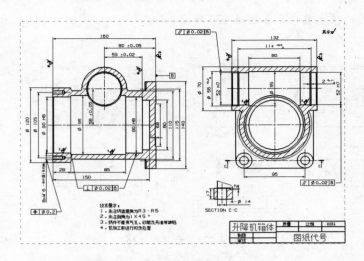

图 5-175　升降机箱体工程图

5.7.4 扩展实例：绘制蜗杆端盖工程图

本实例绘制一个蜗杆端盖工程图，如图 5-176 所示。该蜗杆端盖底座、密封槽、防尘槽以及固定孔等结构组成。在绘制该实例时，可以首先创建一个基本视图，再对基本视图向左投影得全剖视图。然后添加水平、竖直、直径等的尺寸，以及添加形位公差和表面粗糙度。最后，添加注释文本和图纸标题栏，即可完成该蜗杆端盖工程图的绘制。

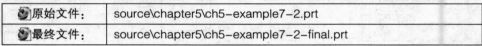

原始文件：	source\chapter5\ch5-example7-2.prt
最终文件：	source\chapter5\ch5-example7-2-final.prt

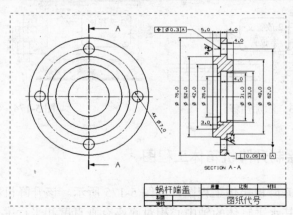

图 5-176　蜗杆端盖工程图

5.7.5 扩展实例：绘制带轮工程图

本实例绘制一个带轮工程图，如图 5-177 所示。带传动主要由带轮和传动带组成，主要用于传动中心距较大而不需要精确传动的场合。对于带轮外表面有圆跳动公差的要求。在绘制该实例时，可以首先创建一个基本视图，再对基本视图向左投影得全剖视图。然后添加水平、竖直、直径、锥度等的尺寸，以及添加形位公差和表面粗糙度。最后，添加注释文本和图纸标题栏，即可完成该带轮工程图的绘制。

原始文件：	source\chapter5\ch5-example7-3.prt
最终文件：	source\chapter5\ch5-example7-3-final.prt

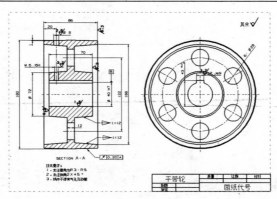

图 5-177　带轮工程图